BL
8.4. 5450 m
I
11.4. 5850 m
II
13.4. 6150 m
III
23.4. 6500 m
IV
1.5. 7100
V
5.5. 7600
VI
9.5.
VII 22.5
18.5.
24.5.
Nuptse 7827
Lhotse I 8501
N
W
E
S
UCTION INTERDITE. COPYRIGHT BY SWISS FOUNDATION FOR ALPINE RESEARCH, ZURICH
Distanz Patna-Pheriche
ca. 220 km
Patna - Sun Kosi - Dudh Kosi-
Namche - Pheriche
ndestelle auf Moränenterrasse
erhalb Pheriche
nge 150 - 180 m
1956
HOTEL CECIL,
DELHI 8.
9. Mai 1956
Lhotse
noch mals auf die Schulter. Der erste Transport mit der improv. Seilbahn beginnt. Es lohnt sich aber kaum, denn die Antriebsstation steht zu hoch und benötigt daher Sauerstoffatmung.
Wir verabschieden uns Abends von den Kameraden. Morgen sollte es dem Lhotse gelten. Es ist eine Zeit der Spannung, all die Stunden vor dem letzten Wegstück zum Gipfel.
18. Mai. Fritz erwacht um 05 20, wir verbrachten eine ordentliche Nacht.
AF901731

www.as-verlag.ch

Oberdorfstrasse 32, Postfach
CH-8024 Zürich, verlage@lesestoff.ch
Gestaltung, Bildbearbeitung & Satz: AS Grafik, Urs Bolz
Lektorat: Christine Kopp
Korrektorat: Corinne Hügli
Zeichnungen: Sacha Wettstein
Auslieferung EU: PROLIT Verlagsauslieferung GmbH
Siemensstrasse 16, 35463 Fernwald, gpsr@PROLIT.de
ISBN 978-3-03913-084-9

Everest-Lhotse

Aus den Tagebüchern der Schweizer Expedition 1956
Eine Spurensuche

Hans Rudolf Keusen · Daniel Anker
Françoise Funk-Salamí · Christine Kopp

Zum 70-jährigen Jubiläum der
Expedition von 1956

Eine Publikation der Schweizerischen
Stiftung für Alpine Forschung

AS Verlag

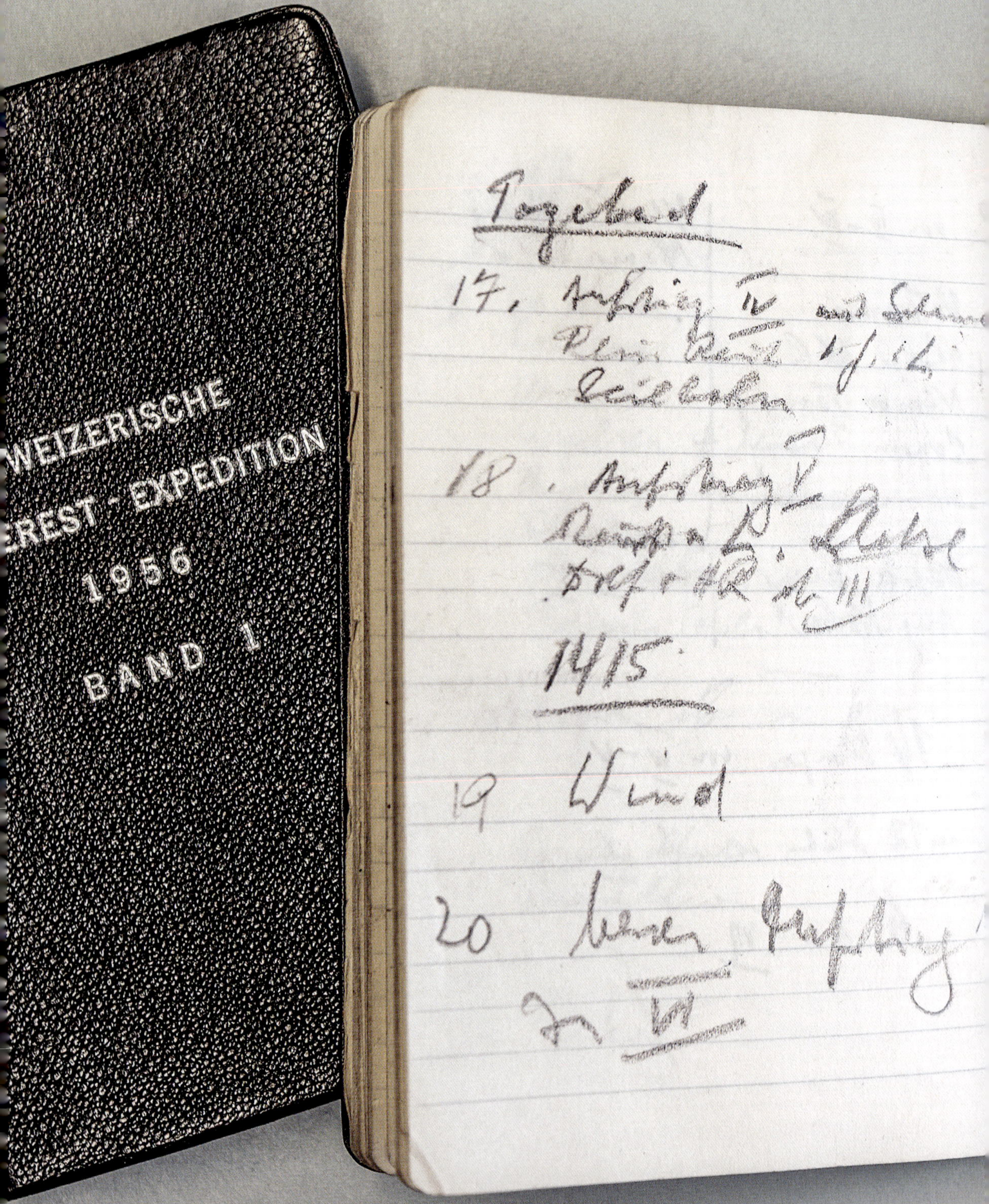
WEIZERISCHE
EREST - EXPEDITION
1956
BAND I
Tagebuch
17.
18.
1415
19 Wind
20

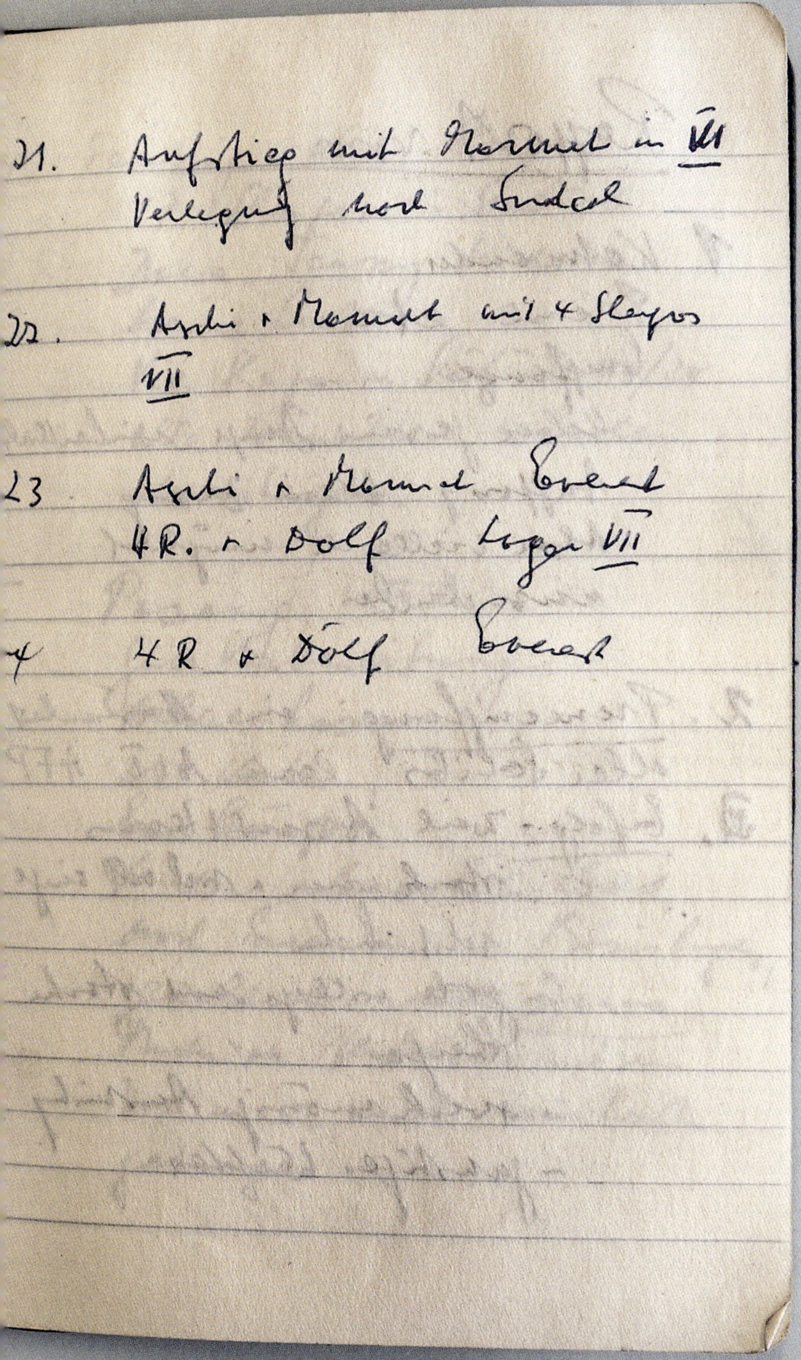
21. Aufstieg mit Marmet in VII
Verlegung nach Südcol

22. Aschi + Marmet mit 4 Sherpas
VII

23 Aschi + Marmet Everest
HR. + Dölf Lager VII

4 HR + Dölf Everest

Die drei 8000er-Erfolge auf einer Doppelseite:
18. [Mai]: *Reiss + L* [Luchsinger] *Lhotse;*
23. Aschi [Schmied] + *Marmet Everest;*
24. H R [von Gunten] + *Dölf* [Reist] *Everest.*
Notizbuch von Expeditionsleiter Albert Eggler.

Inhalt

1 Vorwort

——— Von Hans Rudolf Keusen

Warum dieses Buch? Die Frage ist berechtigt: So viel wurde schon über die erfolgreiche Schweizer Expedition von 1956 geschrieben! Die Zeitungen waren voll mit Beiträgen, sei es unmittelbar nach der Rückkehr der Bergsteiger in die Schweiz, sei es bei all den folgenden Jubiläen zur Zweit- und Drittbesteigung des Everest und der Erstbesteigung des Lhotse. Zudem gibt es bereits die Bücher von Albert Eggler und von Oswald Oelz. Dem Thema schien Genüge getan.

Von Tuchel (Albert Eggler) hatte ich lange nichts mehr gehört. Am 17. Oktober 1998 erfuhr ich auf dem Polizeiposten Wimmis – ich hatte dort eben die Habseligkeiten meines auf dem Hohniesen verstorbenen Vaters abgeholt –, dass Albert einige Tage zuvor an der Simmenflue tödlich verunfallt sei. Beide hatten zur früheren Berner Kletterszene gehört, waren leidenschaftliche Alpinisten, gingen bis ins hohe Alter in die Berge und fanden dort den Tod.

1966 war ich dem Akademischen Alpenclub Bern (AACB) beigetreten und schnupperte damit erstmals die Luft der erwähnten Szene. Den Ton im Club gaben Albert Eggler, Wolfgang Diehl und Hansruedi von Gunten an. Über die Jahre hinweg entwickelte sich so eine freundschaftliche Beziehung zu den Helden von damals, getragen von gemeinsamen Erlebnissen in den Bergen. Eine besondere Seite von Eggler lernte ich in der legendären Lawinenkompagnie besser kennen: Er befehligte die Truppe aus auserwählten Individualisten als Hauptmann – später als Major – und direkt dem Generalstab unterstellt. Die Bergkameradschaft stand im Vordergrund, das Militärische war überflüssige Nebensache. Gerade an die Führungsqualitäten Egglers in der Lawinenkompagnie musste ich beim

Verfassen dieses Buchs häufig denken: Seine speziellen Fähigkeiten waren wohl der Schlüssel zum Erfolg mit seiner Expedition von 1956!

Zufällig fiel mir Hansruedi von Guntens Tagebuch – er war 2021 als letzter der elf Everest-Lhotse-Teilnehmer verstorben – in die Hände: ein davor unbekanntes Zeugnis der Expedition 1956 in handschriftlicher Authentizität. Damit öffnete sich eine neue Türe zu dieser Unternehmung. Für mich war klar, dass dieses Dokument öffentlich gemacht werden musste. Mit weiteren Recherchen fand ich schliesslich auch die Tagebücher von Eggler, Luchsinger und Reiss sowie Bruchstücke von Marmets Schriftstücken und damit genügend Stoff, um die Expedition von einer ganz anderen Seite zu beleuchten. Meine emotionale Verbindung zu den früheren Bergkameraden motivierte und verpflichtete mich, diese Tagebücher und die Expeditionspost der Nachwelt weiterzugeben: rechtzeitig zum 70. Jubiläum der Everest-Lhotse-Expedition.

Erfreulicherweise hat der Stiftungsrat der Schweizerischen Stiftung für Alpine Forschung sich sofort einstimmig für das Projekt ausgesprochen und dessen Finanzierung gesichert. Dank dem grossen Einsatz eines alpinschriftstellerisch überaus kompetenten Autorenteams, bestehend aus Christine Kopp, Françoise Funk-Salamí und Daniel Anker, ist es gelungen, die Everest-Lhotse-Expedition aus einer neuen Perspektive zu zeigen. Mit den unterschiedlichen Tagebuchunterlagen ist so ein alpinhistorisch bedeutendes Werk entstanden, das uns die inneren Abläufe, Probleme und Schwierigkeiten der Expedition und dann deren erfolgreiche Überwindung miterleben lässt. Gerade auch aus Sicht des heutigen schnelllebigen Zeitgeistes ist das langsame Herangehen an den Berg aus eigenen Kräften, von der Abreise in Bern bis zu den Gipfeln, beeindruckend.

Vorangehende Doppelseite: Das Expeditionsteam auf dem Rückmarsch. Stehend von links: Pradhan (Verbindungsoffizier), von Gunten, Eggler, Reist, Schmied, Luchsinger, Reiss; sitzend: Marmet, Leuthold, Diehl. Es fehlen Grimm und Müller.

Folgende Doppelseite: Die beiden hohen Gipfelziele, links hinten der Everest (8848 m), rechts hinten der Lhotse (8516 m), in der Mitte der unüberwindbar scheinende Khumbu-Eisbruch.

2 Geleitwort **Ehre sei auch den Zweiten**

——— Von Mario Casella

«Wer erinnert sich an die Namen der Protagonisten der zweiten Besteigung des Matterhorns nach Edward Whymper? Wer waren die Zweitbesteiger des Everest nach Sir Edmund Hillary und Sherpa Tenzing Norgay? [...] Niemand erinnert sich daran!» Recht hatte er mit dieser Aussage, der österreichische Bergsteiger und Skyrunner Christian Stangl, als ich ihn vor zehn Jahren traf, um mein Buch «Die Last der Schatten. Wenn Alpinisten nicht die ganze Wahrheit sagen» (AS Verlag, 2019) vorzubereiten.

Zum Glück gibt es einige Leute – wie die Autoren dieses Buchs –, die in dieser Hinsicht ein gutes Gedächtnis haben. Wahr ist aber auch, dass die Öffentlichkeit oft nicht weiss, was an den bekanntesten oder höchsten Bergen nach der Erstbesteigung oder der ‹Eroberung› (wie es einst Mode war zu sagen) weiter passiert.

Das vorliegende Buch beleuchtet bis in kleinste Einzelheiten die Schweizer Expedition von 1956, bei der die zweite und dritte Seilschaft der Geschichte – Ernst Schmied und Jürg Marmet, Dölf Reist und Hansruedi von Gunten – den Gipfel des höchsten Berges der Welt, des Everest, erreichten. Ein Erfolg, der durch den Exploit von Ernst Reiss und Fritz Luchsinger noch überwältigender wurde: Ihnen gelang die Erstbesteigung des Lhotse. Siebzig Jahre später sind die Namen dieser Bergsteiger und ihrer Gefährten weitgehend in Vergessenheit geraten. Dieses Buch ist daher ein Akt der Rehabilitierung.

Die Zweiten auf dem höchsten Berg der Welt: Ernst Schmied, fotografiert von Jürg Marmet am 23. Mai 1956. Dieses Foto kürt das Titelbild von Albert Egglers Expeditionsbuch «Gipfel über den Wolken» von 1956.

Aber warum erzählte mir Christian Stangl von den Zweitbesteigern des Everest? Seine Worte waren die Antwort auf eine unangenehme Frage meinerseits: Warum hatte er Ende des Sommers 2010 erklärt, den K2 im Alleingang bestiegen zu haben, nur um wenige Tage später zuzugeben, gelogen zu haben?

Stangl ist einer der Wenigen in der Geschichte des Alpinismus, der zugab, dass er gelogen hatte. Eine mutige Sinnesänderung, die gebührende Anerkennung verdient. Nachträglich listete der Österreicher eine Reihe von Faktoren auf, die ihn zu der ruchlosen Ankündigung veranlasst hatten. Ein Aspekt dominierte: Stangl hielt den Rekord für die schnellste Besteigung der ‹Seven Summits›, der höchsten Berge aller Kontinente. Er fragte sich, welches neue Ziel er angehen könnte, um seinen Ruhm weiter zu steigern. Die Wahl war klar: die schnellste Besteigung auch der ‹Second Seven Summits›, der zweithöchsten Berge aller Kontinente. Für Asien bestand das Ziel aus einem Buchstaben und einer Zahl: K2.

«Wenn du heute nicht der Erste bist, der etwas Neues macht, bist du nur ein gewöhnlicher Mensch, der jemand anderen kopiert ... Das übte auf lange Sicht unleugbar grossen Druck auf mich aus. Man zieht so lange am Seil, bis es irgendwann reisst und alles schiefgeht!»

Die Besessenheit von Stangl, den K2 im Alleingang zu bezwingen, hatte 2008 und 2009 zum dramatischen Aufgeben wenige hundert Meter vor dem Gipfel geführt. Das dritte Mal musste es klappen ... Aber während des Aufstiegs im Jahr 2010 entdeckte er einen neuen Begleiter an seiner Seite: die Angst! Von da an begann er zu lügen. Paradoxerweise machte ihn seine Lüge später zu einem positiven Helden, da er den Fehler eingestand und die Kraft hatte, es nochmals zu versuchen: Beim vierten Versuch 2012 erreichte er den Gipfel des K2.

Im Nachhinein listete Stangl weitere Faktoren auf, die ihn die Kontrolle über die Grenze zwischen Lüge und Wirklichkeit verlieren liessen: Schlechtwetter, Sauerstoffmangel, Halluzinationen, Müdigkeit, Sponsoren ... Doch der Hauptfaktor war die Besessenheit, als Erster ein alpinistisches Meisterstück zu vollbringen: der Rekord der Besteigung aller ‹Seven + Second Seven Summits› – wie der Olympionike, der die Goldmedaille über 100 Meter gewinnt und auch jene über 200 Meter anstrebt. Nachdem er die zweithöchsten Gipfel aller sieben Kontinente bestiegen hatte, gab sich Stangl noch nicht zufrieden und verwirklichte sein Projekt, auch die drei höchsten Gipfel aller Kontinente zu besteigen: die ‹Triple Seven Summits›. Er war der erste Bergsteiger, dem es gelang, alle insgesamt 21 Gipfel zu besteigen.

Im November 1952 verpasste der Schweizer Alpinismus nur knapp den historischen Erfolg der Erstbesteigung des Everest: Der Genfer Raymond Lambert und Sherpa Tenzing Norgay gaben im Sturm und mit inzwischen defekten Sauerstoffgeräten auf, nachdem sie die unglaubliche Höhe von 8600 Metern erreicht hatten. Ihre beispiellose Leistung ebnete Hillary und Tenzing den Weg im folgenden Jahr.

1956, vier Jahre nach dem verpassten Erfolg, hatte nach der ersten historischen Besteigung durch Hillary und Tenzing noch kein anderer Mensch den Gipfel des höchsten Berges der Erde erreicht. Der Ehrgeiz, die Zweiten auf dem Everest zu sein, gab den Anstoss zur hier erzählten Expedition.

Die Originalität des vorliegenden Buchs, verfasst von mehreren Autoren, die sich in der Bergliteratur einen Namen gemacht haben, liegt in der Rekonstruktion jenes epischen Abenteuers anhand der Original-Tagebücher von vier Teilnehmern der Expedition sowie weiteren Berichten und Auszügen aus der Expeditionspost. Jeder Tagebucheintrag enthüllt unterschiedliche Nuancen, aber es kristallisiert sich auch Harmonie und Toleranz zwischen den Bergsteigern heraus.

Die Tagebücher, Berichte und Expeditionspost der Mitglieder der Schweizer Everest- und Lhotse-Expedition 1956 erzählen uns unverhüllt, wie ihr glorreiches Abenteuer verlief. Nichts Verborgenes, keine Skandale, schlicht eine wichtige Erzählung: Es ist nicht richtig, sich immer nur an die Ersten zu erinnern, weder im Bergsteigen noch in jedem anderen Sport. Auch die Verdienste jener, die ‹nur› Zweite oder gar Letzte werden, verdienen Anerkennung.

Dieses Buch erlaubt uns eine neue Wertschätzung der Leistung jener Pioniere des Himalaya-Bergsteigens. Und diese ist in Zeiten des ‹Overmountainclimbing›, das den Everest und andere Achttausender erstickt, besonders dringlich.

Folgende Doppelseite: Sherpas tragen Nachschub durch das Westbecken gegen das vorgeschobene Basislager hinauf. Während der Everest 1953 erstmals bestiegen worden war, stand bis Mitte Mai 1956 noch niemand auf dem Lhotse mit seiner mächtigen Flanke (Bildmitte).

3
1956: Schweizer auf Lhotse und Everest

Die Vorgeschichte und Hintergründe der Expedition

——— Von Hans Rudolf Keusen

Nachdem die Briten die Eroberung von Süd- und Nordpol knapp verpasst hatten, konzentrierten sie sich auf den dritten Pol: den Everest. Mehrere Expeditionen von Tibet aus blieben erfolglos. George Mallory und seine Gefährten entdeckten dabei 1921 eine gangbare Route von Norden her. Er und Andrew Irvine kehrten aber von ihrem letzten Besteigungsversuch 1924 nicht mehr zurück. Die Leiche Mallorys wurde 1999 gefunden – ungewiss bleibt, ob er und Irvine den Gipfel erreicht hatten. Weitere britische Versuche, immer von Tibet aus, folgten. 1935 war erstmals auch Sherpa Tenzing Norgay dabei. 1951 besetzte China Tibet, und der Zugang zum Everest von Norden her war von nun an für mehrere Jahrzehnte für Ausländer gesperrt.

1939 wurde von Karl Weber die Schweizerische Stiftung für Alpine Forschung gegründet, und bereits kurz danach begann man sich im Kreis der Stiftung ernsthaft Gedanken zu einer Everest-Expedition zu machen. Die Pläne wurden aber nicht zuletzt wegen des Zweiten Weltkriegs verworfen.

1951 versuchte eine britische Expedition von der Nepalseite ins Western Cwm zu gelangen, scheiterte aber an der grossen Spalte im Eisbruch. Im gleichen Jahr traf die Bewilligung von Nepal für die Schweiz ein, im Jahr 1952 zwei Expeditionen ins Gebiet entsenden zu dürfen. Die Engländer waren frustriert, sahen ihre Felle davonschwimmen und versuchten vergeblich, sich den schweizerischen Expeditionen anzuhängen.

Treffen von Everest-Lhotse-Helden im Rosenlaui. Stehend von links: Marmet, Schmied, Arthur Spöhel (Expeditionen 1952 und 1955), John Hunt (Leiter der Erstbesteigung 1953), Eggler, Luchsinger, von Gunten, Reiss, Léon Flory (1952), Ernst Hofstetter (1952), Diehl. Kniend von links: Tenzing (zusammen mit Hillary Erstbesteiger 1953), Grimm, Reist, Jean-Jacques Asper (1952), Leuthold.

Die erste Vormonsun-Expedition 1952 der Schweizer unter der Leitung von Eduard Wyss-Dunant überwand den Khumbu-Eisbruch, die Querspalte und fand schliesslich auch den Weg durch die Lhotseflanke bis auf die Schulter des Genfersporns. Am 26. Mai 1952 standen mit den Schweizern René Aubert, Léon Flory und Raymond Lambert zusammen mit den Sherpas Tenzing Norgay, Pasang Phutar, Phu Tharke und Da Namgyal die ersten Menschen im Südsattel. Mallory hatte 1922 bei einem Blick vom Lho La den Zustieg von Süden noch als nicht machbar beurteilt.

Am 28. Mai gelang Lambert und Tenzing Norgay nach einer Nacht im Zelt auf 8400 Metern Höhe ein Vorstoss bis auf circa 8600 Meter, wo sie aber wegen schlechten Wetters und Ermüdung umkehren mussten. Im Herbst 1952 fand dann im Nachmonsun eine zweite Schweizer Expedition unter der Leitung von Gabriel Chevalley statt. Diese Expedition gelangte bis zum Südsattel, musste hier aber wegen der stürmischen Witterung abbrechen. Von dieser Nachmonsun-Expedition gibt es ein Tagebuch von Ernst Reiss, der selbst daran teilnahm und den Südsattel erreichte.

1953 waren erneut die Engländer dran. Expeditionsleiter war John Hunt. Auf den Spuren der Schweizer überwanden die Bergsteiger den Eisbruch und die Lhotseflanke und erreichten über den Genfersporn den Südsattel. Eine erste Seilschaft stiess am 26. Mai 1953 bis zum Südgipfel des Everest vor, musste aber dort aufgeben. Drei Tage später, am 29. Mai, gelang Edmund Hillary und Sherpa Tenzing nach Überwindung der letzten Felsstufe, die als ‹Hillary Step› bekannt wurde, die Erstbesteigung des Everest. Dieses Ereignis löste weltweite Begeisterung aus und wurde als die Eroberung des dritten Pols gefeiert. John Hunt sagte später, der britische Erfolg wäre ohne die Vorarbeit der Schweizer zur Routenwahl, deren Erfahrungen mit der grossen Höhe und den Sauerstoffgeräten nicht möglich gewesen. Da Tenzing Norgay zudem bereits ein Jahr zuvor zusammen mit Raymond Lambert bis knapp vor den Südgipfel vorgestossen war, konnten sich die Engländer auf dessen Geländekenntnisse abstützen.

Die Schweizer Expedition 1956

Bereits 1954 setzte sich die Stiftung für Alpine Forschung erneut mit Absichten für weitere Aktivitäten im Everest-Gebiet, vorerst wissenschaftlicher Natur, auseinander. Sie änderte aber dann den Plan und sah eine bergsteigerische Expedition mit einer Gruppe erstklassiger Alpinisten vor. Noch 1955 verzichtete die Stiftung jedoch zugunsten von Norman Dyhrenfurth, der gleichzeitig ein Gesuch für eine Besteigung des Lhotse eingereicht hatte. Der Österreicher Ernst Senn und der Schweizer Arthur Spöhel scheiterten aber an diesem Gipfel, und Senn, der im Alleingang ins Gipfelcouloir eingestiegen war, musste am 15. Oktober 1955 auf einer Höhe von 8100 Metern aufgeben. Der Lhotse blieb unbestiegen.

Im Hinblick auf eine Expedition im nachfolgenden Jahr nahm die Stiftung Kontakt mit Ernst Reiss auf, der wie erwähnt bereits an der Schweizer Nachmonsun-Expedition 1952 teilgenommen hatte. Ernst Reiss schreibt am 17. März 1956 im Vorwort seines Tagebuchs – die Unterstreichungen stammen von ihm:

«Im Dezember 1954 konnte ich durch Herrn E. Feuz (Sekr. S.S.A.F.) erfahren, dass die Schweiz. Stiftung für Alpine Forschung für das Jahr 1956 ein neues Himalaya-Unternehmen in Betracht ziehe. Erneut betone ich mein Interesse und erhalte auch wenig später den Auftrag, mich in ganz unverbindlicher Weise nach einer Anzahl interessierter Alpinisten umzuschauen. Als Bedingungen schlage ich dieselben wie für die vorausgegangenen Schweiz. Everest

Albert Eggler, Expeditionsleiter (oben links). Wolfgang Diehl, Expeditionsleiter-Stellvertreter (oben rechts). Ernst Reiss, Bergsteigerchef (unten links). Hans Grimm, Sanität (unten rechts).

Exped. vor und gebe dem Wunsche Ausdruck, meine Seilgefährten Dölf Reist, Fritz Luchsinger und den angenehmen H. R. von Gunten aus Bern einzubeziehen. Ein grosses Fragezeichen war damals noch die Persönlichkeit eines geeigneten Exped. Leiters. In Betracht wurden gezogen Albert Eggler, Fürsprech, Bern, Arn. Glatthard, Meiringen oder Oberst O. Weber, Thun. Eine Besprechung mit Herrn Feuz in Zürich (Küsnacht) führte uns zum glücklichen Entscheid für Albert Eggler. In erster Linie war es sein bestimmtes Auftreten und Handeln, was uns über die nächsten Klippen brachte. Es wurde ein schwieriges Erwägen in der weiteren Auswahl der interessierten Teilnehmer. Leider gaben uns die jüngeren Himalaya Veteranen Dr. Rud. Schatz, Dr. P. Braun, Hannes Huss und Erich Eichelberg aus beruflichen Gründen ihre Absage und Leute, welche wir als Kameraden nicht kannten oder sich nur als egozentrische Bergsteiger bewährt hatten, standen ausser Frage. Auch hätte sich eine Minderheit von Westschweizern (J. J. Asper usw.) aus sprachlichen Schwierigkeiten weniger geeignet.

Ein festes Ziel konnten wir auch noch nicht fixieren, weil an den restlichen Achttausendern bereits einige grosse Expedit. unterwegs waren. Während der Kanchenzönga und der Makalu durch ausserordentlich gute Witterungsverhältnisse in der Besteigungsphase erobert wurden, blieben andere Expedit. am Dhaulagiri, Manaslu und im Karakorum bei der Bezwingung der höchsten Berge erfolglos. Nachdem noch die Dyhrenfurth Exped. im Spätherbst am Lhotse versagte, stand für die Stiftung wie für uns Schweiz. Alpinisten am lohnendsten ein neues Lhotse-Everestprojekt im Vordergrund. Die Bergkameraden A. Eggler, W. Diehl, E. Reiss, D. Reist, Hs. Grimm, Fr. Luchsinger, H. R. von Gunten, E. Schmied, Jürg Marmet und der Med. Hs. Thönen erhielten also schon im Vorsommer den Auftrag, sämtliche theoret. Vorarbeiten für ein allfällig. Projekt Lhotse auszuarbeiten. Die Hauptarbeit leisteten A. Eggler, Schmied - v. Gunten, Reist - Reiss - u. Luchsinger. Den Arzt Thönen u. W. Schild erwähne ich bei den Vorarbeiten weniger, da später beide ausschieden.

Im Herbst werden wir alle zu einer Besprechung mit der Stiftung in Zürich eingeladen, wo uns Dr. Iten eröffnet, dass die kürzlichen Umfragen bei versch. grösseren Konstitutionen für die Exped. Finanzierung ein negatives Resultat ergeben haben. Damit sehe sich die Stiftung ausser Stande ein neues grosses Unternehmen zu starten. Für uns war das sehr überraschend und unangenehm. Wir schlugen eine Bedenkzeit vor, um eine andere Lösung des Finanziellen zu finden. – Wir schlugen später vor, weitere breite Kreise an unserem Projekt zur Mitarbeit und Unterstützung aufzurufen. Eine noch spätere Sitzung ad hoc mit dem S.A.C. L.V.L. T.V.N sollte diesen Schritt ermöglichen.

Hansrudolf von Gunten, Verpflegung (oben links). Eduard Leuthold, Expeditionsarzt (oben rechts). Fritz Luchsinger, Ausrüstung (unten links). Jürg Marmet, Sauerstoffexperte (unten rechts).

Leider kamen wir auch damals zu keinem befriedigenden Resultat, jedoch lief die Aktion ‹Aufruf› weiter.

Mit dem Gegenvorschlag der Stiftung, die 12 Teilnehmer mit 60'000.– Fr. zur Mitfinanzierung à fond perdu zu verpflichten, entstand eine letzte Kraftprobe, welche von den einzelnen Teilnehmern wirklich erhebliche Opfer erforderte; die Expedition zum Lhotse-Everest ist damit aber gesichert.

Die verlangten Sparmassnahmen und die grosse Eile beim Einkauf und Packen zeitigen bes. bei der Wärmeschutzbekleidung etwelchen Qualitätsmangel, welcher aber auch den Ersteller Firmen in der Heimat zuzuschreiben ist (Rentierstiefel ohne Hartfutter gibt ein Zusammenziehen mit den Steigeisenriemen. Daunenbekleidung u. Schlafsäcke sehr leichte Qualität). Für die viele Arbeit und Mühen, die eine Exped. für ihre gesamte Ausrüstung braucht, gehört unser aller Dank den fleissigen Händen im Hintergrund der Stiftung.

Wir Teilnehmer sind nicht alles Bergsteiger mit intern. glänzenden Namen, aber wir sind stolz auf folgende gesprochene Worte vom Stiftungspräsidenten Herrn Karl Weber: ‹Ich darf versichern, dass wir (die S.S.A.F.) noch nie eine derart gute geschlossene Mannschaft in den Himalaya sandten.› Wir haben das nicht falsch verstanden, denn wir wissen ganz genau, dass uns nur Einigkeit und zähes Festhalten am geplanten Ziel über die vielen Schwierigkeiten im Gesamten und für jeden persönlich zur Tat schreiten liess. – Möge das diesem Unternehmen, welches geschlossener denn je nach drei Tagen vor Namche Bazar steht, Glück und Erfolg bringen!»

Das Team: bekannte Namen der Szene

Anfang 1955 lud die Stiftung für Alpine Forschung Albert Eggler, Ernst Reiss und Jürg Marmet zu einer Besprechung im Hinblick auf die geplante Expedition 1956 ein. Als Gesamtleiter rekrutierte Albert Eggler in der Folge eine elfköpfige Mannschaft. Dabei setzte er auf bestandene Seilschaften wie die im Berner Oberland arbeitende Reiss-Reist-Luchsinger und – aus der Szene der Berner Kletterer und des Akademischen Alpenclubs Bern – die Seilschaft Diehl-von Gunten-Schmied. Diehl hatte sich als Führer bei geologischen Expeditionen in Ostgrönland einen Namen gemacht. Marmet verfügte über Erfahrung von einer Expedition auf Baffin Island, war Bergführer und hatte schwierige Begehungen in den Alpen realisiert. Hans Grimm war ebenfalls ein Bergsteiger mit viel Gebirgserfahrung und gleichzeitig wichtigen medizinischen Kenntnissen. Die Suche nach einem Expeditionsarzt war nicht einfach. Schliesslich wurde Edi

Fritz Müller, Glaziologe, Wetter (oben links). Dölf Reist, Verpflegung (oben rechts). Ernst Schmied, Verpflegung (unten).

Leuthold gefunden. Fritz Müller wurde als wissenschaftlicher Fachmann für Glaziologie ins Team genommen. In seinem Buch «Gipfel über den Wolken» schreibt Eggler: «Der grösste Vorteil der Zusammensetzung unserer Mannschaft bestand wohl darin, dass sich alle gegenseitig kannten, sei es durch gemeinsame Touren oder Expeditionen, durch gemeinsames Studium oder Militärdienst. Das erleichterte die Aufgabe, aus den ausgeprägten Individualisten eine Einheit zu bilden.»

Die Teilnehmer der Expedition von 1956

Name	Lebensdaten	Beruf	Funktion bei der Expedition	Alpinistische Erfahrung
Albert Eggler (Tuchel)	1913–1998	Jurist	Expeditionsleiter	Alpinoffizier in der Schweizer Armee. Kommandant des Armeelawinendiensts. Ausgezeichneter Allround-Alpinist, Mitglied des Akademischen Alpenclubs Bern, später Ehrenmitglied.
Wolfgang Diehl	1913–1990	Jurist	Expeditionsleiter-Stellvertreter	Führer bei geologischen Expeditionen in Ostgrönland, bekannt für seinen Orientierungssinn und seine Erfahrung. Mitglied des Akademischen Alpenclubs Bern, später Ehrenmitglied.
Ernst Reiss (Ere)	1920–2010	Flugzeugmechaniker	Bergsteigerchef	Zahlreiche, technisch hochstehende Erstbegehungen in den Alpen, schwierige Kletterrouten und viele grosse Nordwände. Teilnehmer der Everest-Nachmonsun-Expedition 1952, bei der er den Südsattel erreichte.
Hans Grimm	1912–1988	Zahnarzt	Sanität	Grosse Gebirgserfahrung von anspruchsvollen Touren in den Alpen.

Name	Lebensdaten	Beruf	Funktion bei der Expedition	Alpinistische Erfahrung
Hansrudolf (Hansruedi) von Gunten	1928–2021	Chemiker	Verpflegung	Führer bei Expeditionen in Grönland, erstklassiger Fels- und Eisgänger, Mitglied des Akademischen Alpenclubs Bern, später Ehrenmitglied.
Eduard Leuthold	1928–2000	Arzt	Expeditionsarzt	Gewandter Skifahrer, der auch schon Skihochtouren gemacht und Interesse am Bergsteigen hatte.
Fritz Luchsinger	1921–1983	Instruktionsoffizier	Ausrüstung	Erfahrung aus grossen Wänden mit Reiss und Reist wie Äbeni-Flue-Nordwand oder Dufourspitze-Ostwand.
Jürg Marmet	1927–2013	Chemiker	Sauerstoffgeräte	Bergführer. Rettungs-Fallschirmspringer bei der Rega. Teilnehmer einer Expedition nach Baffin Island mit Erstbesteigung von Mount Asgard und Tête Blanche.
Fritz Müller	1926–1980	Geograf/Glaziologe	Glaziologie, Wetter	Erfahrung von wissenschaftlichen Expeditionen in Grönland und in der kanadischen Arktis, guter Bergsteiger.
Dölf Reist	1921–2000	Flugzeugspengler, Fotograf	Verpflegung	Zahlreiche, grosse und schwierige Kletter- und Hochtouren mit Reiss, darunter Erstbegehungen wie die ‹Reiss-Reist› am Klein Wellhorn; einige Touren in Dreierseilschaft mit Reiss und Luchsinger.
Ernst Schmied (Aschi)	1924–2002	Kaufmann	Verpflegung	Berner Kletterszene, Erfahrung von vielen schwierigen Touren und Nordwänden. Schwager von H. von Gunten.

Fast ein halbes Jahr auf Expedition

Das Ziel, noch vor dem Einsetzen des Monsuns den Gipfel des Everest erreichen zu können, verlangte eine sorgfältige Vorbereitung von Anreise und Anmarsch bis ins Basislager. Die meisten Teilnehmer brachen dazu bereits Ende Januar in Bern auf. Der lange, spannende Weg von der Schweiz ins Basislager per Bahn, Flugzeug, Schiff, mit Ochsenkarren und zu Fuss dauerte für den Grossteil der Gruppe mehr als zwei Monate. Während des Anmarschs ergaben sich Gipfelbesteigungen zur Akklimatisation, darunter die Erstbesteigung des Island Peaks. Die Überwindung des Eisbruchs und der Lageraufbau bis zum Südsattel erforderten einen weiteren Monat Arbeit. Die Besteigungen von Lhotse und Everest gelangen dann rund 115 Tage nach dem Aufbruch in Bern, kurz vor dem richtigen Einsetzen des Monsuns. Der Plan ging also knapp, aber perfekt auf. Die schwere Krankheit Luchsingers verzögerte das Vorhaben kaum, weil seine Kameraden – mit Ausnahme von Leuthold, Grimm und Diehl, die den Kranken pflegten – die Vorbereitungen für die Besteigungen vorantreiben konnten.

Luchsinger selbst stand zusammen mit Reiss 45 Tage nach seiner Genesung auf dem bisher noch unbestiegenen Lhotse. Das Überwinden seiner lebensbedrohlichen Krankheit muss ihn im wahrsten Sinne des Wortes beflügelt haben. Die Einzelheiten vom Aufbruch in Bern bis zum Gipfel von Lhotse und Everest, mit Ausschnitten aus den Tage- und Notizbüchern, aus der Expeditionspost und aus späteren Berichten einzelner Teilnehmer, sind Thema der verschiedenen Kapitel dieses Buchs.

Der Rückmarsch nach den erfolgreichen Besteigungen bis Kathmandu beanspruchte weitere 20 Tage. Nach insgesamt 160 Tagen Abwesenheit von der Heimat kehrten die Bergsteiger nach Hause zurück – heute fast undenkbar! Die Eckdaten der ganzen Expedition sind detailliert in der Tabelle im Anhang dargestellt.

Der Vertrag zwischen Stiftung und Teilnehmern

Der Vertrag zwischen der Schweizerischen Stiftung für Alpine Forschung (SSAF) und den elf Teilnehmern der Schweizer Expedition zu Everest und Lhotse, unterzeichnet am 29. Januar 1956, dem Tag der Abreise der ersten Teilnehmer.

Die Stiftung schloss am 29. Januar 1956, das heisst unmittelbar vor der Abreise, einen Vertrag mit den Bergsteigern ab. Darin werden mehrere Punkte geregelt. Als Ziel wird die «Besteigung des Mount Everest und Lhotse» festgelegt. Die explizite Erwähnung beider Gipfel überrascht, gab es doch zum Zeitpunkt der Vertragsabfassung nur eine Bewilligung für

unterschrieben von allen Teilnehmern

V E R T R A G

zwischen

der Schweizerischen Stiftung für alpine Forschungen, Zürich,
einerseits,

und

den Teilnehmern der Schweizerischen Mount Everest-Expedition 1956
anderseits.

Teilnehmer:	Albert Eggler, Bern	(Expeditionsleiter)
	Wolfgang Diehl, Bern	(Stellvertreter)
	Ernst Reiss, Brienz	(Chef der Bergsteigergruppe)
	Adolf Reist, Interlaken	
	Fritz Luchsinger, Thun	
	Dr. Hans-Rudolf von Gunten, Bern	
	Ernst Schmied, Bern	
	Jürg Marmet, Zürich	(Sauerstoff-Experte)
	Dr. Hans Grimm, Wädenswil	
	Fritz Müller, Zürich	(Glaziologe)
	Arzt: ~~(noch vakant)~~ Ed. Leuthold	
	~~Dr. Fritz Buser, Arzt,~~ Bühlstrasse 40, Bern	

1.

Die Schweizerische Stiftung für alpine Forschungen organisiert im Jahre 1956 eine Expedition zur Besteigung des Mount Everest und des Lhotse, sowie anderer geeigneter Gipfel im Gebiet des Mount Everest.

Die Expedition ergänzt die bereits bestehende photographische Dokumentation, sammelt geologische Gesteinsproben und macht durch ihren wissenschaftlichen Teilnehmer Messungen und Beobachtungen aus der periglazialen Morphologie des Expeditionsgebietes.

2.

Herr Albert Eggler ist der Leiter der Expedition. Im Falle der Verhinderung bezeichnet er einen Stellvertreter. Er ist für seine Aufgabe der Stiftung gegenüber verantwortlich. Die Teilnehmer haben volles Zutrauen zu ihm und verpflichten sich ehrenwörtlich, seinen Entscheidungen willig Folge zu leisten.

3.

Jeder Teilnehmer muss ein ärztliches Zeugnis über seine physische Eignung zur Teilnahme an der Expedition vorlegen. Die Beteiligung an der Expedition erfolgt freiwillig und auf eigenes Risiko. Unfall, Invalidität oder Tod eines Teilnehmers berechtigen weder den Teilnehmer, noch seine Familie oder seine gesetzlichen Erben zu irgendwelchen Schadenansprüchen an die Stiftung oder an den Expeditionsleiter oder andere Teilnehmer. Die Stiftung wird, ohne Anerkennung einer Rechtspflicht, sämtliche Teilnehmer gegen das Expeditionsrisiko angemessen versichern.

4.

Die Kosten für die Ausrüstung der Expedition, sowie für Reise, Aufenthalt und Unterhalt der Teilnehmer werden durch die Stiftung übernommen. Die Expeditionsteilnehmer leisten einen Beitrag von je Fr. 5'000.- à fonds perdu.

Im Einvernehmen mit dem Expeditionsleiter sorgt die Stiftung für die Beschaffung der notwendigen Ausrüstung und übernimmt - in Anwesenheit der Teilnehmer - die Verpackung und den Versand bis Indien. Ferner leitet sie die notwendigen Massnahmen bei den Zollbehörden (Transit, Zollbefreiung), sowohl für die bergsteigerische wie für die wissenschaftliche Ausrüstung.

Herr Fritz Luchsinger ist beauftragt, während der ganzen Expedition genau Rechnung zu führen - wenn möglich auf Belege abstützend - über die Verwaltung der der Expedition zur Verfügung gestellten Summen. Diese Buchführung ist der Stiftung mit sämtlichen Belegen sofort nach Rückkehr der Expedition in die Schweiz zu übergeben; auf Wunsch kann jeder Teilnehmer darin Einblick nehmen.

5.

Die Expeditionsteilnehmer stellen der Stiftung alle notwendigen Auskünfte und Ausweise (Pass, Impfzeugnis etc.) zur Verfügung. Gestützt auf diese Unterlagen unternimmt die Stiftung alle diplomatischen Demarchen.

Die Teilnehmer verpflichten sich, die Weisungen der Regierungen aller Länder, die sie betreten, genau zu befolgen.

6.

Jeder Teilnehmer verpflichtet sich, ein Tagebuch zu führen und es nach Rückkehr der Stiftung zur Verfügung zu stellen. Der Expeditionsleiter erstattet der Stiftung alle zehn Tage einen ausführlichen Bericht über die Tätigkeit und die erreichten Ergebnisse der Expedition. Diese Berichte werden streng vertraulich behandelt, und es ist dafür zu sorgen, dass diese Berichte nicht in die Hände von Drittpersonen gelangen, und dass keine Auskunft über ihren Inhalt erteilt wird. Die Stiftung stellt ihre Verbindung mit der Expedition zur Weiterleitung der Privatpost der Teilnehmer an ihre Angehörigen auf schnellstem und diskretem Wege zur Verfügung.

Der Stiftung steht das Urheberrecht an sämtlichen Werken der Teilnehmer zu (Veröffentlichungen journalistischer, wissenschaftlicher oder künstlerischer Art, inklusive aller Verwertungsrechte der gewonnenen Dokumentation in Vorträgen, photographischen, kinematographischen oder radiophonischen Veranstaltungen).

Wissenschaftliche Veröffentlichungen ordnen sich nach dem darüber bestehenden Regulativ der Stiftung. Die Stiftung verwendet die Auswertungs-Erträgnisse ihrer Urheber- und Eigentumsrechte in erster Linie zur Tilgung der Expeditionskosten. Die Stiftung übernimmt deshalb auch die Koordination der gesamten Auswertung. In diesem Rahmen wird jeder Teilnehmer sich anstrengen, durch geeignete Anregungen und Vorschläge, sowie durch die Uebernahme von Vorträgen, Artikel- oder Buchmanuskripten zum Auswertungsertrag der Stiftung nach bestem Können beizutragen. Die diesbezüglichen persönlichen Arbeiten des Einzelnen werden angemessen entschädigt.

7.

Alles der Stiftung gehörende Material, inbegriffen an die Teilnehmer abgegebene photographische oder physikalische Apparate und Instrumente, werden der Expedition für ihre Dauer leihweise zur Verfügung gestellt.

8.

Die Stiftung stellt der Expedition das geeignete Filmmaterial für ca. 3000 - 4000 Aufnahmen in Nepal zur Verfügung. Die Teilnehmer sind gehalten, unter sich durch spontane Vereinbarungen dafür zu sorgen, dass nicht Material auf unnötige Wiederholungen einzelner Bildmotive verschwendet wird. Zu allen exponierten Filmspulen gehören chronologische Sachnotizen für die Identifizierung der Aufnahmen bei der Stiftung.

Die exponierten, unentwickelten Filmspulen und zugehörigen Notizen sind nach bester Transportmöglichkeit durch Luftpost laufend an die Stiftung rückzuschieben, wobei der Verpackung und Beigabe von Schutzmitteln volle Aufmerksamkeit zu widmen ist.

Herr Wolfgang Diehl ist beauftragt, während der ganzen Expedition die möglichst zweckmässige Einhaltung dieser Richtlinien zu überwachen und seine Kameraden entsprechend zu beraten.

Jeder Teilnehmer hat Anspruch auf 100 schwarz/weiss-Vergrösserungen, Format 9 x 12 cm oder 9 x 9 cm (Rolleiflex).

Die Farbdiapositive, die nicht für Vortragsserien verwendet werden, werden für die Teilnehmer eingefasst und in Kistchen zur persönlichen Verwendung zur Verfügung gehalten.

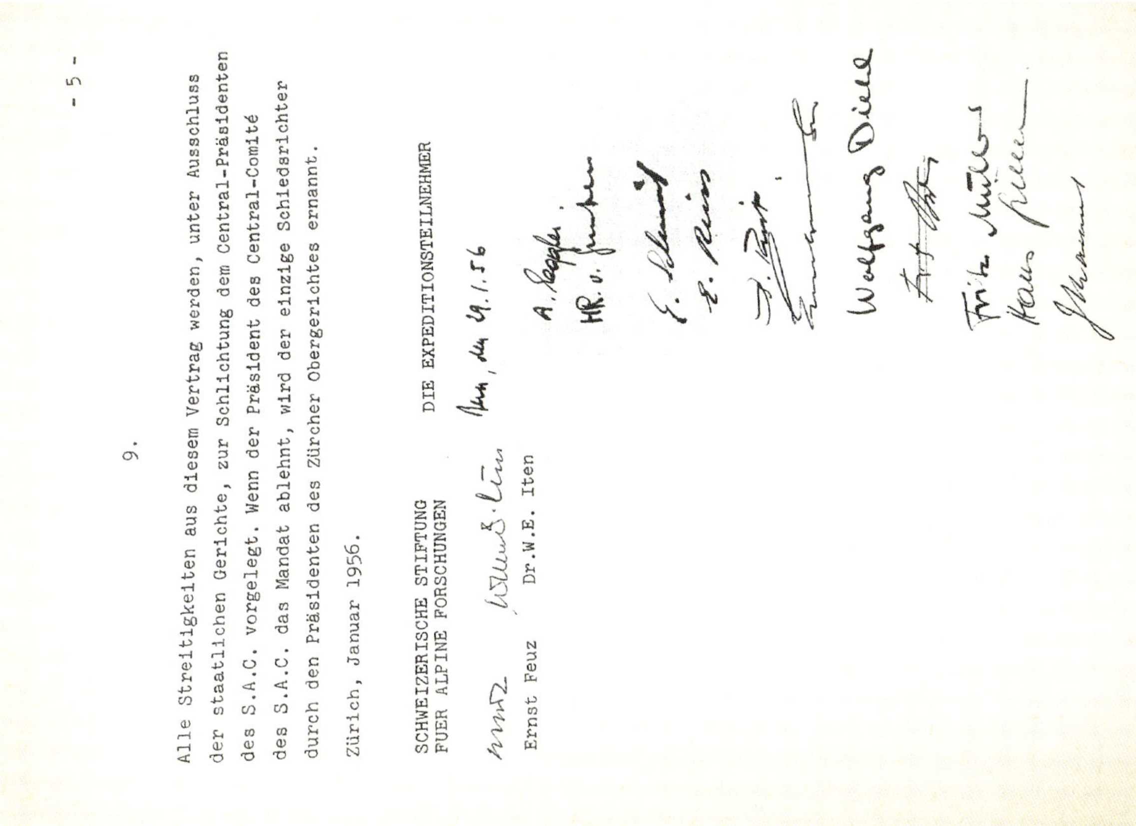
- 5 -

9.

Alle Streitigkeiten aus diesem Vertrag werden, unter Ausschluss der staatlichen Gerichte, zur Schlichtung dem Central-Präsidenten des S.A.C. vorgelegt. Wenn der Präsident des Central-Comité des S.A.C. das Mandat ablehnt, wird der einzige Schiedsrichter durch den Präsidenten des Zürcher Obergerichtes ernannt.

Zürich, Januar 1956.

SCHWEIZERISCHE STIFTUNG FUER ALPINE FORSCHUNGEN

Ernst Feuz   Dr.W.E. Iten

DIE EXPEDITIONSTEILNEHMER

den Everest. Eggler handelte erst später in Kathmandu ein zusätzliches Permit für den Lhotse aus. Im Vertrag werden die Expeditionsteilnehmer zur Loyalität gegenüber dem Expeditionsleiter angehalten: Sie «verpflichten sich ehrenwörtlich, seinen Entscheidungen willig Folge zu leisten».

Im Vertrag ist zudem festgehalten, dass jeder Bergsteiger ein Tagebuch führen muss: «Jeder Teilnehmer verpflichtet sich, ein Tagebuch zu führen und es nach der Rückkehr der Stiftung zur Verfügung zu stellen.» Im Weiteren sicherte sich die Stiftung vertraglich das Urheberrecht an sämtlichen Werken der Teilnehmer.

Diesem Vertrag zwischen der Stiftung und den Expeditionsteilnehmern kommt heute, nach Einsicht in die Expeditionspost und Tagebücher, besondere Bedeutung zu. Obschon die Ziele darin klar definiert waren, entbrannte bereits in den Anfängen der Expedition ein heftiger Streit um den Lhotse zwischen Stiftung und Bergsteigern, der sich zu einem ernsthaften, die Unternehmung gefährdenden Konflikt und einer Palastrevolution hätte auswachsen können – diese Auseinandersetzung ist Thema des

Kapitels Nebengeräusche 1. Auch bezüglich der hierarchischen Loyalität hatte man im Vertrag in vorausschauender Weise ein Konfliktpotenzial erkannt. Es gibt klare Hinweise, dass die Haltung gegenüber Eggler teilweise strapaziert wurde. Dieser konnte aber damit umgehen und ernsthaftere Auseinandersetzungen vermeiden, wie die Kapitel Nebengeräusche 1 und Nebengeräusche 2 zeigen.

Die Tage- und Notizbücher

Mit grosser Wahrscheinlichkeit haben alle Teilnehmer gemäss Weisung der Stiftung ein Tagebuch geschrieben. Heute vorhanden sind jedoch nur jene von Eggler, Reiss, Luchsinger und von Gunten. Marmet und Reist haben in späteren Publikationen aus ihren Tagebüchern zitiert. Grimm liess seines im Südsattel liegen, und von den Tagebüchern von Schmied, Müller, Leuthold und Diehl gibt es trotz gezielter Nachforschung bei den Nachkommen keine Spuren und Hinweise. Sie dürften verschollen sein.

Die vier vorhandenen Tagebücher umfassen jeweils etwa 50000 bis 70000 Zeichen. Der Schreibstil ist unterschiedlich: Reiss, Luchsinger und von Gunten beschreiben die jeweilige Situation ausführlich mit persönlichen Eindrücken zu Wetter, Landschaft, Material, Verpflegung und Schwierigkeiten.

Eggler beschränkt sich eher trocken auf Fakten und Daten, nur beim Disput um die Gipfelwahl und im Zusammenhang mit den Vorwürfen vonseiten der Stiftung platzt auch ihm im Tagebuch ab und zu der Kragen. Eggler führte neben seinem Tagebuch noch ein Notizbuch. Hier notierte er die 272 Träger und deren Herkunft aus 23 Dörfern und organisierte die Traglasten auf dem Anmarsch mit Nummern. Während der Expedition legte er die Materialzuteilung der Hochlager fest (Nahrung, Zelttypen etc). Das Notizbuch enthält auch eine Liste der Postläufersendungen und Egglers Vorbereitung der Reden in Kathmandu nach der Rückkehr. Besonders bemerkenswert sind auch seine Eintragungen zu Qualifikation (bergsteigerische Erfahrung) und Herkunft der insgesamt 30 Sherpas.

Interessant für uns ist, dass Luchsinger als Grundlage für sein Tagebuch während der Expedition Notizen gemacht hatte. Sein Tagebuch ist die erst später in der Schweiz verfasste Reinschrift. Darin liess er viele persönliche Passagen der Notizen weg, kürzte und «schönte» die Aufzeichnungen. Glücklicherweise verfügen wir auch über die beiden persönlicheren Notizbücher und haben so Kenntnis von vielen zusätzlichen

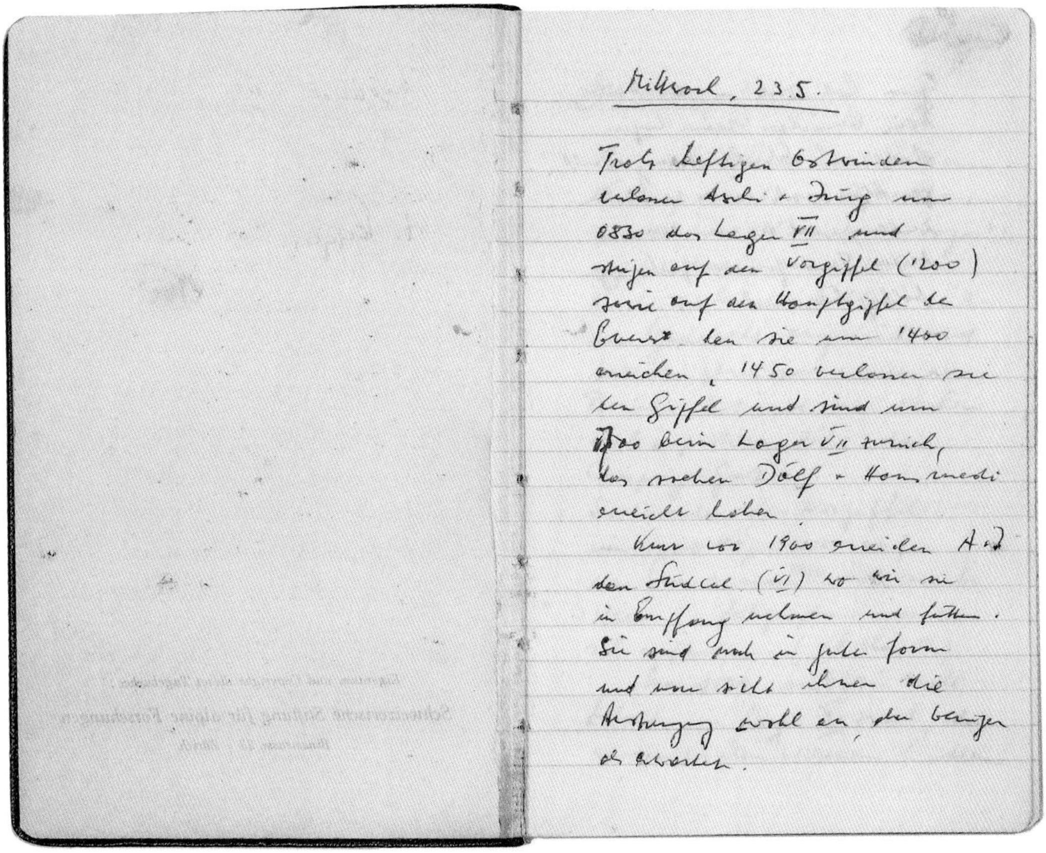

Mittwoch, 23.5.

Trotz heftigen Ostwinden verlassen Ernst + Jürg um 0830 das Lager VII und steigen auf den Vorgipfel (1200) sowie auf den Hauptgipfel des Everest, den sie um 1400 erreichen. 1450 verlassen sie den Gipfel und sind um 1700 beim Lager VII zurück, das vorher Dölf + Hansruedi erreicht haben.

Kurz vor 1900 erreichen E + J den Südsattel (VI) wo wir sie in Empfang nehmen und futtern. Sie sind noch in guter Form und man sieht ihnen die Anstrengung wohl an, [illegible] als erwartet.

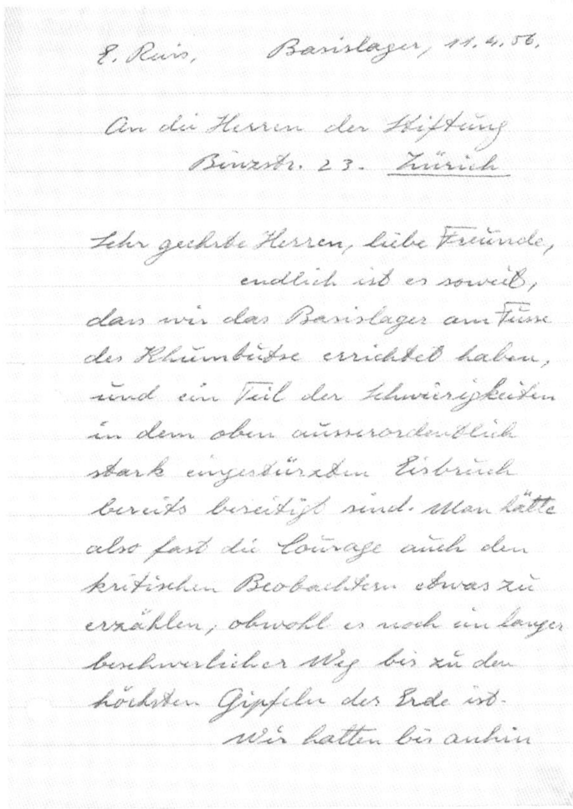

E. Reiss, Basislager, 11.4.56.

An die Herren der Stiftung
Binzstr. 23. Zürich

Sehr geehrte Herren, liebe Freunde,
endlich ist es soweit, dass wir das Basislager am Fusse des Khumbutse errichtet haben, und ein Teil der Schwierigkeiten in dem oben ausserordentlich stark eingestürzten Eisbruch bereits beseitigt sind. Man hätte also fast die Courage auch den kritischen Beobachtern etwas zu erzählen, obwohl es noch ein langer beschwerlicher Weg bis zu den höchsten Gipfeln der Erde ist.
Wir hatten bis anhin

Die erste Seite im zweiten Tagebuch von Albert Eggler, mit der Zweitbesteigung des Everest durch Marmet und Schmied am 23. Mai (oben). Beginn des Briefs von Ernst Reiss an die Stiftung, geschrieben am 11. April im Basislager. Solche Briefe sind Teil der Expeditionspost, die in der Bibliothek der ETHZ aufbewahrt werden (unten). Von Hand geschriebene Briefe wurden im Basislager mit Schreibmaschine reingeschrieben.

Kommentaren. Besonders spannend: seine Bemerkungen zur Strategie der Besteigungen. Den in den Notizen dokumentierten, heftigen Konflikt verschweigt er im Tagebuch vollständig, um nur ein Beispiel zu nennen (siehe dazu das Kapitel Nebengeräusche 2).

Reiss hatte ebenfalls während der Expedition Notizen in einen Kalender geschrieben und übertrug diese erst nach der Rückkehr in die Schweiz ins offizielle Tagebuch der Stiftung. Seine Reinschrift ist aber im Gegensatz zu Luchsinger keine Kürzung, vielmehr bereichert er seine Notizen mit Eindrücken aus seiner Erinnerung.

Die vorhandenen Notizen und Tagebücher mussten für das vorliegende Buch transkribiert werden: wegen der teils schlechten Lesbarkeit eine aufwendige und mühsame Arbeit!

Diese überlieferten Schriften sind einmalige, persönliche Zeitzeugnisse der Schweizer Expedition 1956. In den nachfolgenden Kapiteln kommen die Tagebuchschreiber während der verschiedenen Etappen der Expedition zu Wort.

Verfasser	Schrift	Zeitraum	Standort	Bemerkungen zu Inhalten
Albert Eggler	Tagebuch 1	29.01. bis 22.05.1956	ALPS	Knapp und nüchtern geschriebenes Tagebuch. Beschreibt das Tagesgeschehen, verzichtet weitgehend auf persönliche Kommentare, ausser bei Auseinandersetzungen mit der Stiftung.
	Tagebuch 2	23.05. bis 10.07.1956	ALPS	
	Notizbuch	07.03. bis 21.06.1956	ALPS	Notizen zu Herkunft der 272 Träger und Lasten; Postläufersendungen; Vorbereitung Reden in Kathmandu; detaillierte Porträts der 30 Sherpas (Bergerfahrung, Herkunft etc.).

Verfasser	Schrift	Zeitraum	Standort	Bemerkungen zu Inhalten
Ernst Reiss	Notizbuch	28.01. bis 04.07.1956	ALPS	Während der Expedition in einen Kalender geschriebene Notizen. Das Notizbuch enthält auch Listen der von Reiss gemachten Fotos.
	Tagebuch-Reinschrift	28.01. bis 08.07.1956	ALPS	Die nach der Expedition am 21. Februar 1958 verfasste Reinschrift ist sozusagen eine schöner geschriebene Kopie des Notizbuchs, aber etwas umfangreicher. Gewisse Passagen erfahren gegenüber dem Notizbuch Erweiterungen aus der Erinnerung.
Fritz Luchsinger	Notizen 1	23.01. bis 17.04.1956	ALPS	Schön und sorgfältig geschriebene, sehr persönliche Notizbücher. Luchsinger äussert sich auch kritisch oder lobend gegenüber anderen Expeditionsteilnehmern. Die Notizbücher waren wohl nicht für fremde Leser bestimmt.
	Notizen 2	18.04. bis 21.06.1956	ALPS	Ihre Offenheit macht sie heute besonders wertvoll.
	Tagebuch-Reinschrift	27.01.bis 20.06.1956	ALPS	In der nach der Expedition verfassten Reinschrift eliminiert Luchsinger alle persönlichen und kritischen Bemerkungen der Notizen. Die so geschönte Reinschrift war für den Auftraggeber, die Stiftung, bestimmt. Die Reinschrift enthält am Schluss eine Rückschau auf die Expedition.
Hansruedi von Gunten	Tagebuch	30.01. bis 08.06.1956	privat	Schön geschriebenes, umfangreiches Tagebuch mit persönlichen Beobachtungen und Empfindungen.

Verfasser	Schrift	Zeitraum	Standort	Bemerkungen zu Inhalten
Jürg Marmet	Tagebuch		?	Dieses Tagebuch existierte, wurde aber bei den Nachkommen nicht mehr gefunden. Marmet zitiert aber in späteren Publikationen zum Teil längere Passagen direkt aus dem verschollenen Tagebuch.
Hans Grimm	Tagebuch		Südsattel	Gemäss Eintrag Reiss vom 25. Mai in seinem Tagebuch vergisst Grimm sein Tagebuch zusammen mit seinem Bargeld auf dem Südsattel.
Dölf Reist	Tagebuch		?	Dieses Tagebuch existierte. Reist zitiert in seinen Memoiren «Zu den höchsten Gipfeln der Welt» daraus. Keine weitere Nachforschung möglich, da kein Kontakt zu Nachkommen besteht.
Ernst Schmied	?		?	Wahrscheinlich existierte ein Tagebuch; es wurde aber trotz intensiver Nachforschungen bei den Nachkommen nicht gefunden.
Edi Leuthold	?		?	Wahrscheinlich existierte ein Tagebuch; es wurde aber trotz intensiver Nachforschungen bei den Nachkommen nicht gefunden.
Wolfgang Diehl	?		?	Keine Nachforschung möglich, da kein Kontakt zu Nachkommen besteht.
Fritz Müller	?		?	Ein Tagebuch ist vermutlich in seinem Nachlass bei der Nichte Celeste in Kanada, wurde aber bis jetzt nicht gefunden.
Ernst Reiss	Tagebuch	05.09. bis 29.12.1952	ALPS	Tagebuch von der Schweizer Nachmonsun-Expedition 1952. Zum Teil schwer lesbar.

Die Expeditionspost

Zwischen der Expedition und der Schweizerischen Stiftung für Alpine Forschung existierte ein reger Postverkehr. Die indische Radiostation in Namche Bazar hatte sich bereit erklärt, kürzere und verständliche Meldungen zu übermitteln. Der Austausch umfangreicherer Mitteilungen nach und von der Schweiz erfolgte mit Postläufern zwischen dem Basislager und Kathmandu oder Patna. Von dieser Expeditionspost liegen heute zahlreiche Telegramme, Briefe, Berichte und Skizzen vor. Zusätzlich wurden im Basislager ursprünglich handschriftlich verfasste Berichte mit der Schreibmaschine ins Reine geschrieben, bevor sie verschickt wurden. Diese circa 350 Seiten umfassende Dokumentation der SSAF ist digitalisiert und im Archiv der Eidgenössischen Technischen Hochschule Zürich (ETHZ) hinterlegt. Die wichtigsten Schriften sind in der Tabelle im Anhang aufgeführt. Daneben gibt es im Archiv des Alpinen Museums der Schweiz (ALPS) eine Sammlung des privaten Schriftverkehrs von Ernst Reiss und Dölf Reist.

Auf dem Rückmarsch wurde die Mappe von Eggler, die auch die Expeditionspost enthielt, zusammen mit Filmmaterial gestohlen. Dank schnellem Handeln von Eggler konnte das Diebesgut zum grössten Teil wieder beigebracht werden – allerdings ging dabei einer der wichtigsten Filme (Südsattel bis knapp vor Everest-Gipfel) von Dölf Reist verloren. Ohne diese Dokumente würden uns heute wichtige Zeugnisse fehlen. Insbesondere die bereits erwähnten Konflikte können nur anhand des Schriftverkehrs und interner Dokumente besser verstanden werden. Die Expeditionspost ergänzt in vielen Phasen der Unternehmung die Tagebücher und gibt so häufig erst vollen Einblick ins Geschehen.

In der Expeditionspost sind auch Berichte von fast allen Teilnehmern zu einzelnen Phasen und Geschehnissen hinterlegt. Sie sind vor allem wertvoll, weil sie dort, wo die Tagebücher fehlen, die einzigen authentischen schriftlichen Aufzeichnungen sind – so zum Beispiel die Berichte von Ernst Schmied und Jürg Marmet zur Besteigung des Everest.

Eggler bringt Everest und Lhotse nach Hause

Mit den Besteigungen von Everest und Lhotse wurden die Ziele der Schweizer Expedition 1956 erreicht. Die Erstbesteigung des Lhotse war wohl Egglers eigentlicher Traum. Er erkannte früh, dass ihnen der Erfolg an diesem noch unbestiegenen Berg den noch grösseren Ruhm bescheren würde als weitere Besteigungen des Everest. Dies bestätigte auch John Hunt in seiner späteren Laudatio, in der er sagte, die Erstbesteigung des Lhotse sei höher einzuschätzen als die Zweit- und Drittbesteigung des Everest. Der Lhotse wurde erst 21 Jahre später zum zweiten Mal bestiegen, und zwar durch den Schweizer Hans von Känel, den Deutschen Hermann Warth und den einheimischen Sherpa Sirdar Urkien.

Eggler setzte sich also entsprechend in Kathmandu mit all seiner Kraft für ein Lhotse-Permit ein. Solche Doppelbewilligungen waren eigentlich nicht vorgesehen. Dass Eggler sich durchsetzen konnte, ist wohl nicht nur 25000 Schweizerfranken zu verdanken, sondern auch seinem Verhandlungsgeschick und seiner Hartnäckigkeit. Sein Bestreben wurde ihm ziemlich übelgenommen. Dies mutet heute unverständlich an – umso mehr, als Everest und Lhotse im Vertrag ja als gleichwertige Ziele genannt worden waren.

Eggler kam also nach fünf Monaten mit einem vollen Erfolg nach Hause. Alles war aufgegangen, die Träume waren mehr als erfüllt – trotz ernsthafter Krankheiten und einzelner Nebengeräusche. Die unbändige Freude, die auf dem Südsattel nach den Besteigungen des Everest herrschte, lässt sich in den Worten von Aschi Schmied lesen: «*Im schwindenden Tageslicht erreichen wir den Südcol und werden vom Expeditionsleiter empfangen, bewirtet und gepflegt. Morgen werden wir nach der Hochbasis absteigen. Für uns ist das grosse Abenteuer zu Ende. Einmalig war der Traum und gewaltig das Erlebte. Dem aufopfernden Einsatz unserer Kameraden gebührt der Dank für den grossen Enderfolg, denn ohne selbstlose Mannschaftsarbeit ist eine Everest-Besteigung auch heute noch undenkbar.*» Das «heute» bezieht sich natürlich auf 1956 – heute herrschen am Everest ganz andere Bedingungen, viele schauen nur noch auf sich allein.

Nebst der erfolgreichen Aushandlung einer zusätzlichen Bewilligung für den Lhotse und der umsichtigen, väterlichen Führung seiner handverlesenen Mannschaft aus ehrgeizigen Individualisten waren wohl zwei Entscheide Egglers für den Erfolg massgebend: Erstens akzeptiert Eggler am 15. Mai Luchsingers Strategie für die kommenden Besteigungen und verzichtet auf seine eigenen Pläne. Er setzt sich selbst ins hintere Glied und erkennt, dass Luchsingers Vorschlag zur Bildung der Seilschaften besser ist. Der zweite, ebenso weise Entscheid von Eggler erfolgt am 24. Mai auf dem Südsattel: Er bricht die Expedition in Anbetracht der schlechten Wetterprognosen ab; dies obschon gerade weitere, körperlich noch frische Teilnehmer auf dem Südsattel ankommen. Einige von ihnen,

Empfang im Berner Hallwag Verlag zur Buchvernissage von «Gipfel über den Wolken» am 28. November 1956: Eggler zeigt Grimm und Schmied eine Passage, beobachtet von Diehl; links Luchsinger in Uniform.

nicht zuletzt Eggler selbst, hätten wohl allzu gern eine weitere Besteigung des Everest versucht. Eggler erkennt die Risiken und will den Erfolg der Expedition nicht aufs Spiel setzen.

Und was macht Eggler zurück in der Schweiz? Er setzt sich hin und verfasst zusammen mit seinem Freund Jörg Wyss «Gipfel über den Wolken». Das Buch erscheint noch im gleichen Jahr und ist mit viel Liebe und Herzblut geschrieben. Man spürt, dass Albert Eggler immer noch in der traumhaften Welt des Himalaya versunken ist: Es ist eine packende Erzählung voller Harmonie und Begeisterung und ohne Uneinigkeiten. Sie lebt von landschaftlichen Stimmungen, den Begegnungen mit den Menschen und den grossartigen Leistungen der Teilnehmer. Diese Eindrücke überstrahlen in jenem Augenblick alles.

4.1 «Diese Seereise bleibt uns allen ein unvergessliches grosses Erlebnis»

Die Anreise auf See, im Flugzeug und mit der Eisenbahn ins nordindische Jaynagar

Die Anreise nach Indien und Nepal war nicht einfach ein zwingender Teil der Schweizer Expedition von 1956: Nein, sie war ein unvergessliches Abenteuer, das die Teilnehmer in Gruppen aufgeteilt mit Abstechern und Umwegen erlebten. Und in ihr liegt einer der grössten Unterschiede zu den heutigen, oft von Konsum und Kommerz bestimmten Achttausender-Arrangements.

——— Von Christine Kopp

In einem auf Französisch verfassten Bericht (im ETH-Archiv der SSAF) beschrieb Fritz Luchsinger den Beginn der Reise am 29. Januar am Bahnsteig in Bern, wo sich die Aufbrechenden vom Expeditionsleiter, aber auch von Ehefrauen, «Liebhaberinnen» und Bergkameraden verabschiedeten, um den Zug Richtung Italien zu besteigen: «*Sur le quai, c'est le moment à faire ses derniers adieux. Le chef d'expédition* (M. Albert Eggler, *qui va nous suivre dans quelques semaines par avion*) *est accompagné d'épouses, d'amoureuses et de camarades de montagne,* [ils] *nous souhaitent bonne chance et le train se met en mouvement direction Lötschberg–Simplon.*» Und in seinem Notizbuch erzählt Luchsinger am 26. Januar über den Abschied von seinen Eltern, bei denen er die Tage davor verbracht hatte: «*Die Worte meiner Mutter werde ich nicht vergessen: ‹Ziehe aus in ein neues Land, Schritt für Schritt in Gottes Hand.›*»

Blumengirlanden für Reiss, von Gunten, Luchsinger und Reist (von links) im Hafen von Bombay am 13. Februar 1956.

30. Januar: das Einschiffen auf der Asia

Ende Januar brechen also sechs der elf Teilnehmer mit dem Zug von Bern nach Genua auf, wo sie vor dem Einschiffen nach Bombay übernachten. Reiss schreibt ins Tagebuch: «*Sonntag, den 29. Januar, verlassen die sechs Mitglieder Diehl, Luchsinger, von Gunten, Reist, Schmied und Reiss die Schweiz. Bundesstadt via Brig – Genua. Anderntags 30. schiffen wir uns auf der modernen Moto Nave Asia des Lloyd Triestino ein. Es befinden sich neben dem vielen Transitgut etwa 300 Europäer und Asiaten an Bord.*» Und auch ein Pudel, wie Luchsinger im Notizbuch bemerkt: «*Stolz wartet ein schwarzer Pudel bei seiner Herrin auf die Freigabe.*» Sie selbst seien – dank dem Passwort ‹Spedizione Himalaya› – rasch durch die Polizeikontrolle gekommen. Und weiter: «*Innerlich gerührt u. in Gedanken versunken sitzt auf der Bank eine junge Mutter mit ihren zwei Kindern, während auf der ande-*

29. Januar
20. Februar
29. Februar
5. März
ZÜRICH
BERN
GENUA
30. Januar
NEAPEL
31. Januar
E. Leuthold bricht am 29. Februar per Flugzeug von Zürich auf.
PORT SAID
4. Februar
ADEN
8. Februar
F. Luchsinger, W. Diehl, D. Reist, E. Reiss, H. R. von Gunten, E. Schmied brechen am 29. Januar von Bern per Bahn nach Genua auf.
30. Januar: Einschiffen in Genua auf die Asia
31. Januar: Zwischenhalt in Neapel
4. Februar: Ankunft in Port Said, Ausflug nach Kairo
8. Februar: Zwischenhalt in Aden
13. Februar: Ankunft der Asia in Bombay

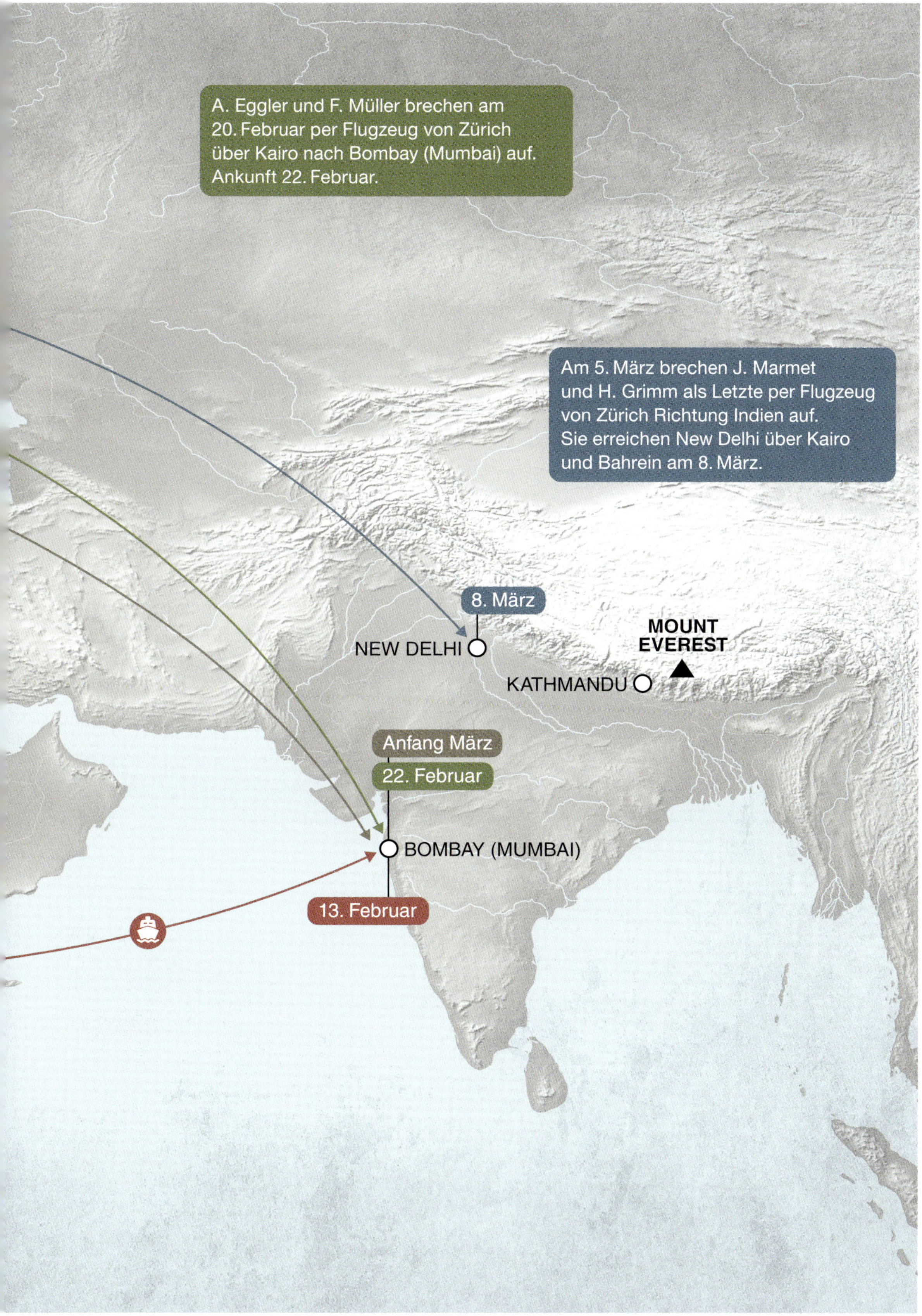
A. Eggler und F. Müller brechen am
20. Februar per Flugzeug von Zürich
über Kairo nach Bombay (Mumbai) auf.
Ankunft 22. Februar.
Am 5. März brechen J. Marmet
und H. Grimm als Letzte per Flugzeug
von Zürich Richtung Indien auf.
Sie erreichen New Delhi über Kairo
und Bahrein am 8. März.
8. März
NEW DELHI
MOUNT
EVEREST
KATHMANDU
Anfang März
22. Februar
BOMBAY (MUMBAI)
13. Februar

ren Seite Missionarsschwestern aufgeregt die Zollabfertigung erleben. Weniger ruhig geht es im Lager der Inder zu u. her. [...] Diese hageren geringen Gestalten schafften mit ihren affenähnlichen Händen Gepäckstück um Gepäckstück herbei. Zwei ältere englische Damen schreiten ruhigen Schrittes selbstbewusst der Einstiegsbrücke entgegen. – Und wir? Unsere Freude können wir nicht verbergen. Es sind Schritte, an die ich vor einem Monat noch nicht geglaubt habe: die Schweiz. Mt. Everest-Expedition ist im Rollen. Ruhig liegt die Asia verankert, sie soll uns für die nächsten 14 Tage aufnehmen.»

Vor der Abfahrt stehen die Bergsteiger der Presse zur Verfügung und steigen für ein spektakuläres Bild auf den Mast, wie Luchsinger im erwähnten französischen Bericht schildert: «*Comme d'habitude, les journalistes de presse et de photo ont été orientés de notre arrivée; ils nous posent des questions sur nos intentions et prennent des photos. Pour nous il n'est pas difficile de grimper sur un ‹Mast› pour leur donner un sujet caractéristique.*» Kaum auf dem Schiff, ist das Mittagessen bereit; Luchsinger im Notizbuch: «*An Reichhaltigkeit fehlt es sicher nicht. Mit dem üblich gesunden Appetit gebe ich dem Servicepersonal meine Visitenkarte ab, schliesslich kommt es auf den ersten Eindruck an, das Personal soll wissen, mit wem es zu tun hat.*» Dann erzählt er vom emsigen Betrieb an Deck und am Steg: «*Tränen auf dem Festland, Tränen auf dem Schiff, unruhig die Augen reibende Damen, [...] übermässig viel wartende Männer, auch gleichgültig dastehende Reisende warten auf die Abfahrt. Die Seile werden systematisch gelöst; [...] drei tiefe Signaltöne und die Asia wird frei gegeben* (15.00).» Noch gleichentags notiert Luchsinger, bald beginne ein hartes Training im Schiff: «*Curling-Spiel, das bis in die Nacht dauert.*»

Mit den sechs Teilnehmern reisten zehn Tonnen Material (anderswo ist von sieben bzw. acht die Rede). Es fehlten: Leiter Albert Eggler und Wissenschaftler Fritz Müller, die am 20. Februar per Flugzeug nach Indien aufbrechen sollten, am 29. Februar gefolgt von Edi Leuthold, dem in letzter Minute rekrutierten Arzt. Und es fehlte der Sauerstoff: Dieser wurde einen Monat später verschifft und am 14. März in Bombay von den dafür verantwortlichen Marmet und Grimm in Empfang genommen; sie bestiegen am 5. März das Flugzeug in Zürich und richteten ihre Anreise auf die Begleitung des Sauerstoffs bis ins Basislager aus.

Zurück ins Tagebuch von Ernst Reiss: «15.00 *lichtet die Asia ihren Anker in See. Es ist ein grosser Augenblick, die Abfahrt eines Meerhotels: Diese Seereise Genua – Neapel – Port Said (der Abstecher nach Kairo) – Ismailia – Aden – Karachi – Bombay bleibt uns allen ein unvergessliches grosses Erlebnis.*

Abfahrt in Genua Richtung Everest am 30. Januar. Stehend die beiden Lhotse-Erstbesteiger Reiss (links) und Luchsinger. Sitzend in der Mitte die beiden Everest-Drittbesteiger Reist (links) und von Gunten. Links Diehl, rechts Schmied.

Ich wage fast zu behaupten, dass erst die Fahrt über die Meere jedem Himalaya-Fahrer die Grösse der einmaligen Reise erfahren lässt. Die vielen schönen Stunden an Bord bei Wind und Sonne, bei Sport, Spiel und Geselligkeit überwiegen die paar Tage bei hohem Wellengang und etwelcher Seekrankheit.» Bedenkt man, dass im Frühjahr 2025 ein Anbieter – mit Erfolg – die Besteigung des Everest in sieben Tagen vom Abflug in Europa bis zur Rückkehr nach Europa anbot, wird einem die Einmaligkeit der 1956er-Expedition bewusst: Die Teilnehmer brachen über drei Monate vor der Besteigung von Lhotse und Everest in der Schweiz auf.

Am 31. Januar 1956 notiert von Gunten in Neapel ins Tagebuch: *«Wir fühlen uns jetzt auf der Asia schon zu Hause und finden nach einigem Suchen sogar unsere Kabinen und den Essraum ohne fremde Hilfe.»* Am 1. Februar ergänzt er: *«Was wir den ganzen Tag über treiben, möchten Sie wissen? Nun, wir spazieren auf Deck, lernen allmählich raffinierte Wege kennen, die zu unseren Kabinen führen, spielen Ping-Pong, schieben Holzstücke über Deck, wir haben es übrigens in diesem Spiel schon zu einer grossen Meister-*

schaft gebracht, und vor allem Diehl verblüfft oft durch seine unberechenbaren Stösse – und machte nebenher auch Fotos, schlechte Fotos, wie ich glaube.» Luchsinger erzählt im Tagebuch über den 31. Januar und 3. Februar: «*Die Tage der Seeangewöhnung. Jeder eignet sich die üblichen Schiffsgewohnheiten an, sei es in Bezug auf Lebensweise, Verpflegung, Freizeitbeschäftigung oder gar körperliches Wohlbefinden. Bald sind auch schon die ersten ‹Ausfälle› zu verzeichnen. Die See ist nicht ruhig, das Schiff wird auf der Schlechtwetter-Route geführt.*» Die Einzigen, denen die Wellen offenbar nichts anhaben konnten, waren Wolfgang Diehl und insbesondere Dölf Reist; von Gunten am 2. Februar: «*Je stärker der Wellengang, umso rosiger das Aussehen unseres Dölf, und ich glaube, er fühlt sich erst jetzt recht wohl.*» Am 3. Februar vertraut Luchsinger seinem Notizbuch an, am Morgen sei es ihm «*noch gut zu Mute*», aber am Nachmittag falle «*das Barometer*». Vielleicht, weil es leichte Unstimmigkeiten gab? Er erzählt: «*Aschi Schmied punktiert immer noch seine Vpf. Listen ab* [gemeint sind die Verpflegungslisten, Anm. der Autorin]. *Am Vortag wollten wir ihm alle helfen, es hat aber nichts herausgeschaut. Auf Fragen gibt er keine Antwort; er glaubt, dass die Lieferungen in keinem Verhältnis zu seiner Bestellung stehen u. ist deshalb schlecht gelaunt. Wolfgang ist wirklich ein goldiger Kerl, er versteht es, kleinere ‹Tiefs› unbemerkt zu beseitigen.*»

4. Februar: das Schiff legt in Ägypten an

Vor der Ankunft im Roten Meer hatte die Asia Kurs über Neapel, Stromboli und nördlich an Kreta vorbei nach Port Said in Ägypten genommen. Während das Schiff durch den Suez-Kanal geschleust wurde, machten die Sechs einen Abstecher ins Landesinnere. Luchsinger war fasziniert; im Tagebuch bemerkte er, dass es auch für sie Bergsteiger nicht nur Berge gebe: «[…] *im Vordergrund steht immer der Mensch.*»

In seinem Notizbuch schildert er die Exkursion vom 4. Februar nach Kairo und zum Nil-Delta in aller Breite; ein Auszug: «*Grösste Fruchtbarkeit und absolute Leblosigkeit reichen sich hier die Hände. Und schon sind wir mitten in der Wüste. Dutzende und aber Dutzende Ägypter sind damit beschäftigt, Sandverwehungen von der Strasse zu entfernen. Dies geschieht auf die primitivste Art: mit Körben wird er weggetragen! Ich greife mir an den Kopf u. frage mich, wie dies im Zeitalter der Motorisierung u. Mechanisierung überhaupt noch möglich sein kann.*» Auf die Nerven geht ihm die Hartnäckigkeit gewisser Einheimischer: «*Der Kameltreiber ist etwas für sich. Der redet u. redet u. will gleich am Anfang ein Trinkgeld. Ich gebe ihm schliesslich Fr. 2.–, er bettelt u. redet aber weiter. Ich könnte von ihm haben, was ich wollte – gegen Bezahlung. Wir setzen zu einem Galopp an, der aber speziell bezahlt werden sollte. Endlich habe ich etwas Zeit, das anzusehen, was mir gefällt. Reiseführer hin oder her. Denn ewig will ich nicht das anhören, was der andere will. Kaum aber etwas abseits, werde ich von anderen angerempelt; jeder will mir etwas Spezielles zeigen.»* Doch letztlich ist er befriedigt vom Tag, der ihnen viel gezeigt hat; «*Prunkbauten aus dem Altertum, Elend u. Primitivität u. Unselbständigkeit der Gegenwart u. dabei ist das Land so fruchtbar*».

Hansruedi von Gunten: «*5.2.–7.2. Fahrt durch das rote Meer. Je südlicher wir kommen, umso heisser und feuchter wird die Luft. Das Klima lässt sich am besten mit demjenigen in einem Badezimmer vergleichen.*» Luchsinger geniesst auf dem Schiff und dem spiegelglatten Roten Meer die seines Erachtens «*tolle Atmosphäre für die Vorbereitung einer Expedition*», skandiert von Gymnastikübungen (er will trotz der üppigen Mahlzeiten fit und schlank bleiben …), Ruhezeiten, aber auch angenehmen Kaffee-Partys, Tischtennis-Matches und Verabredungen in der Bar und anderswo. Das erzählt er in seinem erwähnten, etwas fehlerhaften, aber charmanten französischen Bericht: «*Dimanche 5 Février: une matinée merveilleuse sur le Mer Rouge. Il n'y a pas de vagues; l'eau est plate comme un miroire. Il est bien chaud, déjà les exercices de gymnastique avant le déjeuner m'ont fait transpirer. L'entrainement physique est indispensable qui tient le corps souple. Je veux absolument garder une forme et une ligne, malgrés les repas riches. Les journées sur le bâteau sont bien facées. En profitant de la tranquillité on se repose, on se prépare moralement et spirituellement pour le future. Mais on a aussi ses obligations très agréables, ‹Kaffee-parties›, matches de ping-pong ou même des rendez-vous dans le bar ou ailleurs. Bref, la vie sur le bâteau est très gaie, amusante et variée. C'est la véritable atmosphère pour la préparation d'une expédition.*» Schade nur, dass er am nächsten Tag laut Notizbuch wegen eines «*Vegetable-Curries*» eine Magenverstimmung einfängt: «*Diese Schärfe erträgt mein Magen nicht. Nach dem 1. Teil des primitiven Films ‹Frauen› lege ich mich schlafen, ich verbringe eine sehr gute Nacht, ohne die Fische zu füttern.*» Er füttert sie dann allerdings am nächsten Morgen, da er das Frühstück keine fünf Minuten behalten kann … Später am Tag lernt er «Signorina Tea» kennen, mit der er von da an viel Zeit verbringt.

13. Februar: Ankunft in Bombay

Am Montag, den 13. Februar läuft die Asia planmässig im Hafen von Bombay, dem heutigen Mumbai, ein. Fritz Luchsinger muss sich nach dieser *«sehr schönen Zeit»*, über die er notiert, *«wer arbeiten will, soll nie aufs Schiff, es ist ein Erholungsort»*, von Signorina Tea verabschieden. War da noch mehr zwischen den zweien als Tanz und Apéros? Das vertraut er nicht einmal seinem persönlich gehaltenen Notizbuch an, wo er sich allerdings fragt: *«Tea nimmt den Abschied etwas schwer, ihr Ziel ist Hong Kong, ist aber der Ansicht, dass für sie die Reise in Bombay als erledigt zu betrachten sei. Hat sie sich tatsächlich in mich derart verliebt?»* Den Teilnehmern wird *«ein rührender Empfang»* (Tagebuch von Gunten) mit Blumengirlanden durch den Schweizer Generalkonsul Sonderegger und die Reiseagentur Trade Wings bereitet. Letztere war in Indien für die Abwicklung der Expedition zuständig. Von Gunten: *«Bald darauf spielt sich eine rührende Szene ab: Unser Gepäckkuli, selbst in zerfetzten Kleidern, bringt uns eine Armvoll Hemden, die Reiss in der Schiffskabine vergessen hat. Unglaubliche Ehrlichkeit dieser ärmsten Leute.»* Hemdenbesitzer Reiss notiert weitaus trockener: *«Ein Kuli bringt mir meine vergessenen Hemden vom Schiff an die Pier.»*

«Der Vertreter von Trade Wings Ltd. verdient volle Anerkennung: sowohl bei der Pass-, als auch bei der Zollkontrolle verstand er es, uns elegant durchzuschleusen.» So Luchsinger am 13. Februar im Tagebuch. Nur einen Tag später bemerkte er in seinem Notizbuch, das wie erwähnt persönlicher gehalten ist als das Tagebuch, es begännen sich Spannungen im Team *«abzudrücken»*. Ein paar Sätze davor erzählt er, dass er auf dem Balkon des Grand Hotel *«prächtig turnen»* könne, wobei sein auf dem Schiff erstandenes Springseil natürlich nicht fehlte. Im Tagebuch wiederum schrieb er: *«‹Nur keine Hast› lautet das Motto. Einerseits ist es ja ganz gut, wenn man sich im täglichen Leben nicht jagen lässt, andererseits lieben wir aber doch eine gewisse Speditivität. Mit W. Diehl werde ich von Büro zu Büro, von einer Amtsstelle zur andern gewiesen, unser Sprengstoff bereitet uns Schwierigkeiten. Die Zeiten sind vorbei, als die Inder noch nicht wussten, was Detonatoren sind. Wir müssen Farbe bekennen, es ist Sprengstoff, sonst wäre jene Kiste nicht mit einem Sprengstoffschiff transportiert worden.»* Ja, Sprengstoff! Die Gruppe führte ihn mit, um die Route im Khumbu-Eisfall mit Sprengungen zu verbessern – siehe das Kapitel zur Durchsteigung des Eisbruchs.

Die Asia brachte sechs der elf Teilnehmer von Genua via Suezkanal nach Bombay (Mumbai). Nicht immer zeigte sich das Meer so ruhig (oben). Der Schweizer Generalkonsul Sonderegger und eine Vertreterin der Reiseagentur Trade Wings brachten die Girlanden aufs Schiff; Diehl, Schmied, Reist, von Gunten, Reiss und Luchsinger lächeln artig (unten).

Diehl, Luchsinger und ein Trade-Wings-Mann rennen folglich «*von Amt zu Amt, doch vergebens. Niemand will zuständig sein für Sprengstoff*», bemerkt von Gunten. Die Zeit wird für Empfänge – zum Beispiel beim Himalaya-Club mit indischen Tänzen – und Ausflüge genützt, bei denen sich von Gunten schwertut mit bettelnden Kindern wie bei den Elephanta Caves auf einer Insel vor Bombay: «*Mit dem Motorboot werden wir nach dieser Insel geführt. Hier empfangen uns sehr schöne Kinder, die im Sprechchor nach Bakschisch schreien, so dass wir unmöglich widerstehen können, wenigstens Diehl und ich.*»

Tagelang bleibt der Sprengstoff, wie von Gunten am 16. Februar notiert, «*wohlaufgeladen auf der Barke weit im Meer draussen und kostet uns, wie uns der Trade Wings Mann nun mitteilt, täglich 100 Rupien. Man verspricht uns aber, dass sicher noch alles gut kommen wird. Wir bummeln indessen in der Stadt herum, wo prächtige farbige Strassenszenen immer und immer wieder Dölfs Fotografenherz erfreuen.*» Reiss bemerkt im Tagebuch gleichentags, «*dieser ungefährliche Sicherheitssprengstoff hätte gut mit dem andern Exped. gut verschifft werden können*». Am Freitag, den 17. Februar, schreibt von Gunten: «*Der Sprengstoff liegt* […] *immer noch auf der Barke, jedoch scheinen Wolfgang und Fritz recht freundschaftliche Unterredungen mit Sprengstoff-Fachleuten gehabt zu haben, so dass die Freigabe für Samstag versprochen wird. Der eine Experte will sogar in seinem Garten ein kleines ‹Knällchen› veranstalten und hat deshalb eine Probe Plastit erbeten.*» Luchsinger schildert das Geschehen im Notizbuch: «*Wolfgang alarmiert mich in meinem Mittagsschlaf. Wir müssen sofort auf das Sprengstoff-Inspektorat. Ich erkläre die einzelnen Bestandteile u. bekenne auch, dass es sich tatsächlich um Sprengstoff handelt. Von hier fahren wir zum Chem.-Insp. der Zollverwaltung. Was sehe ich auf seinem Pult: 500 g Plastit, 100 Sprengkapseln, 10 cm Zündschnur. Ja, die wollen es nun sicher wissen. Im Labor wird eine Expertise gemacht, die ganz zu unseren Gunsten ausfällt. Plastit ist nicht leicht brennbar. Die Unterschriften sind für den Bericht erforderlich, der Sprengstoff wird freigegeben!!*» Davor beschreibt er, nach dem Besuch bei Trade Wings, die «*Dactylo*» (für ihn zu zierlich und mädchenhaft, trotz des anziehenden Lächelns …) und die Telefonistin, bei ihm «*höher im Kurs; schlank gewachsen, ausgeprägte Gesichtszüge, bestimmtes u. zugleich vornehmes Auftreten, tiefdunkle Augen, pechschwarzes Haar u. fotogene Bekleidung* […]».

18. Februar: Abfahrt nach Delhi und Lucknow

Der Sprengstoff ist freigegeben, endlich kann es weitergehen! Die Gruppe teilt sich auf: Diehl, Schmied und von Gunten besteigen am Samstag, den 18. Februar, den Zug nach Delhi, um dort die Visa für Nepal für alle sechs einzuholen; Reiss, Reist und Luchsinger werden den Verlad des Gepäcks überwachen und es dann bis Lucknow begleiten, wo sie wiederum von den ersten dreien abgelöst werden sollen.

Am 20. Februar besorgen sich Reist, Reiss und Luchsinger jeder ein Luftkissen für die kommende Bahnfahrt, und dann geht es los! Aus dem Tagebuch von Luchsinger: «*Dienstag 21.2. – Donnerstag, 23. Febr. Es setzt sich irgendwas in Bewegung; 10 t Gepäck in 2 Eisenbahnwagen verladen. Dölf Reist, Ernst Reiss u. ich im Erstklassabteil eines Bummelzuges verlassen in der Morgenfrühe Bombay, um in NO-Richtung gegen Juanagon zu fahren* [...]. *Unser Kuli von der Trade Wings Ltd. schenkt den Bahnbehörden blindes Vertrauen. Umso häufiger kontrollieren wir, ob noch alles in Ordnung ist. Es lohnt sich, sämtliche Güterwagen sind weg. Wenn 2 Wagen abgehängt werden müssen, dann kann man schliesslich auch 2 Wagen mit Explosionsgepäck wegnehmen.* [...] *Wir versuchen uns zu verständigen, auch wenn wir das Bahnpersonal nicht verstehen u. umgekehrt, wesentlich ist, dass unsere Wagen gesucht und wieder angehängt werden. Eine Plombe ist ab einer Türe gerissen worden. Wurde etwa ein Diebstahl versucht? Das Schloss ist noch intakt, bei der nächsten Station wird der Wagen frisch plombiert. ‹Mä mues halt rede mitenand.› Wir unterhalten uns mit dem Zugführer* [...]. *Er zeigt grosses Verständnis zu unserem Unternehmen u. kann es kaum verstehen, dass wir aus Idealismus an der Expedition teilnehmen. Wesentlich ist aber, dass er uns unterstützt u. dafür sorgt, dass unsere Wagen so schnell wie möglich den Bestimmungsort erreichen.*» Derweil sind von Gunten, Diehl und Schmied nach einer spannenden, 28-stündigen Bahnfahrt in Delhi eingetroffen, wo sie am 20. Februar die Schweizer Gesandtschaft besuchen, um die Visa für Nepal einzuholen, und dann zum Sightseeing – unter anderem nach Agra zum Taj Mahal – aufbrechen.

21. Februar, von Gunten: «*Wir besuchen nochmals die Jama-Moschee* [...]. *Auch hier finden wir wieder herrlichste Kinder, die um Almosen betteln und können natürlich nicht widerstehen. Gegen Mittag können wir auf der schweiz. Gesandtschaft unsere Pässe mit dem Visum abholen. Wie wir auch erfahren, dürfen wir nun ‹nur› den Everest besteigen. Schade, denn der Lhotse wäre alpinistisch sicher interessanter gewesen. Das Erlebnis wird jedoch für uns*

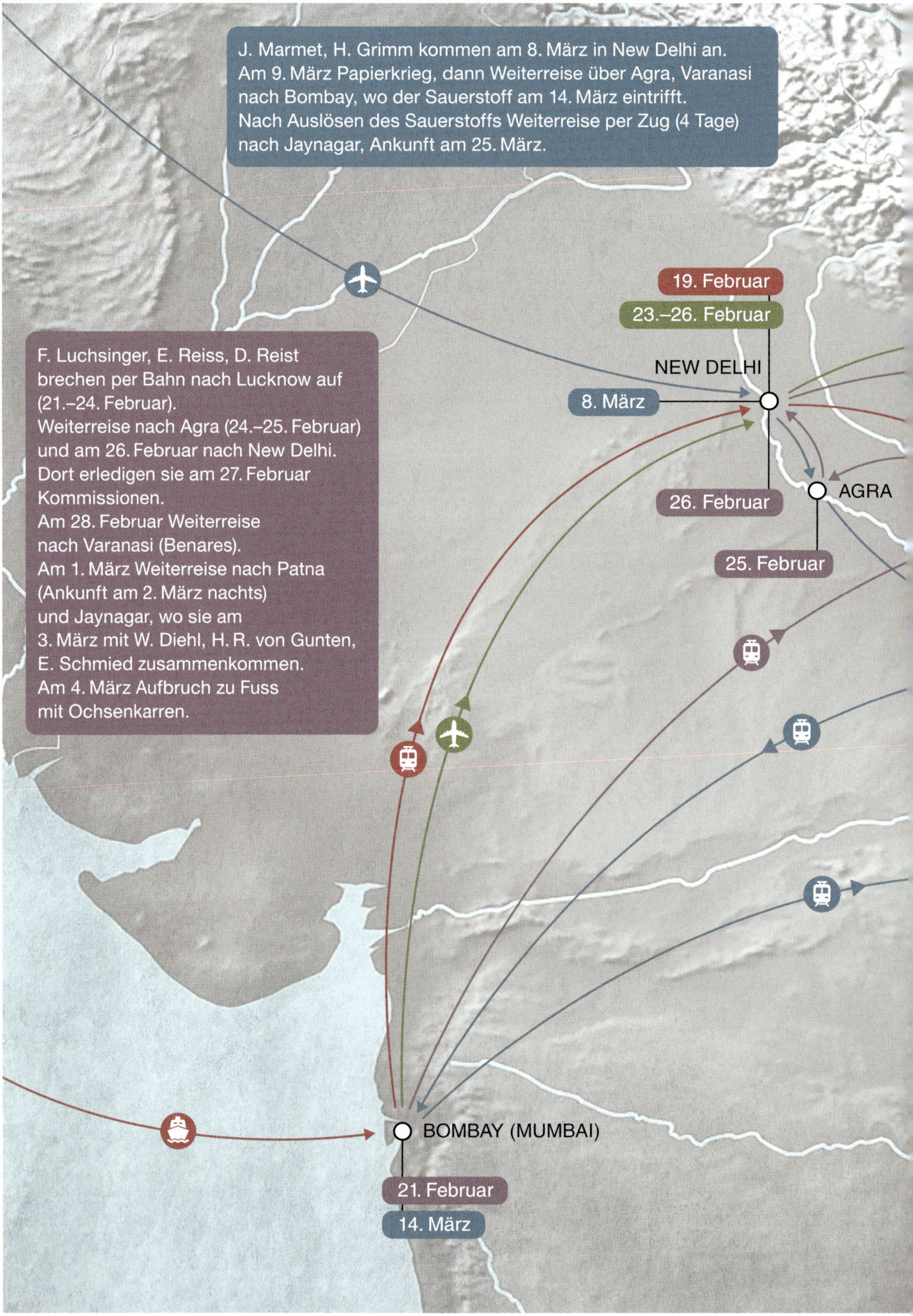
J. Marmet, H. Grimm kommen am 8. März in New Delhi an.
Am 9. März Papierkrieg, dann Weiterreise über Agra, Varanasi nach Bombay, wo der Sauerstoff am 14. März eintrifft.
Nach Auslösen des Sauerstoffs Weiterreise per Zug (4 Tage) nach Jaynagar, Ankunft am 25. März.
19. Februar
23.–26. Februar
NEW DELHI
8. März
F. Luchsinger, E. Reiss, D. Reist brechen per Bahn nach Lucknow auf (21.–24. Februar).
Weiterreise nach Agra (24.–25. Februar) und am 26. Februar nach New Delhi.
Dort erledigen sie am 27. Februar Kommissionen.
Am 28. Februar Weiterreise nach Varanasi (Benares).
Am 1. März Weiterreise nach Patna (Ankunft am 2. März nachts) und Jaynagar, wo sie am 3. März mit W. Diehl, H. R. von Gunten, E. Schmied zusammenkommen.
Am 4. März Aufbruch zu Fuss mit Ochsenkarren.
AGRA
26. Februar
25. Februar
BOMBAY (MUMBAI)
21. Februar
14. März

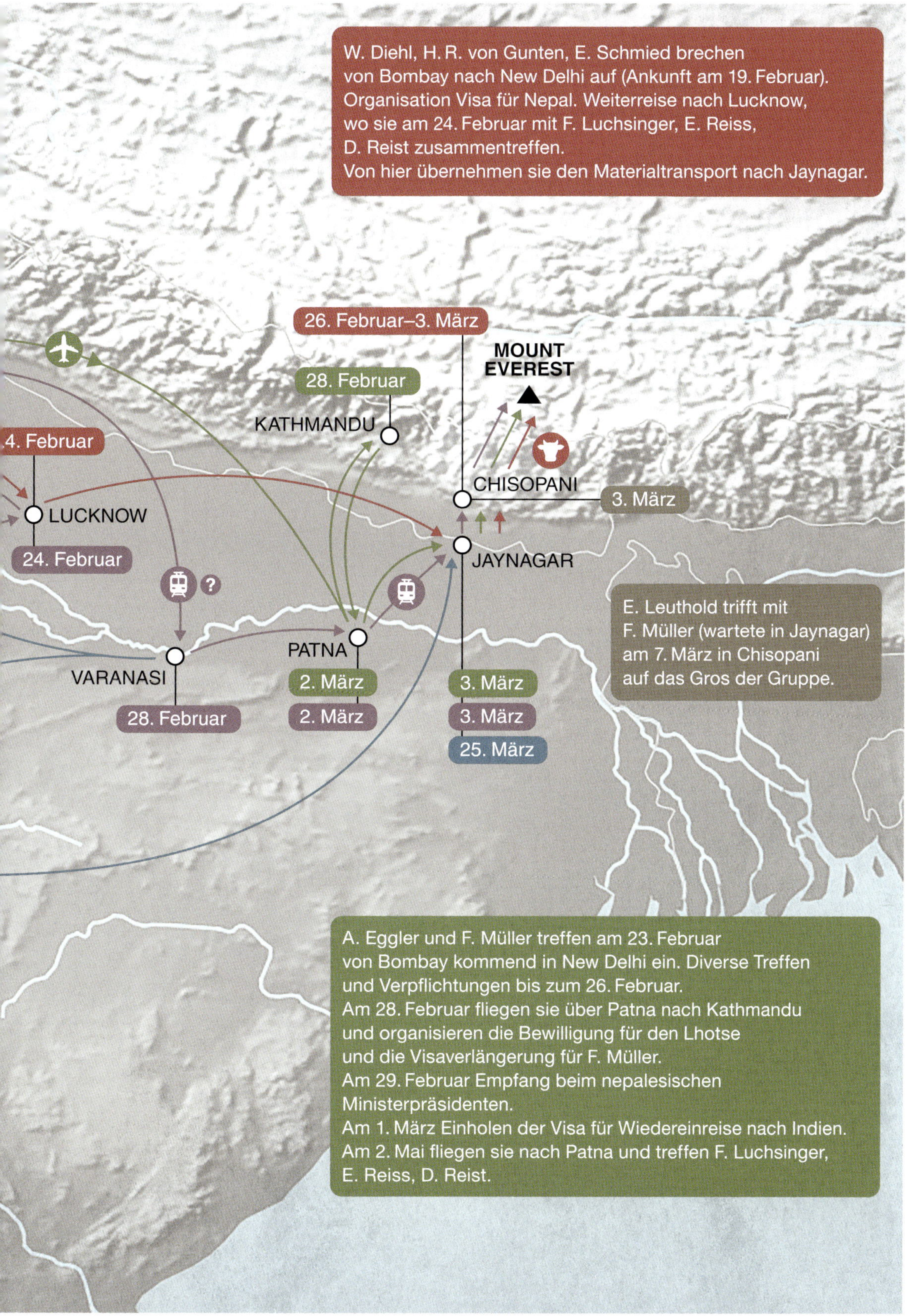

W. Diehl, H. R. von Gunten, E. Schmied brechen von Bombay nach New Delhi auf (Ankunft am 19. Februar). Organisation Visa für Nepal. Weiterreise nach Lucknow, wo sie am 24. Februar mit F. Luchsinger, E. Reiss, D. Reist zusammentreffen. Von hier übernehmen sie den Materialtransport nach Jaynagar.
26. Februar–3. März
MOUNT EVEREST
28. Februar
KATHMANDU
4. Februar
CHISOPANI
3. März
LUCKNOW
JAYNAGAR
24. Februar
?
E. Leuthold trifft mit F. Müller (wartete in Jaynagar) am 7. März in Chisopani auf das Gros der Gruppe.
PATNA
VARANASI
2. März
2. März
3. März
3. März
25. März
28. Februar
A. Eggler und F. Müller treffen am 23. Februar von Bombay kommend in New Delhi ein. Diverse Treffen und Verpflichtungen bis zum 26. Februar. Am 28. Februar fliegen sie über Patna nach Kathmandu und organisieren die Bewilligung für den Lhotse und die Visaverlängerung für F. Müller. Am 29. Februar Empfang beim nepalesischen Ministerpräsidenten. Am 1. März Einholen der Visa für Wiedereinreise nach Indien. Am 2. Mai fliegen sie nach Patna und treffen F. Luchsinger, E. Reiss, D. Reist.

dasselbe bleiben und so müssen wir uns eben mit den Vorschriften der Nepalesen abfinden.» Am Vortag sind auch Albert Eggler und Fritz Müller von Kloten über Kairo nach Bombay gelangt, wo sie erfahren, dass die *«Vorausequipe bereits wieder unterwegs ist, nachdem der Plastit endlich freigegeben wurde»* (Tagebuch Eggler). Sie werden von Generalkonsul Sonderegger zu einem Whisky eingeladen und brechen am Tag danach nach Delhi auf, wo sie vom Freitag, den 24. bis am 26. Februar ein dichtes Programm haben: Schweizer Gesandtschaft, All India Radio für die Organisation der Wetterprognose während der Expedition, nepalesische Botschaft für ihre Visa, Agence France Presse …

26. Februar: Treffen in Lucknow – Weiterfahrt nach Jaynagar und Delhi

Unterdessen gelangen von Gunten, Schmied und Diehl per Zug nach Lucknow zurück, wo sie auf Luchsinger – der unterwegs immer wieder unter dem Staub und Schmutz leidet –, Reiss und Reist treffen. In Lucknow ist alles bereit für den Materialverlad, wie von Gunten feststellt; *«nicht restlos begeistert»* werden er, Schmied und Luchsinger schon am nächsten Tag per Bahn nach Jaynagar an der Grenze zu Nepal weiterreisen, dem Startpunkt des Anmarschs: *«Erstaunlich, wie diese Bahnhofkulis mit grossem Geschick und unglaublichem Arbeitseifer die 3–500 kg schweren Kisten herumjonglieren. In bewundernswert kurzer Zeit sind wir mit dem Umlad fertig.»* Während die Gruppe von Gunten nach Jaynagar aufbricht, unternimmt der Trupp Luchsinger Ausflüge zum Taj Mahal und nach Delhi, wo sie am Abend des 26. Februar mit Eggler und Müller zusammentreffen und verschiedene Probleme besprechen können.

Am 27. Februar sind Eggler und Müller bereits wieder im Flugzeug und reisen über Patna nach Kathmandu, wo sie nachträglich die Bewilligung für den Lhotse und die Verlängerung des Aufenthalts von Fritz Müller organisieren – der Wissenschaftler wird bis Mitte Dezember in Nepal weilen. Derweil schlagen sich Luchsinger und Kameraden in Delhi mit ihren *«Kommissionen»* herum; Tagebuch Luchsinger: *«Montag 27. Febr. Allzu früh machen wir uns mit der umfangreichen Traktandenliste auf die ‹Socken›, denn vor 10 Uhr ist in New Delhi einfach niemand anzutreffen. Besondere Schwierigkeiten macht uns der Geldwechsel. Es ist nicht einfach eine Bank zu finden, die die 25'000 Rs. in kl. Noten abgeben kann oder will.»* Von Gunten, Schmied und Diehl sind ihrerseits am Tag zuvor in Jaynagar angekommen, wo sie laut von Guntens Tagebuch eine *«ziemlich unangenehme Nacht mit unzähligen Mücken im Wartsaal der Station»* verbracht haben, bevor sie sich am 27. Februar in diesem Marktflecken umschauen können und *«finden, dass es sich hier recht gut leben lässt. Einzig die Nahrung bereitet Aschi und mir oft Schwierigkeiten. Zwar kann der ‹Hüttenwart› des Rasthauses eine recht gute europäische Tomatensuppe kochen. Aber das ist auch alles und schliesslich können wir nicht immer nur Tomatensuppe essen!»* Am Tag darauf ergänzt er: *«Wir bekommen langsam Kontakt mit der Bevölkerung und fühlen uns hier recht wohl. Einzig die vielen, vielen Mückenstiche der ersten Wartsaalnacht bereiten mir noch starke Juckreize. Im Übrigen haben wir ja Antimalariamittel geschluckt!»*

29. Februar: Benares, Kathmandu, Jaynagar

Am Mittwoch, den 29. Februar, besuchen Reiss, Luchsinger und Reist Benares, das heutige Varanasi, wo laut Luchsingers Notizbuch *«Glaube u. Geschäfte machen* [...] *eng nebeneinander»* wohnen. Eggler und Müller werden am gleichen Tag in Kathmandu vom Ministerpräsidenten Tanka Prashad Acharya empfangen – der, wie Eggler schreibt, ausländische Devisen für Nepal möchte und es begrüssen würde, wenn *«wir Schweizer Geld hinterlassen würden»* –, und von Gunten, Diehl und Schmied schauen sich weiter in Jaynagar um. Von Gunten möchte eine Eisengiesserei besichtigen, doch wie er dem Tagebuch anvertraut, kommt gegen Mittag Pasang Dawa Lama *«mit seinen Sherpas und etlichen Kulis hier an und wieder ist es um unseren Frieden geschehen. Mit übersprühendem Eifer wurden von unseren Leuten die schweren Kisten nach dem Dark* [... im Tagebuch unleserlich, Anm. der Autorin] *Bungalow geschafft, wo morgen die Zollabfertigung beginnen soll, so es unserem Zöllner behagen wird. Dieser ist übrigens ein netter wohlgenährter Mann und wir haben das Gefühl, dass wir mit ihm auskommen werden! Doch warten wir lieber vorerst ab!»* In der Tat: Der Zöllner hatte ihnen versprochen, am nächsten Tag gegen 11 Uhr mit der Kontrolle zu beginnen, doch *«müssen wir bis 5 Uhr abends warten, bis er erscheint. Ja, wir haben uns doch noch nicht ganz an die orientalische Mentalität gewohnt.»*

Am gleichen Tag geniessen Reiss, Reist und Luchsinger einen Ausflug *«zu den grossen Treppen am heiligen Ganges. Kaum anderswo findet man die Kontraste und die Lebensarten der Hindus»* (Reiss), während Eggler und Müller in Kathmandu viel Zeit mit dem Einholen der Visa für ihre Wiedereinreise nach Indien und mit der Beschaffung der Flugbillette verlieren.

Am 2. März geht es in Jaynagar plötzlich rasch vorwärts: Der Zöllner erscheint *«erstaunlich früh»* (von Gunten) und gegen Mittag ist die Kontrolle des Expeditionsguts beendet. Derweil treffen Luchsinger, Reiss und Reist in Patna, das sie von Benares kommend per Zug erreicht haben, mit Eggler und Müller zusammen; diese sind per Flugzeug von Kathmandu hierhin gelangt. Gemeinsam fliegen sie mit einer Dakota nach Muzaffarpur; Luchsinger im Notizbuch: *«Zum ersten Mal bin ich in einem Verkehrsflz. Und dazu musste ich bis nach Indien.»* Danach besteigen sie die Schmalspurbahn und kommen um 1 Uhr nachts in Jaynagar an, wo sie von Schmied, Diehl, von Gunten und vielen Stechmücken empfangen werden.

3. März: Ankunft in Jaynagar – Aufbruch zu Fuss

In der Nacht vom 2. auf den 3. März ist das Gros der Expeditionsteilnehmer – Eggler, Diehl, Müller, Reiss, Reist, Luchsinger, von Gunten und Schmied – endlich vereint. Auch der Arzt Edi Leuthold ist ein paar Tage davor, am 29. Februar, von Kloten aufgebrochen; Fritz Müller wird in Jaynagar auf ihn warten. Und die letzten zwei Teilnehmer, Jürg Marmet und Hans Grimm, werden am 5. März per Flugzeug von Zürich ihre Reise nach Indien antreten. Am 9. März erledigen sie den Papierkrieg in Delhi und reisen dann über Agra – Besichtigung des Taj Mahal auch für sie – und Benares nach Bombay; hier besteigen sie den Zug für die viertägige Fahrt mit dem Sauerstoff nach Jaynagar, wo sie am 25. März mit den Ochsenkarren aufbrechen. Marmet über die Abreise von Bombay in seinem Bericht «Chomolungma, der Erde höchster Berg», erschienen im November 1958 in «Unser Weg und Werk», der Hauszeitung der Sandoz, wo Marmet arbeitete: «Als uns damals in Bombay das zweifelhafte Vergnügen wartete, unsere wertvolle Expeditionsfracht persönlich in der Eisenbahn bis zur Grenze Nepals zu begleiten, versicherte uns der Bahnhofvorstand unter tiefstem Bedauern und Händefalten, dass unser Transportgut für einen eigenen Güterwagen einfach zu klein, für das Gepäckabteil eines Schnellzuges aber zu gross sei. Von jeher gewohnt, den Fahrplan in der Tasche zu führen, war uns bald klar, dass dies eine Bummelzugreise über 200 km mit 244 Stationen und einer Durchschnitts-Temperatur von 39 bis 40°C im Schatten bedeuten würde. Dass wir dann schliesslich dennoch mit dem schnellsten und komfortabelsten Zug Indiens reisten, ist eben ein Wunder, wie es wohl nur der Orient – oder eine Banknote – so glatt herbeizaubern kann.»

Gehen wir rund drei Wochen zurück, nach Jaynagar: Der 3. März, ein Samstag, ist ein anstrengender Tag, wie verschiedene Teilnehmer schreiben. Es sind die Stunden der letzten Vorbereitungen vor dem Aufbruch zu Fuss. Reiss notiert ins Tagebuch: *«Mit dem Ordnen des Exped. Gutes haben wir einen sehr strengen Tag. Pasang und seine 22 Sherpas sind samt viel Gefolge im Gästehaus von Jaynagar untergebracht.»* Luchsinger erzählt im Notizbuch von der Versteigerung der Holzkisten, die sie nicht mehr brauchen: *«Viel Volk hat sich angesammelt, an Interessenten fehlt es nicht. Die Gant nimmt einen guten Verlauf, der Erlös ist sehr befriedigend.»* Und im Tagebuch: *«Die Sherpas erhalten ihre Ausrüstung und sind natürlich nicht wenig stolz darauf. Der Verlad auf die Ochsenkarren erfolgt bis in alle Nacht hinein.»*

Ja, Ochsenkarren: Damit soll der erste Teil des Anmarschs bis nach Chisopani bewältigt werden, um Trägerlöhne zu sparen. Spätabends sind die Karren beladen, und die Teilnehmer der Expedition legen sich um 20.30 Uhr zur Ruhe, sicherlich in freudiger Erwartung der frühen Tagwache am nächsten Morgen: Der 4. März wird ein grosser Tag. Endlich kann sich das Gros der Gruppe in Jaynagar nach der langen Anreise per Schiff, Bahn und Flugzeug zu Fuss in Bewegung setzen und sich dem noch weit entfernten Ziel, den Achttausendern Lhotse und Everest, Schritt für Schritt nähern.

4.2 «Dieser Anmarsch war das Schönste der ganzen Expedition»

Von der Höhe Null im nordindischen Jaynagar in einem Monat ins Basislager

Am 4. März 1956 brach das Gros der Gruppe zu Fuss in Jaynagar auf; fast 60 Jahre später sagte Hansruedi von Gunten in einem Interview: «Von der Höhe Null in der Gangesebene marschierten wir via Namche Bazar in einem Monat ins Basislager. Dieser Anmarsch war das Schönste der ganzen Expedition.» Am 14. April trafen alle Teilnehmer im Basislager nach zweieinhalb Monaten erstmals wieder aufeinander.

——— Von Christine Kopp

«Wir waren keine Weltklassebergsteiger, wir waren keine Extrembergsteiger – vielleicht mit Ausnahme von Ernst Reiss – sondern ganz normale Alpinisten, und wir waren mit viel Glück zu dieser Expedition gekommen. Es war damals völlig anders. Wir fuhren in vierzehn Tagen mit dem Schiff nach Indien und dann mit der Eisenbahn quer durchs Land.» So Hansruedi von Gunten im Interview, das er mit Hans Rudolf Keusen für die Jubiläumsschrift der SSAF von 2014 führte. Nach der langen Anreise war der Grossteil der Gruppe – Reiss, Reist, Schmied, Diehl, Luchsinger, von Gunten, Eggler und Müller – im nordindischen Jaynagar angelangt, wo sie am 4. März den Fussmarsch Richtung Basislager begannen. Und zwar erst einmal mit 22 Ochsenkarren und noch wenigen Trägern.

Ernst Reiss überquert auf schwankendem Steg einen Bergbach, während Fritz Luchsinger unten noch ein Bad nehmen wird – oder gerade genommen hat.

Cho Oyu
Everest
Lunag Ri
Hungchi
Lho La
Pumori
Nuptse
Lhotse
Everest BC
Kala Pattar
Lobuche
Gokyo
Island Peak
Pheriche
Ama Dablam
Baruntse
Rolwaling
Tashi Laptsa
Thyangboche
Tengkampoche
Thame
Namche Bazar
Thamserku
Numbur
Lumding
Phakding
Mera Peak
Lukla
Khote
Dudh Kosi
nach Kathmandu
Shivalaya
Deurali La
Sete
Lamjura La
Taksindu La
Junbesi
Ringmo
Salleri
Okhaldhunga
Sun Kosi
Dudh Kosi
Manebhanjyang
Baseri
Katari
Chisopani
Kamla
Jaynagar
Anmarsch
Rückmarsch

Sechs der Teilnehmer waren also am 29. Januar von Bern nach Genua aufgebrochen, dort auf der Asia eingeschifft und nun schon über einen Monat unterwegs. Insgesamt sollte ihre Reise von der Schweiz bis ins Basislager gute zwei Monate dauern. Aus der Gegenwart betrachtet ein unerhörter Luxus. Wäre es nicht ein Traum, einen Achttausender in diesem grosszügigen Zeitrahmen angehen zu können, anstatt – wie heute üblich – von Europa nach Kathmandu und sogar bis ins Basislager oder noch höher zu fliegen, oft bereits akklimatisiert, dort möglichst schnell auf den Everest und wieder möglichst rasch zurück nach Hause zu eilen? Wie sich die Zeiten ändern! Im gleichen Gespräch sagte von Gunten: «Wer den Massenaufstieg am Everest erleben will, soll dort hinreisen. Ich möchte das lieber nicht. Nach unserer Expedition war ich nie wieder in Nepal. Die Erinnerungen waren zu schön und bald schon hatte sich vieles verändert.»

4. bis 6. März: drei Tagesmärsche mit Ochsenkarren

Nun, öffnen wir die Tagebücher und Berichte von 1956 und brechen wir mit den Teilnehmern der Schweizer Everest-Expedition auf die Fussreise von Jaynagar ins Basislager auf. Tauchen wir zuerst ein in einen langen Bericht von Ernst Reiss mit dem Titel «36 Stunden mit dem indischen Ochsenkarren» (ETH-Archiv der SSAF). Darin erzählt er eingangs vom freudigen Wiedersehen in Jaynagar – Diehl, Schmied und von Gunten nehmen die von Muzaffarpur mit der Bahn eintreffenden Eggler, Müller, Luchsinger, Reist und Reiss in Empfang –, aber auch von der schrecklichen Moskitoplage in der Nacht. Die laut Reiss acht (anderswo ist von sieben, aber auch von zehn die Rede) Tonnen Gepäck sind bereits auf 22 Ochsenkarren verladen, mit denen die ersten drei Tagesmärsche bis nach Chisopani bewältigt werden sollen, wo sie an den Fuss der Himalaya-Ausläufer gelangen und die Karren nicht mehr weiterkommen.

Mit den Ochsen wurden Trägerkosten eingespart: Der Transport auf Menschenrücken hätte laut Reiss fast das Zehnfache gekostet. Lassen wir ihn erzählen: *«Trotz verschwollenem Gesicht und Händen sehen wir uns in Gedanken hoch auf Ochsenkarren wie die Römer gegen die Berge fahren. Nun, auch das sollte etwas anders kommen: ein Marsch voller Abenteuer, Schweiss und Mühen. Beim letztgenannten denke ich an die kleinen, zierlichen Ochsen, welche unter dem holzverzapften, schweren Joch jämmerlich hin und her gerissen wurden. So vielversprechend der Start aussah; nach einer Meile hatten wir schon die ersten Stockungen und wenig später die ersten Betriebsunfälle.»* Luchsinger schreibt in seinem Notizbuch gar, man müsse «*100 m nach dem Start*» rechtsumkehrt machen: «*Ein Ochsentreiber glaubt, er müsse seine Tiere nun abschlagen. Auf Deutsch, aber in Tonstärke forte gebe ich ihm zu verstehen, dass mit Tieren anders umgegangen werden muss. Er hats verstanden.*» Dann wirft er einen Blick auf die Umgebung: «*Ein Dorf nach dem andern passieren wir. Es sind Strohbauten, die Wände mit Lehm verkleidet. Alles sieht sauber und geordnet aus. Die Leute leben hier, so wie wir uns das Leben vor 1000 Jahren vorstellen. Ja, und wenn ich mir überlege, nur der kleinere Prozentsatz wohnt in der sog. Zivilisation. Die Leute scheinen zufrieden zu sein. Steuern werden hier keine bezahlt.*»

Zurück zum Bericht von Reiss: «*Die Karrenräder drehen sich langsam und ächzend unter der schweren Last. Je schlechter die beiden sandigen Fahrrinnen sind, umso mehr werden die kleinen Zugtiere geschlagen. Wir selber marschieren zwischen den Gefährten, und unsere Zungen liegen bald trocken vom feinsten Sand im Gaumen. Ehe es Mittag ist, bleibt die ganze Kolonne gelähmt in der Hitze stecken. Glücklicherweise ist der Flusslauf sehr nahe, so dass sich Mensch und Tier etwas abkühlen können. Nachmittags 2 Uhr setzt sich der ganze Tross wieder in Bewegung. Ein stürzender Karren verschwindet in einer dichten Sandstaubwolke. – Abladen, aufladen, weiter geht es. Und schon wieder sind die grossen Holzräder eines schwerbeladenen Gefährts im nassen Grund tief eingesunken. Alles reisst und zerrt umsonst an diesem Karren. Abladen, vorfahren und wieder aufladen. Einzelne Tiere sind an ihren Zughöckern wundgescheuert; doch es geht weiter. – Mit vereinten Kräften helfen wir den müden Zugtieren durch eine Wasserfurt und weiter hinauf über eine fusstiefe Wüstensandbank. Nachts hören wir die Signalglocke eines Elephanten … Sänften, Reiter und Gefolge verschwinden im Dunkel. Es muss eine Jagdpartie sein; denn wir befinden uns hier am Eingang zum Terai, dem wildreichsten Gebiet der Erde.*»

Der Marsch in sengender Hitze bis 40 Grad, auf staubigen, schlechten Fahrwegen, strengt alle an, Mensch und Tier, wie Reiss erzählt: «*5. März. In den ersten Morgenstunden kommen wir gut voran. Mich selber hat wegen Hitze und Durchfall eine Schwäche gepackt. Weit hinter den Ochsengespannen ziehe ich allein durch nette kleine Weiler aus Bambus- und Strohhütten, umgeben von Bananenbäumen und Kokospalmen. In Gedanken vertieft, verliere ich die Marschrichtung und stelle das erst fest, wie ich gegen die Mittagssonne laufe. Sofort mache ich kehrt und eile was mich die Beine tragen quer durch Dörfer und Stoppelfelder. Weit in einer Sandebene draussen entdecke ich*

Begegnung von Reist und Eggler mit Einheimischen in Jaynagar; Hut und Schirm braucht es gegen die Hitze (oben). Ochsenkarren und Träger schleppen Tonnen von Material durch staubiges Gelände von Jaynagar nach Chisopani (unten). Pause auf dem tagelangen Anmarsch durch eine Ebene (folgende Doppelseite).

So kennt man die
Teilnehmer der
Schweizer Everest-
Lhotse-Expedition
kaum: beim Wandern
mit Sonnenschirm,
beim Springen durch
einen Fluss, beim
Sitzen in Shorts.
Ihre hohen und eis-
kalten Ziele scheinen
noch ganz weit weg
zu sein …

wieder die Kolonne in Staubwolken gehüllt. Mit letzter Anstrengung marschiere ich in der lähmenden Sonne. [...] Am Nachmittag habe ich die ganze Heerschar bei einem tiefen Ziehbrunnen wieder erreicht. Nach ausgiebiger Rast ziehen wir weiter. An der Spitze reiten wir nun zu Dreien mit Ponies, um die verworrene Wegführung zu rekognoszieren. Noch ist es drückend heiss. Aasgeier umkreisen uns und ein Wüstenfuchs quert die weiten sandigen Felder. Um den langsamen Gang der Ponies zu beschleunigen, rufen wir immer wieder: ‹Ha, ha!› Bald haben wir den Mund voller Sandstaub. Wir schweigen.»

Am 6. März vertraut Fritz Luchsinger seinem Notizbuch an: *«Die Nacht war frisch. Ein prächtiger Tag erwacht, es ist der Fridolinstag.* [Luchsinger ist ein typisches Geschlecht aus dem Kanton Glarus, wo Fridolin als Überbringer des christlichen Glaubens gefeiert wird; Anm. der Autorin.] *Ich schalte eine Minute des Schweigens ein.»* Auch an diesem Tag hat die Kolonne eine Panne: ein Ochsengespann verliert ein Rad. Aber dann geht es schnell voran nach Chisopani, zu Deutsch ‹Kaltwasser›, wo der Tross um die Mittagszeit am Kamla River eintrifft. Tagebuch Reiss: «*Um 1 Uhr nachmittags ist der letzte Karren unseres kannibalischen Zuges auf einer Waldlichtung eingetroffen.*» Die Bergsteiger nehmen ein ausgiebiges Bad in den kalten Fluten des Flusses, dann wird abgeladen, und Trägerlasten werden zusammengestellt. Vor dem Abendessen gibt es laut Reiss «*noch eine kleine Aufregung. Ein wütender Wasserbüffelstier verfolgt einen Treiber und saust wie ein Pfeil mit gesenktem Kopf mitten durch unser Lager. Die Lehre: Wasserbüffel werden wir in Zukunft mit vermehrter Vorsicht photographieren.*» Bereits sind viele Kulis eingetroffen; insgesamt wird Sirdar Pasang 300 aus dem Solu Khumbu und 50 aus Darjeeling mitbringen, obwohl Eggler notiert, «*nötig wären aber bloss etwa 320*».

7. bis 9. März: von Chisopani zum Marktplatz Amtal

7. März; von Gunten in seinem Tagebuch: «*Nach einigen Stunden anstrengender Arbeit sind die Traglasten abgewogen und bereitgestellt. Wir machen einen langen Ausflug nach Chisopani, wo sich uns malerische Fotoobjekte darbieten. Nach dem nun schon obligatorischen Bad im Fluss nehmen wir unsere Arbeit wieder auf. Immer wieder treffen Kulikolonnen hier ein. Ein ganzes Heer von Trägern findet sich hier ein. Erstaunlich, wie diese Leute aus dem Solu Khumbu genau auf das von ihnen vorgeschriebene Datum hier eintreffen. Wir müssen unsere Einstellung diesen Asiaten gegenüber revidieren. Bei uns glaubt man immer, nur wir Schweizer könnten arbeiten. Wer aber gesehen hat, wie diese Sherpas und Kulis auch bei grösster Hitze schwer arbeiten, der muss seine Ansicht über Asiaten sicher ändern. Freilich sieht man viele Leute, die nichts oder wenig arbeiten. Ich glaube aber, dass dies eher auf einen Mangel an Arbeit, auf ein Zuviel an Arbeitskräften, das ja sicher vorhanden ist, zurückzuführen ist.*» Gleichentags schliessen auch Fritz Müller und der Arzt Edi Leuthold zur Gruppe auf und überbringen die Post; Luchsinger in seinem Tagebuch: «*Ich kann 3 Briefe entgegennehmen. Es ist wirklich angenehm, die Stimme der Zurückgebliebenen zu hören.*»

Eggler hingegen macht Notizen zum Expeditionsgut: «*Feststellungen. 1. Zwei Thermosflaschen und versch. Lampengläser haben den Transport nicht überstanden. 2. Die Hülse des Katadynfilters ist gesprungen. Reist leimt und verbindet sie, doch am 8.3.56 versagt sie ihren Dienst wieder. 3. Die Seetransportkisten waren zu schwer für den mehrmaligen Umlad auf den Bahnen. Die gewaltigen Kisten gingen alle auseinander und die darin versorgten kleinen*

Nicht immer ging es mit den Ochsenkarren so locker vorwärts; wenn sie stecken blieben, musste ab- und dann wieder aufgeladen werden (oben).
Ein Einbaum hilft beim Überqueren des Sun Kosi. Mit diesem Fluss beginnt Eggler sein Buch «Gipfel über den Wolken» und vergleicht ihn mit der grünen Aare in Bern (unten).

Kisten verloren verschiedentlich die [...]» – was sie verloren, wissen wir nicht; vielleicht wurde Eggler beim Tagebuchschreiben unterbrochen!

Von Chisopani geht es zu Fuss weiter. Am 9. März trifft die Kolonne in Amtal ein, auf dessen Markt Früchte eingekauft werden; Eggler: «*Die angebotenen Waren sind wenig zahlreich.*» Luchsinger sieht das anders, wie er im Notizbuch schreibt: «*Alles was für den Lebensunterhalt nötig ist, wird hier feilgeboten. Früchte, grosse Bananen, mächtige Zitronen, Tomaten, Gurken, Kartoffeln, Fleisch, Zucker, Reis, Gewürze, Tücher, Mercerieewaren. Ein fröhliches Treiben. Wir ernähren uns wieder einmal mit Bananen.*» Gleich danach erzählt er – er waltet als Kassier – von der ersten Lohnauszahlung: «*Die Kulis erhalten den ersten Sold. Rs 10 werden ausbezahlt. Ruhig und speditiv erledigen wir die Auszahlung, die Kulis haben volles Verständnis u. verhalten sich diszipliniert.* [...] *Schreiben können nur wenige. Der Vorschuss wird deshalb mit dem Fingerabdruck quittiert. Gut glauben diese Leute an diese Art Quittung, sie gilt als landesüblich.*»

Inzwischen sind auch Grimm und Marmet per Flugzeug nach Delhi gelangt, wo sie Verbindung mit der Schweizer Gesandtschaft aufnehmen und in den Tagen darauf «mit dem langwierigen, aber zum Schluss erfolgreichen Papierkrieg» kämpfen, «der scheinbar unvermeidlich als erstes Hindernis von jeder Expedition überwunden werden muss» (Grimm in «Die Alpen» von 1957). Dank der Verzögerung können aber auch sie «das Wunderland Indien etwas kennenlernen», bevor sie zur Übernahme des Sauerstoffs, der am 14. März per Schiff eintreffen soll, nach Bombay reisen.

15. März: erster Blick ins Everest-Gebiet – *«Panorama wie im Märchen»*

Endlich, am 11. März, gelangt der Tross an den aus dem Everest-Gebiet kommenden Sun Kosi. Notizbuch Luchsinger: «*Es ist der erste direkte Gruss* [...]. *60 m breit ist der Fluss. Keine Brücke führt zum anderen Ufer. Zwei Einbäume werden für die Überfahrt eingesetzt, es ist ein eigentlicher Fährbetrieb. Bald können die ersten Träger, die gleich die ersten Boote besetzen, übersetzt werden.*» Die Europäer überschwimmen den Fluss und «*festigen mit dieser ‹Leistung› unser Ansehen bei den Trägern in hohem Masse. Die Übersetzaktion nimmt ganze 4 Stunden in Anspruch, so dass wir gleich auf dem andern Flussufer unser Lager errichten, baden und so richtig den Sonntag geniessen*» (Tagebuch von Gunten). Und schreiben, wie Luchsinger im Notizbuch ergänzt: «*Nachm. werden die Schreibarbeiten erledigt. Ja, auch wäh-*

Aussichtspunkt bei Thare: am Horizont die Berge vom Everest zum Makalu.

rend einer Expedition können sich diese Arbeiten anhäufen, ein freier Nachm. schätzen wir alle, obwohl dadurch die Ziele nicht näher wirken.» Und am Tag danach, immer noch Luchsinger: *«Ere, Hansruedi und Aschi versprechen, ihren Bart bis nach der Schweiz wachsen zu lassen; ob es wahr ist, wird sich später zeigen.»*

Am 13. März trifft die Kolonne in Okhaldunga auf 1940 Metern ein, und am 15. März öffnet sich auf einer Anhöhe vor dem Fluss Solu Khola ein gewaltiger Blick auf das Everest-Gebiet. Alle sind ergriffen; Reiss schreibt, es werde eine kleine Andacht gehalten, von Gunten meint, auch an den berühmtesten Aussichtsstellen der Alpen finde sich nichts Ähnliches. Sie halten über eine Stunde inne, und Luchsinger schreibt begeistert ins Notizbuch: *«Es ist ein Panorama wie im Märchen. Wir sind auf 3500 m, ca. 100 km von uns entfernt die höchsten Gipfel der Erde! Lange sitzen wir da und versuchen anhand der summarischen Karte u. Kompass die Gipfel zu eruieren. Ich spüre das Blut durch die Adern rinnen, nun sind sie da, doch trennen uns noch 14 Tage Anmarsch bis zum Fuss.»*

Von Gunten notiert am 16. März, dass sie auf *«ein im Bau befindliches Gewaltshaus»* gestossen seien: *«Ein Schulhaus, das die Einwohner auf eigene Initiative zu bauen begannen. Nun ist ihnen das Geld ausgegangen und sie hoffen, von uns den gewünschten Zuschuss zu erhalten. Leider sind wir aber nicht in der Lage, ihnen ihren Wunsch zu erfüllen. Es ist aber immer sehr schwierig, den Leuten beizubringen, dass wir selbst über kein Geld verfügen, wenn sie unsere 300 Kulis sehen. Wenn sie wüssten, dass wir zum Teil 5000 Fr. Schulden machen mussten, um mitgehen zu können!»* Von Gunten spricht dabei an, dass die Teilnehmer vor dem Aufbruch von der SSAF verpflichtet worden waren, eine Summe in dieser Höhe aus dem eigenen Sack zu decken.

Eine ganz andersartige, amüsante Episode schenkt uns Luchsinger in seinen Notizen vom nächsten Tag: *«Schönwetter. Der seit gestern uns nachgelaufene Hund soll heute Morgen die erste Dressurlektion erhalten. Es gelingt mir ihn einzufangen. Obwohl er sich wehrt, bringe ich ihn am Balgen an den Vorderbeinen haltend in unser Lager, wo wir ihm kunstgerecht eine Dressurleine (Reservebindung von Bhend-Steigeisen) anlegen. Doch die Leine zerreisst u. der Hund erlangt die Freiheit.* [...] *Mit einem zulaufenden Knoten erhält er die erste Lektion, worauf Tuchel sich dem ‹Hundeli› annimmt.»* Hätte sich der meisterliche Schmied Alfred Bhend aus Grindelwald, von dem die Pickel und Steigeisen der Expedition stammten, je träumen lassen, dass ein von ihm gelieferter Steigeisenriemen zur Leine umgenutzt werden würde? Und Tuchel Eggler? Er sollte schliesslich mit zwei Hunden – den Rekpa und Ki getauften Tibet-Terriern – nach Hause zurückkehren!

18. bis 24. März: über Namche Bazar ins Kloster Thyangboche

Am 18. März stellt Fritz Luchsinger im Notizbuch fest, dass hier überall Korn gepflanzt werde – die Gruppe befindet sich auf 2000 Metern Höhe – und Graswirtschaft unbekannt sei; er macht sich auch Gedanken zu den Verkehrswegen in diesem *«Haupt-Tal»* von Nepal, die hier *«gleich Null»* sind: *«Strassenbau wäre eine kostspielige Angelegenheit. Und noch teurer wäre der Unterhalt.»* Die Tagesetappe nach Kharikhola ist kurz: Die Expedition muss dort Lasten freibekommen, um Grimm und Marmet 60 bis 65 Träger für den Sauerstofftransport nach Chisopani zurückzuschicken. Zwei Tage später traut Luchsinger seine Gefühle dem Notizbuch mit einem gewissen Pathos an: *«Täglich stürzen neue Eindrücke auf einen zu und wenn ich versuche mich gedanklich auszudrücken, so merkt man, dass man nicht in der Lage*

Alltag für die Träger: stundenlang und oft barfuss über Stock und Stein, und dann ein gemütlicher Lagerplatz, wie hier in Namche Bazar.

DR. LE

ist, es ist zu schön u. zu abwechslungsreich gegenüber dem Alltag. – Ich bin weit von der Heimat u. noch immer weiter ziehe ich. Nichts vermag mich zurückziehen, der Drang nach vorne auf den Gipfel ist noch da.» Er spürt offensichtlich nichts von der Krankheit, die nur wenige Tage später seine Ambitionen und sein Leben gefährden sollte.

Am Tag danach, dem 21. März, trifft der Tross in Namche Bazar auf 3440 Metern ein. Für Ernst Reiss, der bereits 1952 am Everest gewesen und bis in den Südsattel gestiegen war, laut Tagebuch *«ein freudiges Wiedersehen nach 3½ Jahren»*. Abends besuchen die Sahibs das alte Kloster und werden zu reichlich Tschang, dem typischen Gerstenbier, eingeladen. Es beginnt zu schneien. Am nächsten Tag wollen rund 75 Träger, die zum Teil bis hier barfuss unterwegs waren, entlassen werden und nach Hause zurück. Am Freitag, den 23. März, begleiten Schmied, Diehl und Reiss den Transport von 150 Lasten nach Thyangboche. 45 Träger müssen nach Kharikhola zurück, um dort 58 deponierte Kisten und Fässer zu holen. Dölf Reist hat Geburtstag. Und am Tag darauf zieht der verbliebene Tross mit dem Rest des Materials zum Kloster Thyangboche auf 4050 Metern. Grossartig das Panorama, wie von Gunten bemerkt: *«Der heutige Bummel von Namche nach Thyangboche übertrifft alles an Schönheit, was wir bis jetzt gesehen haben. Bergriesen von unwirklicher Mächtigkeit und Formvielfalt stehen vor uns: Tamserku, Taweche und Ama Dablam. Ob sie wohl je bestiegen werden können? Fast scheint einem dies nicht möglich zu sein.»*

Weiter in von Guntens Tagebuch: *«Die Ankunft in Thyangboche ist sehr friedlich: tauchen doch nun die aus dem Everest-Buch bekannten Bildmotive vor einem auf. Auch bei den Lamas ist der Empfang sehr freundlich und wir werden im Kloster zur Abendandacht und zum Abend-Konzert bei viel tibetanischem Tee eingeladen. Diese Klostermusik ergreift uns trotz ihrer Fremdartigkeit oder gerade wegen ihrer Fremdartigkeit tief. Zwei grosse ausziehbare, alphornähnliche Hörner stossen tiefe, brummende Laute in die weite Gumba (Tempel); mächtige Pauken untermalen den eigenartigen Rhythmus. Schrille Glöckchen werden geschwungen, Triangel und Zimbel füllen Lücken aus. Die eigentliche Melodie jedoch wird getragen von 2 klarinettenähnlichen Hörnern. Zwischen der* […] *Instrumentalmusik erklingt immer wieder das Gemurmel der betenden Lamas. Apropos Tibetaner Tee: Dieser Tee mit der ranzigen Butter lässt sich ganz gut trinken. Nur sollte einem die Tasse nicht immer und immer wieder vollgeschenkt werden!»* Doch die Idylle wird gestört: Fritz Luchsinger geht es schlecht; der Befund lautet – Blinddarmentzündung!

Träger beim Aufstieg, im Hintergrund der Cholatse (6440 m) in der Khumbu-Region.

Die Geschichte seiner Erkrankung und Genesung ist im Kapitel Notfälle nachzulesen. Dennoch wird am Tag darauf ein erster Materialtransport nach Pheriche durchgeführt.

6. April: die Vorhut erreicht das Basislager

Am 6. April ist es soweit: Von Pheriche und Lobuche her kommend, erreichen Eggler, Reiss, Reist und Schmied mit neun Sherpas und 21 Kulis den Basislagerplatz der Engländer von 1953 auf 5350 Metern. Gleichentags kommen Marmet und Grimm nach nur zehn Tagen Marsch von Chisopani in Thyangboche an und treffen dort auf den Arzt Edi Leuthold und Luchsinger. Auch sie hatten die ersten drei Tagesmärsche mit Ochsenkarren bewältigt und dabei das Holi erlebt, eines der wichtigsten religiösen Feste Indiens; Marmet in der Hauszeitung der Sandoz: «Während unsere Ochsenkarren stundenlang über endlose flache Felder durch die Vollmondnacht von einer Siedlung zur andern holperten, brannten überall die Festfeuer. Dunkle Gestalten tanzten um die lodernden Flammen und sangen träumerische, oft sehnsüchtig eintönige Melodien. Palmen, Bambus und Laubbäume schützten die Tanzenden vor den kühlenden Winden der Nacht. Altem Brauch gemäss bespritzen und bewerfen sich die Feiernden dabei gegenseitig mit bunten Farben, pflegen aber meist auch etwas über ihren Durst zu trinken. Zu komisch, wie beim Tagesgrauen grün-blau-gelb-rot beschmierte Gestalten in tiefem Frieden singend nach Hause wankten.»

Schon am 7. April steigen Reiss und Schmied im Eisbruch bis auf circa 5850 Meter auf, während Reist und Eggler einen günstigeren Basislagerplatz erkunden. Am Tag danach tauschen sie die Rollen: Reist und Eggler bessern den Weg im Eisbruch bis auf 5850 Metern aus, während die anderen die Basis an den Fuss des Khumbutse verlegen, *«wo viel mehr Platz ist und von wo aus man den ganzen Eisbruch überblicken kann»* (Tagebuch Eggler). Viel Arbeit steht an, wie Ernst Reiss am 9. April schreibt: *«Heute haben wir im Basislager einen strengen Arbeitstag. Die Angelegenheit mit dem Ausrüsten weiterer Sherpas muss geregelt werden. Das Schuh- und Steigeisenproblem wird sehr prekär, da wir von allem viel zu kleine Nummern (36, 37, 38, 39) haben. Wir müssen Notlösungen treffen.»* Aus dem Basislager schreibt Reiss am 11. April zudem einen Brief «*An die Herren der Stiftung*», in dem er Stellung nimmt zum Zwist mit der SSAF – siehe die Kapitel Nebengeräusche 1 und 2 –, aber auch von der Reise erzählt: *«Endlich ist es soweit, dass wir das Basislager am Fusse des Khumbutse errichtet haben, und ein Teil der Schwierigkeiten in dem oben ausserordentlich stark eingestürzten Eisbruch bereits beseitigt sind. [...] Wir hatten bis anhin eine strenge Expedition und ich wähle heute die ersten, vielleicht letzten wirklich freien Tagesstunden, um Ihnen in aller Sachlichkeit einige wesentliche Begebenheiten des diesjährigen Unternehmens aufzuzeichnen.»*

Reiss weiter: *«Der grosse Teil von uns Teilnehmern wählte aus rein ideellem Grund die Schiffsreise. Leiter, Wissenschafter, der fast nicht aufzutreibende Arzt und die Sauerstoffgruppe folgten mit dem Flugzeug. Der Weg von Jaynagar nach Chisopani war recht beschwerlich. [...] In Namche Bazar überfiel uns der Winter mit ca. 30 cm Neuschnee. In Thyangboche erkrankte der eisenharte Luchsinger [...]. Bis Ende dieser Woche werden wir in unserer kurzen Trainingsperiode bereits 10 5–6000 m hohe Gipfel des Solu Khumbu bestiegen haben. Unsere besten Fotografen Reist, Müller, Diehl haben für neue Motive schon unzählige km abseits der Marschroute getippelt.»* Er schliesst: *«Mit gutem Gewissen darf ich als Veteran feststellen, dass unser Unternehmen an Kameradschaftlichkeit und gutem Willen andern Equipen kaum nachstehen wird. Empfangen Sie, Herren Weber, Dr. Iten, Feuz , Dr. Amstutz und Gurtner alle unsere freundlichen Grüsse.»*

Am Donnerstag, den 12. April, kommt auch von Gunten nach seiner Tour auf den Island Peak in die Basis und schreibt ins Tagebuch: *«Ich [...] erreiche dieses am frühen Nachmittag. Es ist schon recht gut eingerichtet: Steinhütte für die Küche, ein Sahibhaus (!), eine ganze meteorologische Anstalt mit Windmesser, Thermometern etc., Weglein, die von Zelt zu Zelt führen. Hier lässt sich sicher gut sein. Das Basislager liegt auf 5400 m Höhe, etwa eine halbe Stunde näher beim Abbruch als Hunts* [Leiter der englischen Expedition von 1953, Anm. der Autorin] *Lager, mit guter Sicht auf den Eisfall!»*

14. April: alle Teilnehmer treffen erstmals wieder aufeinander

Am Tag danach baut Reiss ein neues Steinhaus für die Sahibs und sieht Diehl müde und krank ins Basislager kommen.

Und dann der 14. April: Leuthold trifft mit Luchsinger ein, der wieder wohlauf ist. Ihnen folgen Marmet und Grimm mit dem Sauerstoff. Marmet in einem späteren Bericht (im ETH-Archiv der SSAF), vermutlich die Reinschrift seines Tagebuchs:

«Überall zwischen den Zelten stehen Dutzende von Tonnen, Kisten und Segeltuchsäcken. Sie tragen ein Schweizerkreuz in einem Seilring, das Signet

der Schweizerischen Stiftung für alpine Forschungen, eine Nummer und verschiedene andere geheimnisvolle Figuren, die teils Geheimschrift unserer Verpflegungsminister, teils Erkennungszeichen der Kulis sind. Die Kisten enthalten vorwiegend Nahrungsmittel.» Zum ersten Mal seit zweieinhalb Monaten sind alle Teilnehmer vereint. Entsprechend viel gibt es zu erzählen und zu organisieren.

Luchsinger ist so gut genesen, dass er schon am 15. April im Notizbuch anmerkt: «*Ich fühle mich wohl, doch darf ich noch nicht weiter.*» Am nächsten Tag fühlt er sich noch wohler und sitzt am Vormittag einmal mehr «*hinter dem Kassenbuch. Es ist erschreckend, wie gross die Ausgaben für Trägerlöhne sind, man muss sich wirklich überlegen, ob per Flz. in Zukunft eine Expedition nicht besser dran wäre.*» Er war offensichtlich der Zeit voraus und überlegte sich schon damals, ob man Material und Leute nicht kostengünstiger per Flugzeug an den Fuss der Berge bringen könnte. Dem fügte er an: «*Ich passe meine Sauerstoffmaske an, ich habe also nun noch die Hoffnung, die 7000er Grenze überschreiten zu können; der Herrgott möge mir dies ermöglichen!*» Einen guten Monat später sollte ihm zusammen mit Ernst Reiss die Erstbesteigung des Lhotse gelingen.

Geniessen wir zum Schluss die Schilderung des Basislagers durch Jürg Marmet im davor erwähnten, vermutlich auf seinem Tagebuch beruhenden Bericht, der im ETH-Archiv lagert: «*Den riesigen Dohlen, die ab und zu vom Tibet über den Rongbukgletscher und den Lhotse zur Nahrungssuche in nepalesisches Hoheitsgebiet eindringen, muss unsere Basis ihrer Farbenpracht wegen auffallen. Umgeben von den blendendweissen Eisflanken und dazu kontrastreichen schwarzen Felswänden des Pumori, Lingtren und Nuptse liegen auf dem Grau der Moräne des Khumbugletschers kleine grüne, orange, rote, blaue und violette Punkte, wie von feiner Hand hingespielt. 2 grosse grüne Messezelte dienen als Arzt- und Aufenthaltsraum für die Sahibs; die übrigen bunten kleineren Zelte bieten nachts warmen Unterschlupf. Im Zentrum aber steht das Sahibhaus, ein Gebäude, dessen Mauern auf zwei Seiten von riesigen Felsblöcken, auf den andern durch kunstvoll aufgeschichtete Steine gebildet werden und dessen Decke aus einer Blache besteht. Ein grosses, helles Kaminfeuer verbreitet in diesem sonst so kalten Raum eine behagliche und wohlige Wärme. Am Kaminfeuer lässt sich bei heissem Kaffee herrlich diskutieren, Pläne entwerfen, Möglichkeiten und Unmöglichkeiten abwägen und nicht zuletzt von Bergerlebnissen und anderen Erinnerungen aus der Heimat erzählen.*»

Das Basislager
auf 5400 Metern.
Mit Schweizer, Berner
und Zürcher Fähnchen; Schweizer und
Berner Fähnchen
werden an Schmieds
Pickel auf dem Everest
wehen (oben).
Ernst Reiss war der
Erbauer des Steinhauses für die Sahibs,
die ‹Herren› aus der
Ferne (unten).

4.3 «Nun weiss ich endlich, was uns die SSAF vorwirft»

Nebengeräusche 1: Auseinandersetzung zwischen Stiftung und Bergsteigern wegen Everest und Lhotse

Die Stiftung für Alpine Forschung liebäugelte mit der Besteigung von Everest und Lhotse. Weil die Regierung Nepals nur einen Gipfel bewilligte, konzentrierte man sich auf den Everest, bevor Eggler eine zusätzliche Bewilligung für den Lhotse erwirken konnte. Missverständliche Pressemeldungen aus Kathmandu um die zwei Gipfel lösten dann eine ernsthafte Auseinandersetzung zwischen Stiftung und Team aus.

——— Von Hans Rudolf Keusen

Die Schweizerische Stiftung für Alpine Forschung erwog, nach 1952 bereits 1955 eine weitere Expedition ins Everest-Gebiet zu entsenden. Sie liess aber der internationalen Expedition unter Norman G. Dyhrenfurth den Vorrang. Diese Expedition mit Beteiligung von Schweizern, Österreichern und Amerikanern verfolgte sowohl kartografische als auch bergsteigerische Ziele. Nach dem Erfolg der Briten am Everest lockte der noch unbestiegene Lhotse.

Jürg Marmet am Funktelefon im Lager II. Hätte man damals in die Schweiz telefonieren können, hätten sich unterschiedliche Auffassungen wohl leichter, sicher aber schneller klären und Nebengeräusche vermieden werden können.

Am 14. Oktober 1955 errichten der Österreicher Ernst Senn und der Schweizer Arthur Spöhel zusammen mit vier Sherpas in der Lhotseflanke auf 7700 Metern Höhe ihr Lager V, um von dort den Lhotse zu bezwingen. Am darauffolgenden Tag steigen sie zuerst gemeinsam auf, dann geht Ernst Senn allein weiter. Auf einer Höhe von 8100 Metern, kurz vor dem

Beginn des Couloirs, muss auch Senn wegen Problemen mit dem Atmungsgerät aufgeben. Er verharrt allein im Lager V, in der Hoffnung, bei besseren Bedingungen einen weiteren Besteigungsversuch unternehmen zu können. Es werden fünf brutale Tage im Sturm, bevor er am 19. Oktober völlig entkräftet ins Lager IV absteigen kann. Der Lhotse bleibt damit weiter unbestiegen.

Somit hatte die Stiftung für Alpine Forschung 1956 sowohl den Everest als auch den Lhotse als Besteigungsziele. Da die Regierung von Nepal aber jeweils nur einen Gipfel bewilligte, entschied sich die Stiftung für den Everest. Bereits in der frühen Phase der Expedition 1956 sorgte ein Intermezzo um die Bemühungen Egglers in Kathmandu für ein zusätzliches Permit für den Lhotse für ernsthafte Missverständnisse, die leicht zum Scheitern der gesamten Unternehmung hätten führen können.

«Grimm soll 25'000 in Schweizernoten bringen»

Für den Bergsteiger Albert Eggler war der Lhotse wohl von Anfang an ein verlockendes Ziel – aus zwei Gründen: Der Lhotse war der vierthöchste und vor allem ein noch unbestiegener Achttausender. Zudem lag er in unmittelbarer Nähe des Everest, auf der anderen Seite des Südcols. Eggler sah bereits früh die Möglichkeit, diesen Gipfel ‹mitzunehmen›. Es war daher naheliegend, dass er in Kathmandu versuchte, von der nepalesischen Regierung auch noch die Bewilligung für den Lhotse zu erhalten – mit Diplomatie und einigem Geld kam er zum Erfolg. Am 1. März schrieb Eggler an die Stiftung: *«Der Prime Minister hat mich gestern mit allem Nachdruck darauf hingewiesen, dass Nepal an fremden Devisen interessiert ist, um Maschinen und Einrichtungen anschaffen zu können. Es war dies seine Antwort auf unser Gesuch um Ausdehnung der Aufenthaltsbewilligung für F. Müller und um Bewilligung des Everest und des Lhotse. Erst als wir zusagten, unser Möglichstes zu tun und seinen Wunsch sofort telegraphisch weiterzuleiten, wurden uns die nachgesuchten Bewilligungen erteilt. Mein Telegramm lautete: ‹Besuchte Ministerpräsident. Grimm soll Franken 25000 in Schweizernoten bringen. Nur tausend Rupien. Details Swisslegation.›»*

Pressemeldungen sorgten aber bei der Stiftung in der Schweiz für Irritation: Man befürchtete hier, dass Eggler seine Pläne geändert hatte und statt auf den Everest prioritär auf den Lhotse steigen wollte. Die Pressemeldung der AFP vom 2. März 1956 dürfte der Stiftung in den falschen Hals gekommen sein; darin stand: «Vor seiner Abreise erklärte Eggler, die

Luftaufnahme von Süden auf Everest (links) und Lhotse (hinten). Der höhere der beiden Gipfel war 1953 schon einmal bestiegen worden, der tiefere noch nicht, er war aber damals der höchste noch unbestiegene Gipfel der Welt – und liegt am Weg zum Everest. Warum ihn nicht ‹mitnehmen›?

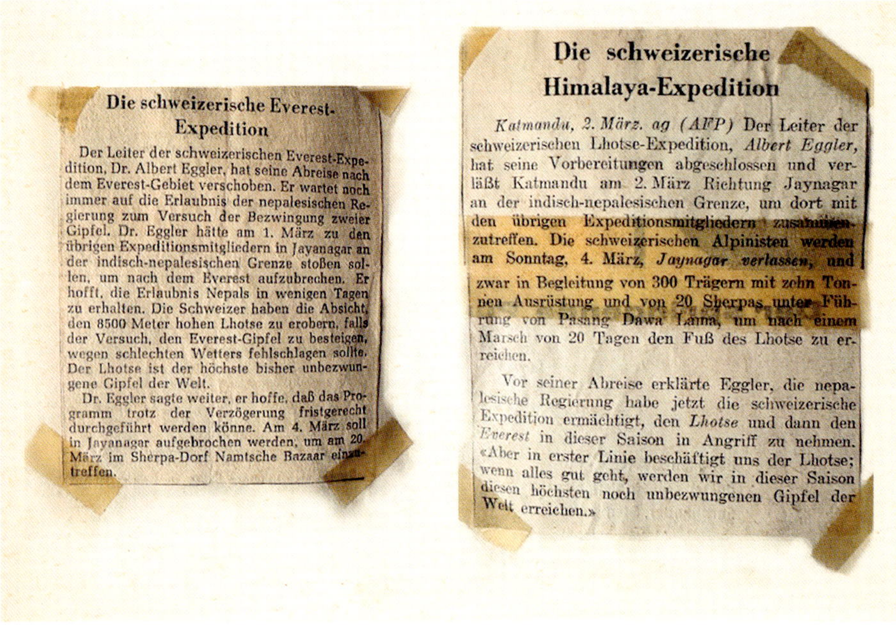

Die schweizerische Everest-Expedition

Der Leiter der schweizerischen Everest-Expedition, Dr. Albert Eggler, hat seine Abreise nach dem Everest-Gebiet verschoben. Er wartet noch immer auf die Erlaubnis der nepalesischen Regierung zum Versuch der Bezwingung zweier Gipfel. Dr. Eggler hätte am 1. März zu den übrigen Expeditionsmitgliedern in Jayanagar an der indisch-nepalesischen Grenze stoßen sollen, um nach dem Everest aufzubrechen. Er hofft, die Erlaubnis Nepals in wenigen Tagen zu erhalten. Die Schweizer haben die Absicht, den 8500 Meter hohen Lhotse zu erobern, falls der Versuch, den Everest-Gipfel zu besteigen, wegen schlechten Wetters fehlschlagen sollte. Der Lhotse ist der höchste bisher unbezwungene Gipfel der Welt.

Dr. Eggler sagte weiter, er hoffe, daß das Programm trotz der Verzögerung fristgerecht durchgeführt werden könne. Am 4. März soll in Jayanagar aufgebrochen werden, um am 20. März im Sherpa-Dorf Namtsche Bazaar einzutreffen.

Die schweizerische Himalaya-Expedition

Katmandu, 2. März. ag (AFP) Der Leiter der schweizerischen Lhotse-Expedition, *Albert Eggler*, hat seine Vorbereitungen abgeschlossen und verläßt Katmandu am 2. März Richtung Jaynagar an der indisch-nepalesischen Grenze, um dort mit den übrigen Expeditionsmitgliedern zusammenzutreffen. Die schweizerischen Alpinisten werden am Sonntag, 4. März, *Jaynagar verlassen*, und zwar in Begleitung von 300 Trägern mit zehn Tonnen Ausrüstung und von 20 Sherpas unter Führung von Pasang Dawa Lama, um nach einem Marsch von 20 Tagen den Fuß des Lhotse zu erreichen.

Vor seiner Abreise erklärte Eggler, die nepalesische Regierung habe jetzt die schweizerische Expedition ermächtigt, den *Lhotse* und dann den *Everest* in dieser Saison in Angriff zu nehmen. «Aber in erster Linie beschäftigt uns der Lhotse; wenn alles gut geht, werden wir in dieser Saison diesen höchsten noch unbezwungenen Gipfel der Welt erreichen.»

Verwirrende Pressemeldungen aus dem Archiv von Urs von Gunten. Aus welcher Zeitung die linke stammt, konnte nicht geklärt werden; ähnliche Meldungen vom 2. März 1956 mit Egglers Absicht, den Lhotse zu besteigen, falls es mit dem Everest nicht klappt, finden sich in der NZZ und in den «Freiburger Nachrichten». Die rechte Meldung steht auf Seite 9 in der Sonntagsausgabe der NZZ vom 4. März (oben). Erklärungsbrief von Eggler an die Stiftung vom 15. April 1956, mehr als ein Monat nach der Unklarheit in Sachen Everest/Lhotse (Seite nebenan).

nepalesische Regierung habe jetzt die schweizerische Expedition ermächtigt, den Lhotse und dann den Everest in dieser Saison in Angriff zu nehmen.» Eggler wird in der Meldung wie folgt zitiert: «Aber in erster Linie beschäftigt uns der Lhotse, wenn alles gut geht, werden wir in dieser Saison diesen höchsten noch unbezwungenen Gipfel erreichen.»

Die Pressemeldung der NZZ vom 2. März 1956 entspricht wohl eher der tatsächlichen Meinungsäusserung von Eggler, wonach die Besteigungen von Everest und Lhotse je nach Verhältnissen vor Ort geplant werden sollten. Die NZZ schreibt: «Die Schweizer haben die Absicht, den 8500 Meter hohen Lhotse zu erobern, falls der Versuch, den Everest-Gipfel zu besteigen, wegen schlechten Wetters fehlschlagen sollte.»

Eggler hatte wohl früh erkannt, dass eine Besteigung des Lhotse je nach Wetterbedingungen einfacher sein könnte, ihm aber gleichzeitig auch mehr Ruhm bescheren würde. Er wollte nicht nur den strategischen Spielraum für seine Entscheidungen vor Ort, sondern träumte wohl in seinem Innersten vom Lhotse. Es ist denkbar, dass dieser Pragmatismus einerseits und sein Wunschdenken andererseits in den Gesprächen mit den Journalisten nicht klar zum Ausdruck kamen und so zur Polemik um die Gipfelziele Everest und Lhotse führten.

Basislager 15.4.56

Sehr geehrter Herr Weber,

Gestern sind Herr Grimm und Jürg Marmet hier eingetroffen. Sie haben mir einen Ausschnitt aus der NZZ v. 4.3.56 vorgelegt, der von meiner Tätigkeit in Katmandu handelt und offenbar den Anlass zum Telegramm "Weber Jenz" und zum Schreiben "Jenz" bildete. Ich verstehe nun Ihre Reaktion durchaus und es liegt mir deshalb daran Ihnen in Ergänzung meiner Mitteilungen an die SSAF noch folgendes zur Kenntnis zu bringen:

Die Bewilligung zur Besteigung des Lhotse habe ich eingeholt, weil in allen unseren Besprechungen und diesbezüglichen Korrespondenzen stets

2.

von beiden Gipfeln die Rede war. Wie erinnerlich hatte sich die Stiftung auf den Everest beschränkt, weil Nepal nur einen einzigen Berg zur Besteigung freigeben wollte. Ich hielt mich deshalb in guten Treuen für berechtigt, das von der Stiftung s.Z. gestellte Gesuch zur Besteigung des Lhotse und des Everest zu erneuern und ich vermag, wenn ich die ganze Zeit der Expeditionsvorbereitung überblicke, auch heute nicht recht zu erkennen, inwiefern ich mit meinem Gesuch, die Interessen der Stiftung verletzt habe.

Was nun die inkriminierte Presseerklärung betrifft, so weise ich auf folgendes hin. Die Unterhaltung erfolgte auf Englisch. Die direkte Rede

3.

die mir zugeschrieben wird, kann also gar nicht in diesem Wortlaut abgegeben worden sein. Auch sinngemäss habe ich nichts derartiges erklärt. Es war vielmehr so, dass die Journalisten besonderes Interesse für den Lhotse bekundeten, weil die Expedition Dyhrenfurth dort abgeblitzt war und diese wegen der Anklagen Tenzings wieder in aller Leute Mund war. Aktuell war also der Lhotse und nicht der schon bestiegene Everest. Nur aus dieser Situation kann ich mir erklären, dass die Journalisten dem Lhotse viel mehr Gewicht zumassen als ich, der ich nur erklärte, wir interessierten uns für beide Gipfel und wir würden uns erst in der Gegend des Südsattels je nach

4.

Verhältnissen entscheiden, wohin wir unsere Schritte lenken wollten.

Ich wäre Ihnen, Herr Weber, dankbar, wenn Sie für meine Erklärungen das nötige Verständnis aufbringen könnten. Meine Handlungen und Ueberlegungen entspringen bestimmt nur der Sorge unsere Expedition zum Erfolg zu führen.

Genehmigen Sie, sehr geehrter Herr Weber, die Versicherung meiner ausgezeichneten Hochachtung.

A. Eggler.

«Kein Lhotse-Versuch ohne vorgängige Everestbesteigung»

Auf die Pressemeldungen folgte aus der Schweiz prompt ein harsches Telegramm von Weber und Feuz mit folgendem Wortlaut (Karl Weber war der Gründer der Stiftung, Ernst Feuz deren Sekretär): «*Eggler Leader Swiss Everest Expedition Care Postmaster General INR, India. – Your Kathmandu Press declaration reversed expeditions aims and seriously infringes monetary engagements stop. Your measures contradict contract stop. Foundation decidedly disapproves stop. Cable immediately your consent not to attempt Lhotse until Everest successfully climbed or traversed or abandoning assault owing failure of several attempts stop. Further consequences under consideration unless satisfactory settlement immediately reached. – Weber Feuz.*»

Übersetzt lautet das unmissverständliche Telegramm: «*Eggler Leiter Swiss Everest Expedition Care Postmaster General INR, Indien. – Ihre Presseerklärung in Kathmandu hat die Ziele der Expedition in ihr Gegenteil verkehrt und verstösst gegen die finanziellen Verpflichtungen stop. Ihre Massnahmen widersprechen dem Vertrag stop. Stiftung missbilligt entschieden stop. Bestätigt sofort die Zustimmung, den Lhotse nicht zu versuchen, bis der Everest erfolgreich bestiegen oder überschritten ist, oder den Angriff wegen Misserfolgs mehrerer Versuche abzubrechen stop. Weitere Konsequenzen werden in Betracht gezogen, wenn nicht sofort eine zufriedenstellende Lösung erreicht wird.*»

Eggler fiel aus allen Wolken und schrieb dann am 7. März aus Kathmandu an die Stiftung: «*Da ich den Presseleuten in Kathmandu erklärt habe, wir werden uns möglichst weit oben, je nach den Wetter- und Schneeverhältnissen und je nach unseren Kräften entscheiden, ob wir zuerst den Everest oder Lhotse versuchen sollen, aber die Publikationen nicht mehr gesehen habe, ist mir Ihre Anfrage und insbesondere auch deren Ton unverständlich. Unverständlich ist mir insbesondere, inwieweit meine Erklärungen das Expeditionsziel geändert haben sollen, nachdem Herr Weber einen Stein vom Everest und Herr Feuz einen Stein vom Lhotse wünschen. Unklar bleibt auch, welche finanziellen Verpflichtungen tangiert werden und inwiefern dies der Fall sein soll. Um mir Klarheit über alle diese Fragen zu verschaffen, habe ich Ihnen ein Telegramm folgenden Wortlautes aufgeben lassen: ‹Cable third received. Sense partly not understandable. Please write detailed letter. Greetings. + Eggler› – Den nächsten Postläufer werde*

Versuchte Palastrevolution: Was für ein grimmiger Brief von Grimm an die Stiftungsherren in Zürich! Was hätte der Expeditionsleiter wohl mit dem Absender gemacht, wenn er davon Kenntnis gehabt hätte?

Dr. Hans Grimm
zzt. Hotel Cecil
New Delhi

Delhi, 9. März 1956.

(erh. 13.3.56 sp)

Schweizerische Stiftung für
alpine Forschungen
Binzstr.23
Zürich 45

Lieber Herr Feuz,

Wir sind also gestern, Donnerstagabend, gut in Delhi angekommen. Uebergepäck haben wir beim Flughafen-Zoll sofort in Verwahrung gegeben und plombieren lassen.

Heute morgen haben wir die Swiss Legation aufgesucht, dort mitgeteilt, dass noch 5 Gepäckstücke (2 Fass, 1 Sack, Radio + Batterie) beim Zoll im Airport liegen. Auf Anraten des Consularbeamten haben wir dann eine Liste dieses Materials erstellt und anschliessend mit unseren beiden Pässen zum Nepalischen Konsulat gebracht.

Montagvormittag werden wir unsere beiden Pässe mit dem Visum für Nepal zuerückerhalten, sowie die Bestätigung, dass auch dieses oben erwähnte Gepäck Indien transitiert.

So wird es dann möglich sein, da uns ja das Uebergepäck bis Bombay begleitet, dass Trade Wings allesmit der Schiffsfracht in den selben Bond nehmen kann.

Wir fliegen Dienstagabend nach Bombay, da für Montag keine Flugplätze mehr aufzutreiben waren. Wir werden Trade Wings orientieren, damit wir am Mittwochmorgen (Ankunftstag der "VIKTORIA") doch alles für die Gepäckübernahme vorbereiten können. Es sollte, soweit wir bis jetzt sehen, alles gut gehen.

Nun noch etwas zur leidigen Angelegenheit Everest - Lhotse. Wir beide hatten während unserer langen Reise Gelegenheit, in Ruhe die ganze Sache nochmals zu besprechen.

Wir hoffen immer noch, dass inzwischen Egglers Telegramm eingetroffen sei und dass Sie mir das mitteilen können. Sollte das aber wider Erwarten nicht der Fall sein, so werden wir beide auf gar keinen Fall zum Plan Lhotse unsere Zustimmung geben.

Ich werde mich mit aller Energie dafür einsetzen, Eggler umzustimmen und zu überzeugen, dass unbedingt zuerst der Everest zu besteigen ist und dann erst, wenn es noch geht, der Lhotse.

Wenn trotzdem jede Ueberzeugungskunst fehlschlagen sollte, so wird von uns beiden für den Plan Eggler

kein Sauerstoff

zur Verfügung gestellt und ich sähe mich genötigt, Eggler mitzuteilen, dass die Stiftung für diesen Fall mich zum Expeditionsleiter bestimmt hat.

Es wäre mir nun sehr angenehm und würde der Sache sehr viel nützen, wenn Sie mir diesen Kommandowechsel (natürlich immer nur für den Fall von E.'s Starrköpfigkeit) in einem Schreiben bestätigen würden.

Zusammenfassend sehe ich demnach die Sache so:

1. Ihr Schreiben, worin Sie mir Egglers dem Plan der Stiftung zustimmendes Telegramm bestätigen.

   (In diesem Fall ist alles erledigt und ich werde Eggler gegenüber nichts erwähnen).

   oder:

2. Schriftliche Bestätigung des Wechsels in der Expeditionsleitung.

Mit Jürg zusammen hoffe ich sehr, dass alles ohne Kraftprobe zum guten Ende führt, und hoffe herzlich grüssend auf baldige Antwort.

Ihr

Hans Grimm

Abschrift an: Herrn O.Gurtner

13.3.56. sp

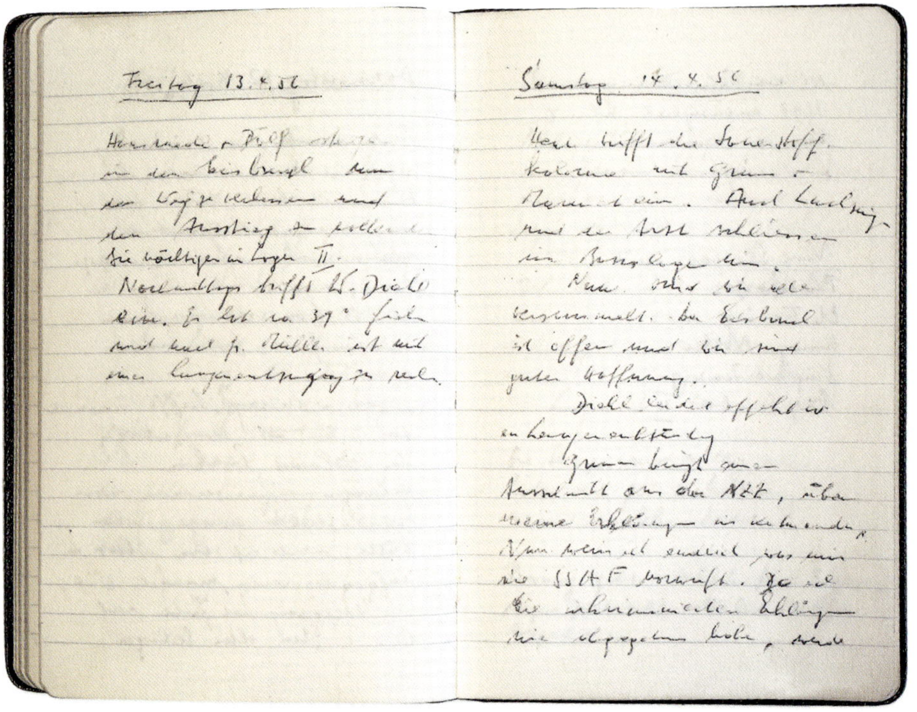

ich in 6 Tagen von Okhaldunga schicken. Bis er in Patna eingetroffen ist, dürfte auch Ihr Schreiben dort liegen (bei Rev. Harold Watling, S.Jost. Xavier, Patna 4, der den Postaustausch besorgt). Mit freundlichen Grüssen A. Eggler».

Tagebuch von Eggler; am 14. April schrieb er die Erkenntnis auf, die diesem Kapitel voransteht (oben). Den Sherpa dürften die Nebengeräusche, mit denen die Sahibs beschäftigt sind, nicht gekümmert haben. Blick aus dem Western Cwm, auch Tal des Schweigens genannt, auf die Südwestwand des Everest (nebenan).

Versuch einer Palastrevolution

Hans Grimm, der zusammen mit Jürg Marmet am 5. März 1956 von Kloten nach Delhi flog, hatte wohl noch in der Schweiz von der Verärgerung der Stiftung Kenntnis bekommen. Inwieweit ihm die Stiftung eine Mission an Eggler mitgab, ist uns unbekannt. Grimm schaltete sich aber ins Geschehen ein und schrieb am 9. März aus Delhi einen Brief an die Stiftung, dies noch bevor er mit Eggler zusammengetroffen war. Nach allgemeinen Mitteilungen zu seiner Reise zusammen mit Marmet spricht er die «*leidige Angelegenheit Everest Lhotse*» an. Er schreibt, sie würden auf gar keinen Fall ihre Zustimmung zum Plan Lhotse geben und dass, sollte sich Eggler nach Anwendung aller «*Überredungskunst*» nicht umstimmen lassen, sie ihm «*keinen Sauerstoff*» geben würden. Grimm geht noch weiter und fordert die Stiftung auf, ihm die Expeditionsleitung im Fall von

«Starrköpfigkeit» und Egglers Nicht-Einlenken zu übertragen: «[...] *dass die Stiftung für diesen Fall mich zum Expeditionsleiter bestimmt* [...]».

Dicke Post! Grimm spricht von einer Verweigerung von Sauerstoff für Eggler und einem möglichen Kommandowechsel für den Fall von Egglers *«Starrköpfigkeit»*. Witterte Grimm hier seine Chance, und erlag er der Versuchung, nach der Leitung der Expedition zu greifen? Welch eine Fehlbeurteilung der Situation oder Selbstüberschätzung, die Autorität von Eggler einfach ablösen zu können! Abgesehen von der unangefochtenen Kompetenz Egglers: Seine Berner Bergsteigerkameraden hätten loyal zu ihm gestanden. Ob Eggler von diesem Brief Kenntnis hatte, der eine mögliche Palastrevolution mit Absetzung von ihm als Leiter in Aussicht nahm, wissen wir nicht. Aus seinem Tagebucheintrag vom 14. April müssen wir aber annehmen, dass er nichts von diesem Brief wusste und auch Grimm sich nichts anmerken liess. Eggler schreibt: *«Grimm bringt einen Ausschnitt aus der NZZ über meine Erklärungen in Katmandu. Nun weiss ich endlich, was uns die SSAF vorwirft. Da ich die inkriminierten Erklärungen nie abgegeben habe, werde ich dem Präsidenten der SSAF unverzüglich schreiben, um den Missstand nun zu beseitigen.»*

Versöhnung: der Pragmatismus obsiegt

Am 11. April schaltete sich auch noch Ernst Reiss mit einem Brief an die Stiftung ein. Offensichtlich gab es auch unter den Expeditionsteilnehmern Diskussionen zur Kontroverse um Lhotse und Everest. Reiss war sichtlich um Deeskalation bemüht: *«Voraus möchte ich, wie meine Expeditionskameraden, Ihnen aber erneut unsere Dankbarkeit ausdrücken, dass Sie in dieser und den vergangenen Expeditionen mit so viel Initiative und Grosszügigkeit die grossen Projekte überhaupt ermöglichten. Umso mehr bedauern wir alle, wie unser geschätzter Kamerad und Leiter wegen seinen Bemühungen für eine doppelte Gipfelchance und ein paar absolut unbedeutenden, zu nichts verpflichtenden Worten gegenüber ein paar aufdringlichen Presseleuten in eine solche Telegramm- und Briefkontroverse geraten ist. Wegen den vielen, alltäglichen Presseverdrehungen und Lügen kann man einem gewissenhaften Mann wie Tuchel ohne Beweise doch nicht derartige Vorwürfe machen.*

Wir alle arbeiten an diesem neuen Unternehmen wie wenn es unser eigenes Geschäft wäre, und so fand auch der gute Tuchel noch keine grosse Zeit, sich über anscheinend ordentliche Missverständnisse zu rechtfertigen. Wir alle

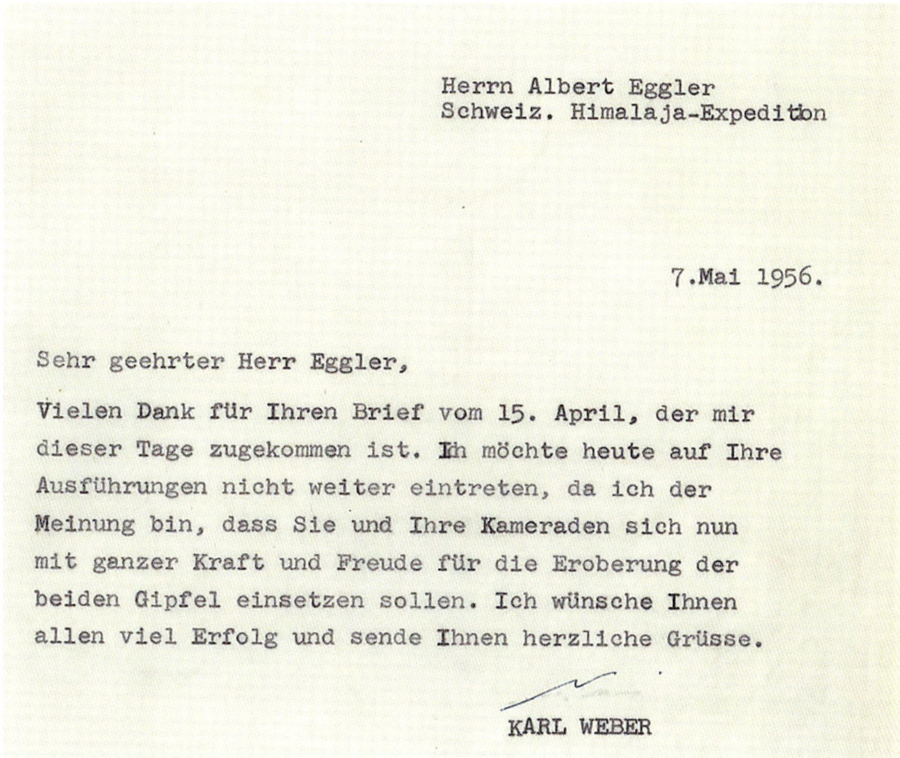

Herrn Albert Eggler
Schweiz. Himalaja-Expedition

7.Mai 1956.

Sehr geehrter Herr Eggler,

Vielen Dank für Ihren Brief vom 15. April, der mir dieser Tage zugekommen ist. Ich möchte heute auf Ihre Ausführungen nicht weiter eintreten, da ich der Meinung bin, dass Sie und Ihre Kameraden sich nun mit ganzer Kraft und Freude für die Eroberung der beiden Gipfel einsetzen sollen. Ich wünsche Ihnen allen viel Erfolg und sende Ihnen herzliche Grüsse.

KARL WEBER

Beschwichtigender Kurzbrief von Karl Weber, Gründer der SSAF, an Eggler: freie Bahn für Everest und Lhotse.

kennen die variantenreiche Vorgeschichte dieser Expedition. Es gab sehr viel Bemühendes für die Organisatoren, wie für die Teilnehmer. Beide Seiten taten und tun noch heute ihr Bestes. Das Resultat allein wird zählen; wir Teilnehmer sind nicht mächtig genug, das voraus zu sagen.»

Am 15. April schreibt Eggler einen Brief an Karl Weber. Er zeigt darin Verständnis für die harsche Reaktion der Stiftung auf die Pressemeldungen und versucht aufzuzeigen, wie es zu den Missverständnissen kommen konnte. Er schreibt am Schluss: *«Ich wäre Ihnen, Herr Weber, dankbar, wenn Sie für meine Erklärungen das nötige Verständnis aufbringen könnten. Meine Handlungen und Überlegungen entspringen bestimmt nur der Sorge, unsere Expedition zum Erfolg zu führen.»*

Die Antwort von Karl Weber vom 7. Mai kommt spät, und wir wissen nicht, wann der Brief Eggler erreichte. Die Expedition befand sich am 7. Mai bereits in der Lhotseflanke und bereitete die Strategie für die Besteigungen von Everest und Lhotse vor. Weber antwortet, dass er nicht mehr auf die Kontroverse eintreten möchte, weil er der Meinung ist, *«dass Sie und Ihre Kameraden sich nun mit ganzer Kraft und Freude für die Eroberung der beiden Gipfel einsetzen sollen»*. Damit zog er einen endgültigen Schlussstrich unter den Streit.

Wie hätte Eggler bei einer Kenntnis von Grimms Brief und dem unausweichlichen Eklat reagiert? Wäre es zur Aussprache gekommen, hätte er Grimm nach Hause geschickt oder grosszügig über das Geschehene hinweggesehen? Wir wissen es nicht. So wie ich Eggler kannte und einschätze, hätte er alles unternommen, um in erster Linie die Expedition zu retten. Spätestens hier stellt sich die Frage, warum Eggler, der sehr darauf bedacht war, eine verschworene Mannschaft von guten Bergsteigern zu rekrutieren, Grimm ins Team aufgenommen hatte. Während sich Eggler in seinem Buch «Gipfel über den Wolken» ausgiebig über seine Motive zur Rekrutierung der Teilnehmer äussert, schrieb er bezüglich Grimm nur: «Dr. Hans Grimm aus Wädenswil hatte die meisten schwierigen Routen der Alpen begangen. Neben grosser Gebirgserfahrung verfügte er als Zahnarzt über praktische Kenntnisse im Sanitätsdienst, was uns später äusserst wertvoll wurde.» Grimm wurde nach der langen und vorerst vergeblichen Suche nach einem Expeditionsarzt vermutlich in erster Linie wegen seiner medizinischen Erfahrung ins Team aufgenommen.

Schwerfällige Kommunikation als Auslöser

Die von aussen gesehen schwer verständlichen Verwirrungen um Everest und Lhotse müssen im Lichte der äusserst schwerfälligen Kommunikation zwischen der SSAF als Auftraggeberin und der Expeditionsleitung gesehen werden. Missverständliche Pressemeldungen, unklare Telegramme und der stark verzögerte Briefverkehr mit Postläufern sorgten auf beiden Seiten für Missverständnisse und liessen Mutmassungen und Fantasien freien Lauf. Die Wellen in der SSAF schlugen hoch, und die Chefs in Zürich glaubten, für Disziplin und Ordnung an der Expeditionsfront sorgen zu müssen.

Wäre es zu dem in Grimms Brief erwogenen Szenario mit Verweigerung von Sauerstoff für Eggler und dessen Absetzung mit einer Neueinsetzung von Grimm als Leiter gekommen, hätte dies eine Spaltung der Mannschaft zur Folge gehabt. Das Vorhaben, bei dem alle unter einer kompetenten Führung wie ein Räderwerk zusammenarbeiten mussten, hätte ein solches Zerwürfnis wohl nicht überstanden und wäre gescheitert. Das realisierte auch die Stiftung und liess die Sache nicht weiter eskalieren.

Eggler selbst machte nichts falsch: Er hatte erkannt, dass auch der Lhotse ein Ziel sein könnte oder allenfalls ein Ersatz für den Everest. In seinem Buch «Gipfel über den Wolken» schreibt er: «An diesem Abend [6. Mai im Lager III] diskutierten wir auch des langen und breiten, welchen Gipfel, ob Lhotse oder Everest, wir angehen wollten oder ob wir versuchen sollten, auf beide hinaufzukommen und in welcher Reihenfolge. Aus Telegrammen und aus Berichten der Nachzügler Grimm und Marmet konnten wir entnehmen, dass die Schweizerische Stiftung für Alpine Forschung besonderen Wert auf die Besteigung des Everest legte. Auch mehrere Expeditionsteilnehmer zogen diesen Gipfel vor. Anderseits war zu bedenken, dass der Everest beinahe 500 m höher ist als der Lhotse und ein Lager mehr erfordert. Auch konnten die Schnee- und Witterungsverhältnisse eine Besteigung des Lhotse durch die windgeschützte Rinne vielleicht gerade noch erlauben, das Erklimmen des Everest über den langen, windausgesetzten und mit Wächten gespickten Südgrat hingegen vereiteln. Als ideale Lösung schien uns natürlich die Besteigung beider Gipfel, doch mussten wir uns vor einer Zersplitterung unserer Kräfte hüten.»

Die schliesslich gefassten Beschlüsse (siehe auch Kapitel Nebengeräusche 2) waren die richtigen. Die Rechnung von Eggler und sein Traum, beide Gipfel nach Hause zu bringen, ging auf. Dass der auf Missverständnissen basierende Streit nicht eskalierte und es bei – wenn auch ziemlich lauten – Nebengeräuschen blieb, ist wohl der umsichtigen Führung von Eggler zu verdanken, der sich auf die grossen Ziele der Expedition konzentrierte.

Von Grimm, der bei der Pflege des kranken Luchsingers tatkräftig mitgeholfen hatte, hören wir während der Expedition nicht mehr viel. Er kämpfte mit seiner zeitweise ausgerenkten Schulter. Sein Tagebuch, das sicherlich aufschlussreich gewesen wäre, fehlt leider: Er vergass es im Südsattel. Möglicherweise überforderte ihn die Expedition; so schrieb Luchsinger am 26. Mai in seinen Notizen: *«Tuchel hat gewünscht, dass ich mit Grimm in die Basis absteige. Gegen Mittag können wir endlich starten. Hans hat Mühe, er gibt der Wärme Schuld. Aber auch im Eisbruch kommt er nicht vorwärts: er ist richtig ausgepumpt. Ich habe den Eindruck, dass das Khumbu für ihn zu streng gewesen ist.»*

4.4 «Ja, ich hoffe fest, dass ich die Expedition überlebe»

Die Notfälle im Kloster und im Basislager

Auf dem Weg zum Basislager erkrankt Fritz Luchsinger schwer. Während man im Kloster Thyangboche bereits eine Evakuierung plant, erlebt der Patient eine Heilung, die an ein Wunder grenzt. Nur wenige Tage später verschlägt es Wolfgang Diehl ins Krankenbett.

——— Von Françoise Funk-Salamí

Es ist ein Drama mit Ansage. Auf dem Weg nach Lukla hält Fritz Luchsinger am 20. März 1956 in seinem Notizbuch fest: «*Eine leicht unruhige Nacht liegt hinter mir. Durchfall hat mich einige Male herausgelockt. Allein ziehe ich los. Diese Art des Marschierens ziehe ich vor. Ich bin leicht geschwächt.*» Dann geht es schnell. Im Aufstieg nach Thyangboche kommt Luchsinger zwei Tage später physisch an seine Grenzen und notiert: «*Ich fühle mich schwach, obwohl mein Rucksack von meinem Sherpa getragen wird. Der Weg zieht sich dem Hang entlang. Hinten im Tal steigen wir in den Talboden ab; Tuchel nimmt seine Zwischen Vpf. ein, ich schlafe. Der Weiterweg wird mühsam, ich kann nicht mehr Schritt halten; es sind noch 500 m an Höhe zu überwinden. Tuchel geht voraus, ich raste und versuche wieder ein paar Schritte zu machen. Der Magen will nicht mehr, ich schäme mich, dass ich so kläglich auf der Strecke bleibe. Nochmals schlafe ich ¾ Std., dann gehts weiter, Schritt für Schritt. Mein Sherpa wartet* [auf mich] *u. folgt mir nun Schritt auf Schritt. Ich muss mich recht zusammennehmen; endlich nach 2¾ Std. bin ich im Kloster THYANGBOCHE auf 4000 m. Von*

«*Für heute ist mir Ruhe befohlen worden. Ich benütze diese Gelegenheit, um meinem Bauch ein Sonnenbad zu geben*», notierte Fritz Luchsinger am 20. April im Basislager. «*Nachm. schlafe ich 2 ½ Std.; der 5 o'clocktea schmeckt mir gar nicht. Ich verziehe mich ins Zelt, um das Tagebuch nachzutragen.*» Hinten mächtig der Lingtren (6714 m).

der Schönheit hier oben realisiere ich sozusagen nichts. [...] *Nun machen sich die Schmerzen spürbar, die Kolik bricht aus. Ich krümme mich vor Schmerzen, ich weiss nicht wie ich umhergehen soll; wie ein Gewitter durchziehen die Schmerzen den ganzen Unterleib, Donner u. Blitze folgen einander. Das ist der Anfang einer schweren Krankheit, die sogar dem Az. Kummer u. Sorge bereitet. Wer hätte wohl gedacht, dass ich auf über 4000 m Höhe plötzlich ausfalle?»*

Der gefürchtete Fall tritt ein

Die Nachricht von Luchsingers Erkrankung löst bei seinen Kollegen grosse Bestürzung aus. Am 25. März schreibt Hansruedi von Gunten in sein Tagebuch: *«Fritz Luchsinger fühlt sich sehr schlecht und der Arzt kann eindeutig eine Blinddarmentzündung feststellen. Wir improvisieren in einem uns zur Verfügung gestellten Häuschen des Klosters einen Operationssaal, wobei uns eine unserer Leitern als Schragen guten Dienst leistet. Es folgen aufregende strenge Stunden für unseren jungen Arzt. Gerade der gefürchtete Fall ist nun eingetreten.»*

Sein Kamerad Ernst Reiss beschreibt im Tagebuch den gleichen Tag wie folgt: *«Wir freuen uns auf den neuen Tag in diesem grossartigen Ort. Leider muss uns der Arzt schlechten Bericht geben, da Fritz Luchsinger eine schlimme Blinddarmentzündung hat. Unsere gute Stimmung wird daher bedrückt, aber alle arbeiten fieberhaft daran im Notfall einen möglichst guten Operationssaal im Kloster bereitzustellen. – Der Fall, den wir so oft erwähnt haben, ist eingetroffen. Ohne einen Arzt wären wir in eine ganz unangenehme Situation geraten. Leider fehlen diesem ein paar wesentliche Medikamente u. Hilfsmittel, um etwas sicherer gehen zu können. Diese zweite Nacht helfe ich dem Arzt, der ununterbrochen arbeitet, bei der Nachtwache.»*

Und der Expeditionsleiter Albert Eggler nimmt die Situation wie folgt wahr: *«Das Befinden von Fr. Luchsinger hat sich verschlechtert. Edi Leuthold erwägt eine Operation. Unter seiner Leitung wird alles Nötige vorbereitet. Zwei Messezelte werden als Operationsraum eingerichtet, gegen Abend aber wieder aufgegeben. Ein leerstehendes Lamahaus wird nun als Klinik besorgt und installiert. Aus Namche holen wir eine Petroleumlampe. Verschiedene wichtige Medikamente fehlen, zum Glück mangelt es nicht an Antibiotika. Fritz Müller bekundet grosses Geschick als Krankenwärter. Die Möglichkeit eines Abtransportes oder eine Hilfeleistung mittels Flugzeugs wird erörtert.»*

Luchsinger selbst liegt bereits im Krankenbett und notiert zu diesem Schicksalstag: «*Geschwächt liege ich in der russigen Küche. Ich bekomme ein neues Krankenzimmer, muss in eine GOMPA, d.h. eine Mönchzelle. Sie gehört MAWANG GYURMI LAMA, ein ganz aufgeschlossener. Erst einige Tage später bin ich in der Lage festzustellen, in welch einem wertvollen Zimmer ich liege und genese. Drei Wände sind bemalt; Buddha in den verschiedensten Formen.*» Luchsingers Hinweis, dass er erst Tage später feststellt, wo er untergebracht ist, deutet darauf hin, dass er diesen Eintrag wohl zu einem späteren Zeitpunkt verfasst hat.

In diesen Tagen wird der junge Expeditionsarzt Eduard ‹Edi› Leuthold auf die Probe gestellt. Trotz des improvisierten Operationsraums, in einer vom Kloster abgesonderten Hütte – innerhalb der Klostergemäuer darf kein Blut vergossen werden –, sind die Voraussetzungen für eine Operation denkbar ungünstig, denn die Raumtemperatur lässt sich tagsüber nur wenig über den Gefrierpunkt bringen. Auch sind nicht genügend Instrumente und Betäubungsmittel vorhanden. Wie dramatisch sich Luchsingers Zustand verschlechtert, lässt Leuthold in seinem Brief an die SSAF vom 9. April erahnen: «*Sonntag, 25.3. war anfänglich eine leichte Besserung zu verzeichnen, die aber gleich in eine neue Verschlimmerung überleitete. Wir hielten uns lediglich am Fehlen jeglicher Zeichen einer Perforation aufrecht und fuhren mit der konservativen Behandlung fort, die vorzüglich in der Applikation höchster Dosen Antibiotica bestand. Am Montag bestanden dann auch nur noch ein starker Lokalbefund, Fieber, Puls und Schmerzen gingen zurück. Gleichzeitig aber begannen sich alle Zeichen eines Ileus (Darmverschluss) abzuzeichnen. Der Bauch wurde stets aufgetriebener, und es bestand vollständige Urin-, Stuhl- und Windverhaltung bei immer stärker werdenden Brech-Würg-Anfällen. Daneben bestand vollständige Unfähigkeit, auch nur die geringste Menge Flüssigkeit oder flüssige Nahrung aufzunehmen. Erneut fehlten uns sowohl Magen-Darmsonde sowie Medikamente, um den wahrscheinlich infolge Bauchfellreizung teilweise gelähmten Darm in Bewegung zu setzen. Gleichzeitig wurden die Vorzeichen für eine Operation noch schlechter.*»

Die Zuspitzung der Situation veranlasst den Expeditionsleiter Eggler, nach Absprache mit Leuthold einen telegrafischen Hilferuf über Kathmandu nach Zürich abzusetzen, denn «*man wollte nichts unversucht gelassen haben*».

Ein buntes Kreuz mit Zelten und Tüchern

Am darauffolgenden Tag schreibt Eggler in sein Tagebuch: «*Der Zustand von Fr. Luchsinger hat sich nicht gebessert. Deshalb wird Dunagiri telegraphisch um Hilfe ersucht. Ob diese gewährt werden kann und allfällig innert nützlicher Frist, ist jedoch sehr ungewiss. Da bei unserem Sanitätsmaterial jedoch Medikamente und Gegenstände fehlen, muss alles versucht werden, um diese zu beschaffen. Das Telegramm geht mittels Läufer nach Namche Bazar an den Check-Post-Officer, der in Funkverbindung mit Kathmandu steht.* [...] *Ein Vorrücken der ganzen Expedition in diese Gegend kommt zurzeit noch nicht in Frage, weil der Zustand von Fr. Luchsinger zu ernst ist. Einzelne Patrouillengänge lassen sich von hier aus durchführen, so dass die Akklimatisation nicht gefährdet wird. Ich besuche den Headlama in seiner Gomba, um ihm meinen offiziellen Dank abzustatten.*»

Gleichentags notiert Kollege von Gunten: «*Der Zustand von Fritz Luchsinger hat sich eher noch verschlechtert und zum Blinddarm ist nun ein Darmverschluss gekommen, sodass wir uns entschliessen, von Zürich Hilfe anzufordern. An eine Operation ist nur im alleräussersten Fall zu denken, da in unserer Apotheke wichtige Medikamente wie Adrenalin fehlen. Ob sich die Entzündung eventuell mit Antibiotika wird zurückdrängen lassen?*»

Von seiner Diagnose und all den damit verbundenen Komplikationen bekommt der Patient selbst nicht viel mit: «*Ich liege in der Gomba, kann keine Nahrung zu mir nehmen, der Bauch quält mich immer noch. Fritz Müller u. Edy der Az. opfern sich Tag u. Nacht für mich. Die Ernährung folgt auf künstlichem Wege. Die Kameraden besuchen mich täglich.*»

Vom 27. bis 29. März gibt es keine Notizbucheinträge von Luchsinger, was angesichts seines schlechten Gesundheitszustands nicht erstaunt. Der Arzt und die Expeditionsteilnehmer sind mit der Pflege des Patienten und der Organisation des Materialtransports beschäftigt. Ausserdem erstellen sie einen Notfallplan für den Anflug eines Helikopters und den Abwurf von Medikamenten und Instrumenten. Am 29. März gibt es einen Hoffnungsschimmer, wie von Gunten schreibt: «*Fritz Luchsinger hat heute einen recht guten Tag gehabt und beginnt wieder zu essen. Doch erwarten wir immer noch sehnlichst Nachrichten von der Stiftung und hoffen noch sehr auf einen Abtransport mit Flugzeug, wenn auch wir uns der Schwierigkeit der Organisation eines solchen streng bewusst sind.*» Unglücklicherweise erkrankt an diesem Tag auch der für die Expedition wichtige Sirdar Pasang an einer Bronchitis, die ihn noch län-

Die Klostersiedlung Thyangboche; links das mit Zelten und Tüchern ausgelegte Kreuz, wo ein Flugzeug Medikamente für den Patienten hätte abwerfen sollen (oben).
Der an einer akuten Blinddarmentzündung leidende Fritz Luchsinger in einer Mönchszelle; rechts der Arzt Eduard Leuthold (unten).

ger begleiten und zu einem späteren Zeitpunkt gar den Ablauf der Expedition gefährden sollte.

Nachdem sich der Zustand von Luchsinger laut Eggler *«über alle Erwartungen»* gebessert hat, trifft am Ostersonntag ein Telegramm der Stiftung ein, mit der Meldung, dass bald Medikamente in Thyangboche per Fallschirm abgeworfen werden sollen. Mit Zelten und Tüchern vom Kloster wird ein buntes Kreuz ausgelegt. Das Schicksal sollte sich jedoch zum Guten wenden. Tage später hält Leuthold in seinem Brief an die SSAF fest: *«Mittwoch, 28.3. konnte Luchsinger die erste flüssige Nahrung mühsam halten. Die Entzündung hielt noch an, doch war sie streng lokal. Die Gefahr einer massiven Perforation war behoben. Aber erst Freitag, 30.3. zeichnete sich die endgültige und sichere Wendung ab. Wir wagten an einen möglichen Rücktransport zu glauben. Zu meinem grössten Erstaunen aber bildete sich bis Ostersonntag auch der Lokalbefund fast vollständig zurück. Das Allgemeinbefinden besserte sich unglaublich rasch. Samstag, den 31.3. wagten wir unser Telegramm mit Verzicht auf jede Hilfe.»*

Mit höchsten Dosen Antibiotika verfolgte Leuthold also eine konservative Behandlung und verzichtete auf eine mit hohen Risiken verbundene Operation, was heute auch aus medizinischer Sicht vollkommen richtig war.

Wie Phönix aus der Asche

Es macht fast den Anschein einer Offenbarung, als sich Luchsinger nach dreitägiger Funkstille am 30. März – pünktlich zu Ostern – in seinem Notizbuch zurückmeldet: *«Karfreitag! Ich bin auf dem Weg der Besserung. Seit 2 Tagen konnte ich die eingenommene Flüssigkeit behalten. Ich bin moralisch deprimiert. Wenn ich denke, dass meine Kameraden in Bälde gegen das Khumbu aufsteigen, um von dort aus den Everest begehbar zu machen, dann drückt es mir das Wasser aus den Augen. Ich mache mir Gedanken, wird es mir überhaupt noch möglich sein, wesentlich an der Arbeit am Berg mitzuhelfen oder nicht. Zugegeben, zuerst kommt die Gesundheit, aber trotzdem brennt es mich an den Berg zu gehen.»*

Da sich die Schmerzen rasch zurückbilden, ist Luchsinger voller Tatendrang, bis ihm eröffnet wird, dass er für die Rekonvaleszenz mit mindestens zwei Wochen rechnen muss. Deprimiert rechnet er aus, dass er so erst gegen Ende April ins Basislager käme. Am 1. April schreibt er in sein Notizbuch: *«Ostersonntag! Ich fühle mich wohl, doch das Thermometer zeigt immer noch 37.2 an. Ganz im Stillen habe ich eigentlich gehofft, heute aufstehen zu können, doch Edy winkt ab. Tuchel erklärt uns seine getroffenen Massnahmen wegen mir. Er hat vor einer Woche die Stiftung wegen meiner Krankheit telegr. avisiert u. Medikamente angefordert. Heute ist nun Bericht eingetroffen, dass jene am nächsten Dienstag per Fallschirm abgeworfen werden können. Glücklicherweise ist es nicht mehr nötig!»*

Erst am Ostermontag erfährt Luchsinger die Diagnose seines Leidens und zeigt sich gleichzeitig überrascht und dankbar: «*Ich bin nun ganz fieberfrei: 36.8, Puls 64! Ich erfahre die genaue Diagnose meiner Krankheit. Akute Blinddarm Entzündung!* [...] *Keine einfache Sache. Doch nun ists vorbei. Ein Operationsraum war im Kloster eingerichtet worden. Für unseren Az. war es eine harte Prüfung, Minimum an Besteck, fast keine Wäsche, wenig Spritzen, kalter Operationssaal, keine Assistenten, keine Krankenschwestern, schlechtes Licht. Da ist nun tatsächlich ein Wunder geschehen, dass die Entzündung mit Antibiotika zurückging. Ich freue mich für alle, dass es so glimpflich abgelaufen ist u. dass keiner meiner Kameraden die Schlussprüfung zu bestehen hatten, auf die Probe wurden alle gestellt. Und die Expedition als solche hat keine Verzögerung erlitten, einzig die 2–3-tägigen Ausflüge konnten nicht durchgeführt werden.* [...] *Auch an mein Krankenbett kommen die Mönche. In eindrucksvoller Form legen auch sie mir aus Dankbarkeit ein weisses Halstuch um. Sie bringen mir zur Kenntnis, dass ihr Head Lama ins Kloster Pangboche hinaufgestiegen sei, um für mich dort oben zu beten. Welch grosse Überraschung kann ich noch erleben, Tuchel überreicht mir einen wunderschönen Nepalesen ‹Schmutz›, mit der Begründung, ich hätte in Chisopani allzu still meinen Geburtstag feiern müssen. Ja, die Freude war gross, ich hatte Mühe die richtigen Worte zu finden. Während unsicheren Tagen habe ich feststellen müssen, dass meine Kameraden wahre Kameraden sind, sie haben meinetwegen schwere Tage durchgemacht.»*

Nachdem Luchsinger erstmals fieberfrei ist und am 3. April seine ersten Gehversuche machen darf, fühlt er sich sicherer und kann es kaum fassen, «*wie schön die Welt da draussen*» ist, die ihm in den letzten Tagen verborgen blieb: «*Wie glücklich bin ich hier oben zu sein; in diesem ‹Paradies› muss man genesen.*» Die folgenden Tage verbringt Luchsinger mit der Pflege seines Bauchs, der von den vielen warmen Umschlägen einen schmerzhaften Ausschlag entwickelt hat. Nach einem ersten Ausflug als «*Salon-Tourist*» zu einer Klosterbesichtigung ist es an Luchsinger, sich allmählich an die Höhe zu gewöhnen. Mit Edi bewältigt er 350 Höhenmeter in 35 Minuten und stellt zufrieden fest, dass das für «*Rekonvaleszente sicher eine gute Zeit ist»*. Am 7. April schreibt Luchsinger in sein Notizbuch: *«Es ist nun an der Zeit, die Probe aufs Exempel zu stellen. Gemütlich steigen wir über den Kamm in S-Richtung. Steil ist der Aufstieg, auf dem Fels haften überall Flechten. Nach 1¾ Std. erreichen wir den Gipfel. Aber oh weh! Er ist nur 4850 m hoch. So bleibt uns nichts anderes übrig, als dem Nachbar noch einen Besuch abzustatten, der zu den 5000ern zählt. Mit Freude errichten wir ein Steinmannli. Um 13.45 sind wir zurück, ich bin also sichtlich auf dem Wege der Besserung.»*

Am 11. April, dem Tag des Abmarschs Richtung Basislager, ist Luchsingers Gesundheitszustand soweit, dass er sich auf seine *«Konstitution»* verlassen kann, und trotzdem muss er sich eingestehen: *«Ich fühle mich wohl, kann aber ein gewisses Tempo nicht überschreiten. So kommt es dann, dass beim ersten Halt ich weitermarschiere u. im Unt. Pangboche die ganze Träger Kol. überhole. Langsam ziehe ich meines Weges, ich habe die Spitze. Dies hat zur Folge, dass ich die Abzweigung verfehle und statt über den Sun Kosi zu gehen, zu hoch aufsteige, bis ich weit unten die Alp Pheriche sehe. Also steige ich ab, ich verspüre starke Müdigkeit im ganzen Körper. Ich muss mich unten setzen u. verzehre eine Orange.»*

Alter und neuer Patient

Kaum ist der Spuk von Thyangboche vorbei, wird der Arzt Leuthold im Basislager erneut auf die Probe gestellt. Während der mehrtägigen Trainingstour ins Imjya-Khola-Gebiet mit von Gunten zeigte Wolfgang Diehl Schwächeanfälle und musste kurz vor dem Ziel ein Zwischenlager aufstellen. Am 13. April erreicht dieser sichtlich geschwächt das Basislager am Fuss des Khumbutse, wie Eggler gleichentags in sein Tagebuch schreibt: *«Nachmittags trifft W. Diehl ein. Er hat ca. 39 Grad Fieber und nach Fr. Müller ist mit einer Lungenentzündung zu rechnen.»*

Die Vermutung bestätigt sich laut Eggler am Folgetag, als Luchsinger und der Arzt im Basislager eintreffen. Leuthold verordnet die Verabreichung von Sauerstoff, der soeben eingetroffen ist. Niemand der Gruppe hätte geahnt, dass die *«mitgebrachten Höhenatmungsgeräte ihre erste praktische Bewährung ausgerechnet an Diehls Krankenbett erfahren würden»*. Jahre später äussert von Gunten in «Mt. Everest – Alpinismus im Wandel der Zeit» noch eine andere Vermutung, woran Diehl damals gelitten haben könnte: «Wolfgang Diehl wurde im Basislager krank. Edi Leuthold diagnostizierte eine Lungenentzündung und reagierte richtig, indem er ihm Sauerstoff gab. Aber ich bin überzeugt, dass es ein Lungenödem war.»

Luchsinger zwischen zwei Mönchen des Klosters Thyangboche bei seiner erstaunlichen Genesung. Nun kann der spätere Erstbesteiger des Lhotse wieder lachen.

Nun ist es Luchsinger, der wegen Diehls schlechtem Gesundheitszustand mit dem Arzt im Lager bleiben muss und nicht wie vorgesehen ins Lager I aufsteigen kann. Er benützt die Zeit für verschiedene Aufräumarbeiten und stellt sich eines Abends resigniert die Frage, *«was er überhaupt während des ganzen Tages gemacht habe»*. Für ihn ist es eine Achterbahn der Gefühle zwischen Tatendrang und Demut. In seinem Notizbucheintrag vom 21. April steht: *«Eigentlich habe ich zu Lager I aufsteigen wollen. Einerseits gibt's im Lager viel zu tun u. anderseits hat mich die Mittagssonne schlapp gemacht. Zudem hat Grimm den Auftrag erhalten zu Lager I aufzusteigen. Tuchel hält mich stets zurück. Ich weiss nicht, ob der Az. ohne mein Wissen bei ihm vorgesprochen hat oder ob er mich wirklich noch schonen will. Heute ist Schweizerabend, es wird gejasst!»* Am Folgetag fällt Luchsinger ins Grübeln und sinniert: *«Es ist wieder Sonntag. Wie oft fühlten wir uns glücklich, meistens war der Sonntag ein besonderer Tag. Und heute? Ich sitze vor meinem Zelt u. schreibe. All meinen Angehörigen sende ich einen ganz speziellen Gruss; speziell deshalb, weil ich mich wieder gesund fühle. Ja, ich hoffe fest, dass ich die Expedition überlebe, d.h., dass mir Gott weiterhin die Kraft gebe, mich bergsteigerisch am höchsten Berg zu betätigen.»*

Er selbst hätte sich in dem Moment wohl kaum träumen lassen, dass er wenige Wochen später zusammen mit Ernst Reiss als Erstbesteiger eines Achttausenders in die Geschichte eingehen würde.

4.5 «Je höher wir steigen, umso mehr haben wir zu schnaufen»

Zwischen Akklimatisation und Krankenbett

Fast drei Wochen verbringt Fritz Luchsinger aufgrund seiner Erkrankung im Kloster Thyangboche. Derweil schaffen seine Gefährten den Spagat zwischen Krankenpflege, Materialtransport und Trainingstouren.

——— Von Françoise Funk-Salamí

Die Teilnehmer der Schweizer Himalaya-Expedition 1956 waren sich der Bedeutung der Höhengewöhnung bewusst, auch aufgrund der Erfahrungen früherer Expeditionen, die eine systematische Akklimatisation betrieben hatten. Anders als die britische Expedition Hunt im Jahr 1953 wollten die Schweizer aber keine Atmungsgeräte unterhalb 6000 Metern verwenden. Auf die Thematik angesprochen, sagt Hansruedi von Gunten in «Mt. Everest – Alpinismus im Wandel der Zeit» (SSAF, 2014): «Wir haben uns sehr langsam akklimatisiert. Wir wussten, dass es Höhenkrankheiten gibt. Im Krieg zwischen Indien und China sind sehr viele daran gestorben. Wir gingen immer wieder hinunter, um zu schlafen.»

Dieser damals übliche Ansatz steht in Kontrast mit späteren Expeditionen, die immer kürzere Zeit in extremen Höhen verbrachten, und gipfelt heute, im Frühling 2025, im von Erfolg gekrönten Versuch des österreichischen Expeditionsleiters Lukas Furtenbach, die Akklimatisationszeit zu beschleunigen, indem seine Kunden zuhause im Hypoxiezelt nächtigen, in dem die dünne Höhenluft simuliert und rote Blutkörperchen gebildet werden, und dann am Berg das Edelgas Xenon inhalieren.

In kurzen Hosen, mit leichtem Rucksack, auf einem guten Wanderweg: So könnte eine Trainingstour in den Alpen aussehen. Nur sind die Gipfel im Himalaya viel höher: Hier der Kantega (6783 m), der 1963 in einer von Everest-Erstbesteiger Hillary geleiteten Expedition erstmals bestiegen wurde.

Aber zurück zu unserer Mannschaft im Jahr 1956, als der Sauerstoff das einzige ‹Edelgas› war. In seinem zweiten Bericht schreibt Ernst Schmied: *«Je höher man steigt, desto fühlbarer wirkt sich der Sauerstoffmangel aus. Wohl kann sich der menschliche Körper bis auf eine Höhe von etwa 6500 m adaptieren. Bis zur vollständigen Akklimatisation auf diese Höhe braucht er aber nach Angaben der Physiologen 5–6 Wochen. Dass die Akklimatisationsperiode so lange dauert, kann jeder von uns bestätigen.»*

Zwischen Krankenpflege und Fünftausendern

Das Konzept war also klar, wie der Expeditionsleiter Albert Eggler in «Gipfel über den Wolken» darlegt: «Ursprünglich sollten Mannschaft und Material von Namche Bazar aus gestaffelt über Thyangboche auf die in 4500 Meter Höhe gelegene Alpe Pheriche und schliesslich zum Basislager am Khumbugletscher auf 5450 Meter Höhe gebracht werden. In dieser Zeit hätten alle Expeditionsteilnehmer abwechselnd Gelegenheit erhalten, Trainingstouren zu unternehmen und sich mit den Anforderungen, welche die zunehmende Höhe an sie stellte, vertraut zu machen.» Luchsingers Erkrankung bedingte eine Änderung dieses Programms. So wurde das Kloster Thyangboche unerwartet zur Basis der Trainingstouren. Von hier aus unternahmen die Expeditionsteilnehmer täglich in Kleingruppen *«Trainingsfahrten»*, um *«im Falle einer Operation genügend Assistenten zur Stelle zu haben»*, wie von Gunten am 28. März 1956 in seinem Tagebuch schreibt und weiter notiert:

«Heute sind Wolfgang und ich an der Reihe, unseren Ausflug machen zu dürfen. Als Ziel haben wir uns einen sicher über 5000 m hohen Gipfel nördlich Thyangboche ausgewählt. Da Wolfgang noch ziemlich lange bei Fritz Luchsinger beschäftigt ist, können wir erst um 10 Uhr aufbrechen. [...] Je höher wir steigen, umso mehr haben wir zu schnaufen. Eine grosse Müdigkeit beginnt auf unseren Beinen zu lasten. Hingegen fühlen wir sonst keine Anzeichen von Höhenkrankheit. Das Gelände beginnt nun etwas interessanter zu werden, so dass wir im leichten Felsen kletternd höher gelangen. Der Abstand zwischen mir und Wolfgang wird grösser und grösser: Er hat letzte Nacht, bei Fritz Luchsinger wachend, sehr wenig geschlafen und dieses Schlafmanko beginnt sich wohl jetzt auszuwirken. Das Grätchen ist nun stellenweise von Schnee durchsetzt und verliert sich oben in einer etwa 50 m hohen Gipfelwand, die ich in recht kleingriffiger Kletterei erklimmen kann. Doch bin ich immer noch nicht auf dem Hauptgipfel. Auf einem Verbindungsgrat habe ich vorerst westlich wieder etwas

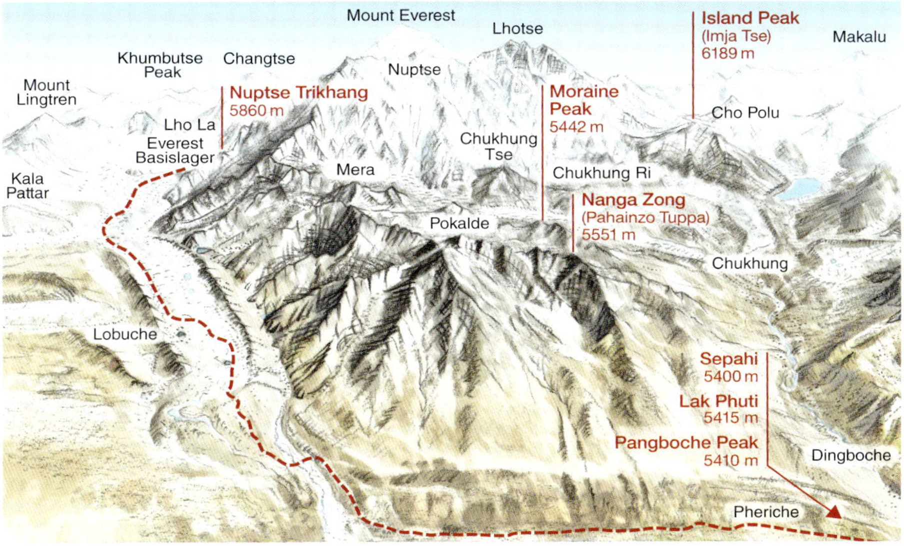

Island Peak
(Imja Tse)
1. Besteigung
am 06.04.1956
H. R. von Gunten
P. Lobsang
G. Norbu

Moraine Peak
1. Besteigung
am 04.04.1956
F. Müller
D. Reist
E. Reiss

Sepahi
28.03.1956
H. R. von Gunten,
W. Diehl

Pangboche Peak
30.03.1956
A. Eggler
W. Diehl

Nuptse Trikhang
1. Besteigung
am 24.04.1956
A. Eggler
P. Phutar
E. Reiss

Nanga Zong
(Pahainzo Tuppa)
2. Besteigung
am 02.04.1956
H. R. von Gunten
E. Schmied

Lak Phuti
29.03.1956
E. Reiss
E. Schmied
D. Reist

abzusteigen und erreiche dann wieder ungefähr 30 m aufsteigend den höchsten Punkt. Kein Steinmann zeugt davon, dass Menschen je einen Fuss hier hinaufgesetzt hätten. Leider reicht auch mir die Zeit nicht aus, um einen solchen zu bauen, denn bereits ist es halb vier Uhr und der Abstieg wird sicher auch nicht mühelos von Statten gehen. Ich beeile mich zurück zu klettern und erreiche nach einiger Zeit Wolfgang; er hat nach seinem Höhenmesser eine Höhe von 5200 erreicht. Schätzungsweise dürfte der Gipfel ca. 200 m höher, also 5400 m hoch liegen. Der erste Erfolg unserer Expedition! Mühsam ist der Abstieg und mit müden Beinen erreichen wir beim Einbruch der Nacht unser Lager in Thyangboche. SEPAHI 5400 Wächter.»

Gleichentags hält Eggler nüchtern in seinem Tagebuch fest: *«Der Zustand von Fr. Luchsinger ist stationär. W. Diehl und H.R. v. Gunten besteigen den ganzen N Thyangboche liegenden etwa 5300 m hohen Ausläufer des Tawoche. Diehl bleibt etwa 150 m unterhalb des Gipfels.»* Etwas präziser und ausführlicher wird er in seinem Expeditionsbuch: «Doch beiden fiel das Steigen in dieser Höhe schwer, und Diehl, der die vorhergehende Nacht als Krankenwache verbracht hatte, blieb etwa 200 m unter dem Gipfel zurück. Von Gunten folgte dem Felsgrat allein weiter und gewann über eine steile Platte den Gipfel von etwa 5400 m Höhe. Keine Spur wies darauf hin, dass dieser Berg schon jemals bestiegen worden war. So errichtete er erfreut einen Gipfelsteinmann. Da der Berg wie ein Wächter den Eingang im Imja-Khola-Tal beschützt, erhielt er den Namen ‹Sepahi›, der Wächter.»

Kollege Reiss freut sich sichtlich über den Gipfelerfolg seiner Gefährten: «*Der Tag vergeht im Standlager. Es gibt viel zu schreiben, denn heute ist Postabgang. Ich beende den Artikel: ‹Wiedersehen mit der Heimat der Sherpas›. Unserem Kranken geht es ein ganz wenig besser. Hurra! Hansruedi u. Wolfgang bringen heute Abend den ersten 5400 Meter hohen Gipfel nördlich Thyangboche mit heim. Beide sind sehr müde.*»

Ein ehrenvoller Bergname

Am Folgetag ist es Reiss selber, der mit Schmied und Reist zu einem Fünftausender aufbricht; Auszug aus seinem Tagebuch: «*Heute ist es an uns, einen weiteren Trainingsausflug zu machen. Dölf, Aschi und ich steigen rechts über Melingo in ein tiefes Seitental u. dann steil in östlicher Richtung an einen noch unbestiegenen Granitgipfel mit etwas über 5400 Meter. Der südseitige kurze Gipfelaufbau bietet uns eine halbstündige Kletterei 4ten Schwierigkeitsgrads. Auf dem massiven Gipfel tragen bauen wir einen fast mannshohen Steinmann. Im Abstieg seilen wir in die östliche Scharte ab. Nach einem langen steilen Abstieg kehren wir etwas müde nach der Klosterwiese zurück.*»

Gleichentags zeigt sich von Gunten anerkennend: «*Aschi, Ere und Dölf brechen heute gegen ihren 5000er auf. Es ist dies ein Gipfel südlich Ama Dablam. Wie sie erzählen, ein recht ansehnlicher Felsgipfel, der mit Seilquergang bezwungen wurde. Eine ansehnliche Leistung auf 5000 m Höhe. Bau eines mannshohen Steinmannes. Abstieg durch Abseilen, wir sind glücklich schon wieder erfolgreich gewesen zu sein. LAK PHUTI 5415 m*»

Interessant ist an dieser Stelle, dass nicht Reiss, sondern der an der Tour unbeteiligte von Gunten den Namen des Berges notiert, den ihm die Gruppe gegeben hat. Keiner erwähnt in seinem Tagebuch, wie es zu diesem Namen gekommen ist. «In Gipfel über den Wolken» gibt Eggler die Antwort: «Ihr Vorschlag, den Berg ‹Lak Phuti› zu taufen, fand den ungeteilten Beifall der ganzen Expeditionsmannschaft. Lak Phuti war ein zehnjähriges Sherpamädchen, das seinen in der Trägerkolonne marschierenden Vater begleitete und der Liebling aller Sahibs geworden war. So würde sein Name für immer in der Erinnerung festgehalten sein.» Man freue sich, dass «wieder ein noch nie bestiegener Berg von unseren Expeditionsteilnehmern erklettert wurde», schreibt Eggler und es bleibe dahingestellt, «ob sich die von ihnen gewählten Bergbezeichnungen einleben».

Es ist Karfreitag, der 30. März, und Reiss schreibt im Tagebuch belustigt, dass es «*die beiden Senioren Tuchel und Diehl auf einen 5400 Meter*

Was für ein Panorama talaufwärts von Thyangboche! In der Mitte die Südwand des Lhotse, über die der Everest hervorschaut. Rechts die Ama Dablam.

hohen Vorgipfel südlich Thyangboche abgesehen haben». Mit dem Feldstecher beobachtet er, wie sie den Gipfel des 5410 Meter hohen Pangboche Peak kurz nach dem Mittag erreichen.

Eggler selber notiert dazu in seinem Tagebuch: *«Bei Fr. Luchsinger ist eine bescheidene Besserung zu verzeichnen. Mit W. Diehl besteige ich den Südostausläufer des Tawoche 5410 m. Abstieg nach Norden und Südwest. Prächtige Rundsicht bis in die Gegend des Basislagers. Der Lhotse-Nuptsegrat steht im Nebel. Den Aufstieg bewältige ich ganz gut, habe aber im Abstieg eher etwas Mühe. Höhe und Erkältung mit Kopfschmerzen. Pangboche-Peak.»*

In «Gipfel über den Wolken» resümiert Eggler seine Höhenerfahrungen: «Der erste Anstieg über die Fünftausendmetergrenze ist mir in eindrücklicher Erinnerung geblieben. Langsames Gehen schien das beste Mittel zu sein, um nicht nach wenigen Schritten ausser Atem zu kommen. Wir hatten heute die Höhe unseres künftigen Basislagers erreicht und stellten mit Befriedigung fest, dass sich offenbar auch in dieser Höhenlage leidlich leben liess.»

Nachdem die Gruppe sich über Ostern Organisationsarbeiten gewidmet hat, geht es am Ostermontag weiter mit den Trainingstouren. Am 2. April schreibt von Gunten, dass er mit Schmied auf einem «*ausserordentlich schönen Ausflug*» war, auf dem 5800 Meter hohen Pahainzo Tuppa. Einmal mehr präzisiert Eggler in «Gipfel über den Wolken» die Namensgebung und zieht, nicht erstmals, einen Vergleich zum Schweizer Gebirge: «Wir beschlossen, beim Namen ‹gelbe Nadel› zu bleiben, was in der Sprache der Sherpas ‹Pahainzo Tuppa› heisst. Nach den Schilderungen der Seilschaft von Gunten-Schmied vollzieht sich die Kletterei in prachtvollem, solidem Granit, und die Route besitzt eine gewisse Ähnlichkeit mit der Besteigung des kleinen Gelmerhorns.»

Ins Tagebuch notierte Eggler am 2. April: «*Der durch die Krankheit Luchsingers bedingte Aufenthalt in Thyangboche hat unsere Akklimatisation kaum gestört. Das Kloster liegt auf 4000 m. Täglich haben 2 oder 3 Mitglieder mehr oder weniger strenge Ausflüge gemacht. Mit Ausnahme der Patienten und seiner beiden Pfleger (Leuthold und Müller) haben sie alle einen Gipfel von rund 5400 m erreicht. Auch haben wir abwechslungsweise kürzere Touren unternommen. Von Pheriche aus hoffen wir das Training steigern zu können, um dann am 5.4. gegen das Basislager vorzurücken.*»

Am 4. April erklimmen Reiss, Reist und Müller den fünften Fünftausender, den 5442 Meter hohen Moraine Peak im oberen Imja Khola und geniessen die laut Reiss prächtige Aussicht auf den «*unersteigbaren Ama Dablam, zu dem Island Peak und hin bis zum Makalu*».

Sepahi, Lak Phuti und Pahainzo Tuppa – die Namen mögen im Kontext der Zeit erstaunen, und es ist aus heutiger Sicht löblich, dass die Expeditionsteilnehmer bei der Benennung der namenlosen Berge auf die unter Bergsteigern verbreiteten Anglizismen verzichteten und Gebrauch von der einheimischen Sprache der Sherpas machten. Aber haben sich diese Namen bis heute bewährt, wie sich Eggler damals gefragt hat? Ein Blick auf die Everest-Karte der SSAF und des Boston Museum of Science im Massstab 1:50 000 zeigt, dass leider keine dieser Bezeichnungen festgehalten ist.

Als Erste auf dem Inselberg

In den darauffolgenden Tagen marschiert die Gruppe ins Basislager weiter, während von Gunten und Diehl für acht Tage Besteigungen im Gebiet des Imja-Gletschers durchführen wollen. Mit den beiden Sherpas Phurba Lobsang und Gyaltsen Norbu sowie zwei Trägern gelangen sie

Ernst Reiss beim Abseilen am Granitgipfel (5415 m), der Lak Phuti getauft wurde (links). Phurba Lobsang und Gyaltsen Norbu bei der Schuhpflege, fotografiert von Hansruedi von Gunten bei der Tour zur Erstbesteigung des Island Peak (rechts); ihr Zeltplatz (unten).

nach «*Chu-Kung, wohl einem der höchsten Dörfchen der Erde*», wo die Gruppe in der Nähe ihren Lagerplatz errichtet.

Am 6. April steht der Island Peak, der 1983 in Imja Tse umbenannt wurde, auf dem Programm. Von Gunten beschreibt diesen als «*etwa 6200 m hohen Gipfel, der bereits zweimal zuvor bestiegen worden ist*». Vermutlich bezieht sich von Gunten dabei auf den südwestlichen Nebengipfel, den die britische Hunt-Expedition ein Jahr zuvor erreicht hat. Zusammen mit den beiden Sherpas Lobsang und Gyaltsen gelingt von Gunten die Erstbesteigung des Hauptgipfels, die er in seinem Tagebuch detailreich beschreibt:

«Mühsam steigen wir über steile Gras-, Schutt- und Geröllhänge auf und erreichen endlich ein schmales Felsgrätchen, das uns in luftiger Kletterei höher führt. Wolfgang fühlt sich heute nicht recht wohl; er will uns nicht zurückhalten und so steige ich mit den beiden Sherpas Lobsang und Gyaltsen höher. (Das Felsgrätchen führt wieder in schuttbedecktes Gelände über, das recht mühsam zu erklimmen ist, da sich die Steinblöcke immer und immer wieder drehen, wenn man sie belastet und man ziemlich Acht geben muss, um nicht sich oder einen der Kameraden zu gefährden.) Endlich können wir auf einem stark zerschrundeten Gletscher hinüberwechseln. Der Höhenmesser zeigt 5900 m an. Wir schnallen die Steigeisen an und stapfen in recht gutem Schnee langsam höher. Immer fleissiger werden unsere Halte; wir müssen stark schnaufen, denn offenbar sind wir für diese Höhe noch nicht genügend akklimatisiert. Eine recht heikle Gletscherpassage leitet auf ein Plateau über, an dessen Ende sich der Gipfelaufbau erhebt. Wir überschreiten auf schmaler Schneebrücke die gähnende Randkluft und schwindeln uns sehr steil über lockeres Geröll und glatten Pulverschnee höher. Bald erreichen wir den Gipfel, wo sich uns ein überwältigender Ausblick auf die gewaltige Lhotse-Wand, wohl eine der höchsten Fels- und Eiswände der Welt lichtet. [...] Ziemlich starker Wind zwingt uns zum baldigen Abstieg; Schritt auf Schritt vorsichtig absetzend, gelangen wir langsam tiefer, erreichen den Gletscher und bald darauf wieder das Geröll, wo uns Diehl, der inzwischen bis hier aufgestiegen ist, erwartet. Lange und mühsam gestaltet sich der Abstieg bis zum Zelt, wo wir eine gute und lange Nacht verbringen. Ob unsere anderen Kameraden wohl das Basislager schon erreicht haben?»

Nach einer Rekognoszierung beschliessen von Gunten und Diehl, das Lager zu dislozieren. Unterwegs machen die Sherpas auf frische Spuren im feuchten Sand aufmerksam. Interessiert und etwas skeptisch zugleich notiert von Gunten am 8. April: «*Ob es nun die Spuren eines Tigers oder einer anderen Wildkatze gewesen sind, kann ich nicht entscheiden, denn meine Zoologie-Kenntnisse reichen nicht so weit. Eines steht jedoch fest: In der Nacht hat sich eine Grosskatze in der Nähe unseres Lagers aufgehalten. Schade, dass man diese Tiere bei Tag nie zu sehen bekommt!»* Am darauffolgenden Tag soll ein Sechstausender bestiegen werden, doch die Viererseilschaft kommt auf dem Gletscher nur langsam vorwärts und verliert sich in einem Spaltenlabyrinth, aus dem sie nur mühsam wieder herausfindet. Viel Zeit geht verloren, sodass von Gunten am Nachmittag zur Umkehr drängt. Diehls Idee eines Biwaks lehnt er entschieden ab, denn *«auf 6100 m ohne Ausrüstung zu nächtigen, lässt nicht mit sich spotten».*

In den nachfolgenden Tagen begibt sich die Gruppe über Pheriche und Lobuche Richtung Basislager. Von Gunten bemerkt, dass Diehl ziemlich müde ist und vermutet, dass die vergangene Woche zu streng für ihn war. Am 12. April notiert er in sein Tagebuch: *«Kalte Nacht. Ziemlich später Aufbruch gegen das Basislager. Mit uns sind eine Anzahl Kulis, die Holz ins Basislager zu bringen haben. Schon bald fällt Wolfgang ab. Er kann unserem Tempo nicht folgen. Nur torkelnd schleicht er dem Weglein entlang. Am Moränenseelein, dem Lagerplatz der 52er-Schweizerexpedition beschliesst er, zurückzubleiben. Ob er wohl krank ist? Wir schlagen unser Zelt auf. Lobsang bleibt zurück und Gyaltsen wird den beiden Nahrungsmittel bringen. Ich setze den Weg zum Basislager allein fort und erreiche dieses am frühen Nachmittag.»*

Im Basislager sollte der Arzt bei Diehl eine Lungenentzündung diagnostizieren und diesen mit Sauerstoff behandeln. In seinem Bericht «Chomolungma, der Erde höchster Berg» für die Hauszeitung der Sandoz erwähnt Marmet neben der Wichtigkeit der Sauerstoffatmung während des Schlafens in extremen Höhen auch die Sauerstofftherapie bei Erkrankungen der Atmungsorgane und stellt sich gleichzeitig die Frage, ob es dereinst möglich sein werde, den Mount Everest ohne Sauerstoffgeräte zu ersteigen: «Dies dürfte zwar nicht ausgeschlossen sein. Aber wenn eine derartige Besteigung tatsächlich eines Tages gelingen sollte, dann wird es sich für die Beteiligten sicherlich nicht mehr um ein Vergnügen, sondern bloss um eine gewaltige Anstrengung gehandelt haben; denn mit grosser Wahrscheinlichkeit sind bei einem solchen Unternehmen die geistigen Funktionen der Bergsteiger in der Höhe so stark gestört, dass sie kaum noch etwas von der schönen Seite einer derartigen Fahrt aufnehmen können. Man müsste sich hier tatsächlich die Frage von Sinn und Zweck stellen.»

4.6
«Wenn die Sherpas nicht mehr wollen, dann ist nichts zu machen»

Die ambivalente Beziehung zwischen den Schweizern und den Einheimischen

Ohne Sherpas wäre die Everest-Lhotse-Expedition 1956 kaum denkbar gewesen. In der Beziehung zwischen den Schweizer Bergsteigern und den Sherpas offenbarte sich jedoch ein vielschichtiges Spannungsfeld – mit Facetten, die von Hochachtung bis Geringschätzung, von Stolz bis hin zu Unterwürfigkeit reichten.

——— Von Françoise Funk-Salamí

«Über windverblasene Eisflächen steigen wir langsam gegen die ersten Graterhebungen des Everest. Unsere Helfer sind müde und für sie ist jedes Weitergehen zwecklos. Leicht merkt man, dass sie sich einig sind, dass der Monsun frühzeitig eingebrochen ist und somit die Besteigung des Everest für einmal mehr beim Versuch bleiben wird. Auch ist das Vertrauen in unser Können nicht unbedingt, sitzt doch tief in jedem Sherpaherzen eine gewisse Furcht vor dem für Buddhisten heiligen Berg, und der Glaube an die einmalige Leistung ihres vom Ruhm überdeckten Landsmannes Tenzing Norgay ist gross.»

Dies schreibt Ernst Schmied in seinem Bericht «Der Weg zum Gipfel der Welt». Für die Sherpas, einem kleinen buddhistischen Volk im Himalaya, ist der Mount Everest ein heiliger Berg. In Nepal nennen sie ihn

Nachschubgruppe mit vier Sherpas in braunen Kleidern und drei Schweizern in roten zwischen Gelbem Band und Genfersporn.

Sagarmatha, was «Stirn des Himmels» bedeutet, während die Tibeter ihm den Namen Chomolungma, zu Ehren der Muttergottes des Universums, geben. Nach ihrer spirituellen Vorstellung sind nicht nur Quellen und Bäume, sondern auch die höchsten Gipfel von Geistern und Dämonen bewohnt. Diese religiöse Weltsicht prägte auch ihre Haltung gegenüber den Expeditionen.

Wiedersehen mit der Heimat der Sherpas

«Am 7. März sind die 360 bestellten Kulis aus dem Solu Khumbu hier eingetroffen. Die fröhlichen, dienstfertigen Leute kommen viele Tagesmärsche weit aus der Heimat der Sherpas zu uns. Fälschlicherweise nennen wir ja nur die Expeditions-Hochträger Sherpas. Im Grunde genommen sind aber alle Menschen am Südwestfuss des Everest und Cho Oyu Sherpas. Politisch gehört dieser Volksstamm zu Nepal, sein Typus ist aber tibetischer Art. Nun brennen die Lagerfeuer wieder wie zur Zeit der ersten beiden schweizerischen Everest-Expeditionen.»

So hält Ernst Reiss seine ersten Eindrücke in seinem Bericht «Wiedersehen mit der Heimat der Sherpas» an die SSAF fest. In seinem Tagebucheintrag vom 7. März gibt Reiss seiner Freude über das Wiedersehen mit alten Bekannten Ausdruck und schreibt, *«manch altes Kulis- und Sherpagesicht»* habe ihm *«entgegenlacht»*.

Während der beiden Everest-Expeditionen 1952 – Reiss nahm an jener vom Herbst als Bergsteigerchef teil – entstanden enge persönliche Beziehungen zwischen den Schweizern und den Sherpas. Die bekannteste Freundschaft entwickelte sich zwischen dem Genfer Raymond Lambert und Sherpa Tenzing Norgay. Gemeinsam erreichten sie im Frühjahr die Schulter des Everest auf 8400 Metern und bereiteten damit den Weg für die spätere Erstbesteigung. Es war eine tief bewegende Geste, dass Tenzing Norgay den roten Schal, den er einst von Lambert erhalten hatte, ein Jahr später auf dem Gipfel trug – und ihn danach seinem Freund nach Genf zurückschickte. Es heisst, dass sich die beiden wortlos verstanden hätten. Es stellt sich die Frage: Hat sich eine solche Freundschaft im Jahr 1956 wiederholt?

In seinem zweiten Bericht beschreibt Marmet im Detail die Eigenschaften und Charakteren der Sherpas: *«Die meisten unserer Sherpas sind kräftige, aufgeweckte und treue Begleiter, die schon öfters an Expeditionen teilgenommen haben* [...]. *Verschiedene von ihnen wohnen in Darjeeling, andere in*

Schier endlose Trägerkolonne; die Leiter war zum Überbrücken von Spalten im Khumbu-Eisbruch gedacht (oben). Der vorderste dieser Träger und Trägerinnen trägt schon richtige Bergschuhe und hält in der Hand den klassischen Bergsteigerpickel.

Khumjung [...], beides berühmte Sherpahochburgen [...]. In Darjeeling besteht seit einiger Zeit eine Sherpaorganisation [...]. Leider aber hat diese Vereinigung teilweise Satzungen aufgestellt, die einzuhalten einer Expedition nicht möglich ist. Unter anderem steht im Reglement, dass die Sherpas auf dem Anmarsch [...] ausschliesslich mit ‹Tinned food›, d.h. mit Büchsennahrung, verpflegt werden müssen. Man kann sich leicht vorstellen, dass dies für eine Expedition finanziell einfach untragbar ist.»

Marmet geht auch auf die Sahibs ein – so wurden die Schweizer Bergsteiger im Himalaya genannt: «*Jedem Sahib wurde ein persönlicher Sherpa zugeteilt, der seinem ‹Herrn› seine umfangreiche persönliche Ausrüstung nachträgt und für sein Wohl besorgt ist.*» In dieser Rolle scheint sich Marmet aber nicht immer ganz wohl gefühlt zu haben, wie er im weiteren Verlauf kritisch anmerkt: «*Wie eines Grafen Leibdiener kommt es mir oft vor. Diese Spezialaufgabe wird von den betreffenden Sherpas oft sehr ernst, oft aber auch sehr large aufgefasst. Es gibt persönliche Sherpas, die ihrem Sahib die Fellstiefel schnüren und losschnüren, den Rucksack abnehmen helfen, die Fellmütze suchen und es sich nicht nehmen lassen, stundenlang in der grössten Abendkälte auf Diktat ihres Sahibs die – wenigstens für unsere Begriffe – kulinarischsten Mahlzeiten zubereiten. Und wenn ihr Sahib einmal selbständig wird, sind sie todunglücklich. Liebe Kerle! Mein persönlicher Sherpa, Pa Norbu, ist – gottseidank – etwas anders geartet. Er war mit den Franzosen am Makalu in ihrem obersten Lager, kennt den Umgang mit Sauerstoffgeräten und schwingt seine Eisaxt mit einer derartigen Wucht und Präzision, dass ich, als ich ihn auf 7500 m eine senkrechte Eisstufe präparieren liess, kaum aus dem Staunen herauskam. Dies ist die zweite Art der Hochträger. Über die dritte Art, die sogenannten ‹Blinddärme› (seit der Krankheit Fritz Luchsingers ein geflügeltes Wort) wollen wir lieber schweigen. Leider kommen diese in unserem Sherpateam auch vor. Im Allgemeinen sind es aber geduldige, willige Burschen, die tagtäglich ihre 25–30 Kilogramm von Lager zu Lager tragen.*»

Bei der Überquerung von Bächen und Flüssen zeigten sich die Unterschiede zwischen den Kulturen. Was aber auch daran lag, dass die einen mit Hut und Schirm unterwegs waren, die andern mit schwerem Gepäck.

Mit Lasten und Säuglingen

Im Detail beschreibt Marmet die Traglast der Sherpas und geht auch auf ihre Essensgewohnheiten ein: «*Noch länger und noch ausgiebiger als die Sahibs essen und trinken die Sherpas. Um halb sieben morgens springen die Kocher der Sherpas an und erlöschen selten vor halb zehn Uhr. Das Essen unserer unentbehrlichen Hochträger besteht vorwiegend aus Tsampa, einem Brei*

aus einer feingemahlenen Mischung aus verschiedenen Getreidearten, und Reis. Und zwar beides in ungeahnten Mengen, morgens und abends, Tag um Tag. Als Zwischenmahlzeit erhalten sie daneben von uns Knäckebrot, Käse, Fisch und Schokolade.»

Auf Himalaya-Expeditionen wird jeweils ein Sirdar ernannt, jener Sherpa, der als Anführer seiner Landsleute fungiert und für die Organisation der Trägerkolonne verantwortlich ist. Da Tenzing Norgay, der 1952 zweimal im Dienst der Schweizer Everest-Expeditionen stand, 1956 nicht zur Verfügung stand, wurde Pasang Dawa Lama als Sirdar verpflichtet. Pasang hätte ursprünglich buddhistischer Lama werden sollen, entschied sich jedoch für eine Laufbahn als Hochträger und entwickelte sich zu einem erfahrenen Bergsteiger mit beachtlicher Erfolgsbilanz. Am 19. Oktober 1954 gelang ihm mit den Österreichern Herbert Tichy und Sepp Jöchler die Erstbesteigung des 8201 Meter hohen Cho Oyu. Dabei leistete er Entscheidendes für den Gipfelerfolg: Innerhalb von zweieinhalb Tagen überwand er mit einem Provianttransport einen Höhenunterschied von 4800 Metern. Trotz seiner beeindruckenden Leistungen zeigten sich die Expeditionsteilnehmer der Schweiz bald enttäuscht von ihrem Sirdar. In seinem Brief vom 13. März an die SSAF schreibt Eggler: *«Pasang hat 310 Träger aus der Gegend von Namche Bazar und 50 aus Darjeeling gebracht, die willig unsere Lasten schleppen. Er selber hat uns anfänglich sehr enttäuscht. Nachdem ich mehrmals deutlich mit ihm gesprochen habe, ist er aktiver geworden. Aber er ist sichtlich behindert durch seine Frau, die wacker mitläuft und offensichtlich bis ins Basislager kommen will, um dort der Niederkunft entgegen zu sehen. Wir werden versuchen, sie rechtzeitig nach Thame abzuschieben.»*

Wie bereits bei der Expedition von 1952 halfen auch 1956 zahlreiche einheimische Trägerinnen (Sherpani) die schweren Lasten in grosse Höhen zu transportieren – mitunter mit ihren Säuglingen im Schlepptau oder sogar hochschwanger, wie etwa die Frau von Pasang. In den Tagebucheinträgen der Expeditionsteilnehmer werden die Sherpani jedoch nur selten erwähnt. Am 5. April notiert Eggler über den Aufstieg von Pheriche nach Lobuje: *«Ca. 130 Träger, die es sehr gemütlich nehmen. 4 Frauen haben Säuglinge mit, die sie unterwegs stillen und dann wieder auf die Lasten hinauf legen* […].» Auch Reiss beschreibt die Situation am gleichen Tag in seinem Tagebuch – bewundernd und zugleich ernüchtert: *«Es ist drastisch, dass wir zum Teil so stark erkältet sind, während Kulifrauen auf ihren hohen Lasten ihre Säuglinge bis über 5000 Meter nach Lobuje mittragen.»*

Beim Anmarsch halfen die Sherpani kräftig mit; ein paar von ihnen trugen nicht nur das Gepäck der Sahibs (oben). Am Berg selbst waren die Hochträger unter sich, erkennbar an den besonderen, vor allem im Militär benutzten Schneebrillen, Gletscherei genannt; die Schuhe der Sherpas waren aber noch nicht einheitlich (unten und folgende Doppelseite).

B

Ungeduld versus Unordnung

Die Sahibs zeigten sich immer wieder überrascht und fasziniert über die fremde Kultur des Himalayas – ein Eindruck, den der Schweizer Bergbuchautor Jörg Wyss im Schweizerischen Jugendschriftenwerk «Mt. Everest und Lhotse» (1958) so beschreibt: «Sie lernten in der einheimischen Bevölkerung in den hochgelegenen Bergdörfern am Fusse des Mount Everest einen Menschenschlag kennen, der ihnen Beachtung und Bewunderung abnötigte.»

Doch auch die Schweizer Bergsteiger vermochten die Sherpas zu beeindrucken – etwa als die Expedition im Tal des Sun Kosi einen Fluss überqueren musste: *«Ein ganz anständiger Bach fliesst darin, der von den Trägern nur auf einer Fähre, einem geschickt ausgehöhlten Baum, überquert werden kann. Wir, d.h. die Sahibs, überschwimmen den Fluss und festigen mit dieser ‹Leistung› unser Ansehen bei den Trägern in hohem Masse. Die Übersetzaktion nimmt ganze 4 Stunden in Anspruch, so dass wir gleich auf dem andern Flussufer unser Lager errichten, baden und so richtig den Sonntag geniessen.»*

Während von Gunten in seinem Tagebucheintrag vom 11. März von einer «*Leistung*» der Sahibs spricht, die bei den Sherpas Anerkennung findet, zeigt sich Reiss selbstkritisch und beschreibt die Ungeduld der Europäer: *«Am 11. März stossen wir nach einem riesigen Abstieg an das Ufer des Sun Kosi. Mittels zwei primitiver Einbaumboote muss die 400 Mann starke Kolonne übergesetzt werden. Damit verrinnt mehr als ein halber Tag, und wir ungeduldigen Sahibs überqueren den breiten Fluss deshalb schwimmend.»*

Als die Expedition Namche Bazar erreicht, den Hauptort des Sherpa-Volkes, lernen die Teilnehmer die Gastfreundschaft der Sherpa-Bevölkerung kennen. Grimm hält dies in einem Beitrag in der SAC-Zeitschrift «Die Alpen» (1957) fest: «Immer näher rückten wir Namche Bazar. Man merkte es den Trägern an, dass sie sich ihren heimatlichen Gefilden näherten, denn sie marschierten immer schneller. Freundlich wurden wir in allen Sherpadörfern empfangen und freigiebig mit Kartoffeln, der Frucht des Landes, sowie mit Tschang, einer Art Reisbier, bewirtet. Man sah es der Bevölkerung förmlich an, dass wir ihnen willkommen waren.»

Doch die Gastfreundschaft hatte auch ihre Tücken: Die vielen Begegnungen verzögerten den Weitermarsch und brachten die straffe Organisation der Expedition durcheinander. So notierte von Gunten am 16. März in sein Tagebuch: *«Furchtbar mühsam kommen wir heute vorwärts; denn*

Da soll einer noch den Überblick haben; der Sahib in kurzen Hosen hinten scheint sich ausgeklinkt zu haben.

überall haben unsere Kulis einen Verwandten und Bekannten, die sie besuchen müssen. Unsere Sherpas haben alle Hände voll zu tun, um die Träger in den weit zerstreuten Häusern aufzustöbern und wieder vorwärts zu treiben.»

Auch Gewitter sorgten während des Anmarschs wiederholt für Unruhe unter den Kulis und Sherpas. Reiss hält in seinem Tagebuch am 7. März fest: «*Im malerischen Bezirkshauptort Okhaldunga wird unser exponierter Lagerplatz erneut von einem Gewitter mit heftigem Windsturm überrascht. Während unsere dunkelhäutigen Zeltbewohner sich in den flatternden Stoffhüllen krampfhaft festklammern, springen die Sahibs (Herren) in den Unterhosen umher, um die Zelte besser zu verankern.*» In seinem Bericht «Wiedersehen mit der Heimat der Sherpas» resümiert Reiss mit Blick auf eine ähnliche Situation in Basari: «*In Basari überfällt uns gerade nach dem Einnachten ein erstes kurzes Hochgewitter. Unsere kindischen Kulis so-*

wie einige Sherpas bemächtigen sich unbemerkt unserer Hochgebirgszelte. Nur durch derbes Auftreten können wir diese Situation zu unseren Gunsten retten, ansonsten die Expedition einen kaum gut zu machenden Schaden erlitten hätte.»

Verständigung als Herausforderung

Während die Sherpas im offiziellen Expeditionsbericht von Eggler gebührend gewürdigt werden, tauchen sie in den Tagebüchern der Expeditionsteilnehmer eher im Zusammenhang mit Problemen auf. Der hohe Anspruch der Schweizer Bergsteiger an Organisation und Ordnung war häufig Anlass für Reibereien. Immer wieder wird Pasang dafür kritisiert, dass die Kolonne frühmorgens nicht rechtzeitig in Bewegung kommt. So äussert sich Eggler am 8. März in seinem Tagebuch enttäuscht über dessen organisatorische Fähigkeiten: *«Von 7.00 an werden die Lasten zugeteilt. Pasang enttäuscht; er kann gar nicht organisieren. Wenn man etwas mit ihm besprochen hat, macht er ganz bestimmt das Gegenteil. Die Ausgabe der Lasten dauert länger als 2 Stunden.»*

Am 19. März notiert Eggler schliesslich resigniert: *«Da die Chisopani-Gruppe neben Kamilama bereit ist und die freigewordenen Lasten verteilt sind, vergeht viel Zeit. Pasang steht mitten im Gepäck mit einem Stock bewaffnet, öffnet und schlägt gelegentlich hinein. Erfolg = 0. Nach langem Palaver bleibt 1 Last zurück* [...]. *Was kann ich machen, um Pasang in Stimmung zu bringen d.h. um früher starten und alle Umstellungen rascher vornehmen zu können? Wahrscheinlich nichts.»* Auch von Gunten beklagt sich am selben Tag über die chaotische Verteilung der Lasten: *«Mit grossem Gestürm werden die Träger nach Chisopani abgeschickt und mit noch grösserem Gestürm die Lasten neu umverteilt. Pasang versagt natürlich wieder einmal und ich glaube, nur durch einen glücklichen Zufall blieb zuletzt nicht mehr als eine Last zurück. Diese blieb allerdings hartnäckig liegen und erst nach Intervention unseres Pana-Sahib liessen sich die Sherpas überreden, diese Last selber zu tragen.»*

Es liegt auf der Hand, dass der Erfolg einer derart grossangelegten Expedition eine optimale Organisation erfordert. Diese wurde jedoch nicht zuletzt durch sprachliche Verständigungsschwierigkeiten erschwert. Zwar mag die Kommunikation zwischen Kulturen oft auch nonverbal funktionieren – ein Aspekt, der in Luchsingers Notizbucheintrag vom 4. April während seines krankheitsbedingten Aufenthalts im Kloster von Thyang-

Sherpani Ang Hlalu quittiert durch Daumenabdruck ihren Soldbezug; dieses Foto gibt es auch in «Gipfel über den Wolken» (links). Hilfskoch Pasang Tumba im Basislager (rechts).

boche zum Ausdruck kommt: *«Sonderbar, auch wenn wir uns sprachlich nicht verstehen, so ist die Verständigung trotzdem möglich. Man spürt die herzliche, warme Atmosphäre, es ist die Gastfreundschaft, wie sie bei uns Europäern gar nicht vorkommt. Die Leute hier oben leben einfach. Die Leute haben ein geruhsames Leben* [...]. *Für die gesamte Bevölkerung gibt es keine Zeit, d.h. man hat immer für alles Zeit. Jung u. Alt kann immer stundenlang zusehen. Was spielt sich wohl hinter den Gesichtern ab?»*

Tatsächlich war es für die Sahibs nicht immer einfach zu verstehen, was in den Sherpas vorging. Zahlreiche Situationen belegen, dass es zwischen den Sherpas und den Schweizern immer wieder zu Missverständnissen kam, meist ausgelöst durch sprachliche Hürden, was nicht selten in Reibereien mündete. Am 28. April schreibt Luchsinger in seinem Notizbuch über erstmalige *«Differenzen»* mit den Sherpas. Fritz Müller habe angefragt, ob drei Sherpas zunächst eine Last eine Stunde hinauftragen können, bevor sie ins Lager III aufsteigen – was offenbar *«volle Entrüs-*

tung» auslöste. Schliesslich habe man sich selbst geholfen und die Lasten eigenhändig hinaufgetragen, damit Fritz seine Vermessungen durchführen konnte. Die Angelegenheit sorgte für einigen Gesprächsstoff. Luchsinger kommentierte sie mit harschen Worten: *«Es ist aus sprachlichen Gründen schwierig, sich mit ihnen zu verständigen u. zudem sind sie geistig eher doch nicht ganz auf der Höhe, sie sind Kinder. Sie arbeiten wohl, aber ja nicht zu viel. Sie verlangen von uns mehr, als Gegenleistung geben sie aber nichts. Es wird immer schwieriger werden mit ihnen Grossexpeditionen durchzuführen. Wir können uns auch nicht erlauben sie wegzuschicken, das würde die ganze Expedition gefährden.»*

Am darauffolgenden Tag äusserte sich Reiss zu diesem Vorfall – deutlich selbstkritischer, aber auch mit einem Seitenhieb an seinen Kameraden und Berufsoffizier Luchsinger: *«Leider ist die Stimmung der Sherpas hier nicht gut, da die anwesenden Sahibs mit Fr. Müller zusammen irgendwelche Sonderleisten für diesen Tag verlangten. Uriken, einer der Besten, bemerkt sogar, dass alle hier anwesenden Sherpas einen Rückzug aus der Crew in Betracht ziehen, falls wir weiter auf unseren Forderungen beharren. Tuchel, unser Leiter, schlichtet diese er(n)ste Meinungsverschiedenheit. – Man darf mit diesen Sherpas schon nicht umgehen wie mit Rekruten!»*

Pasangs «Streiche» und sein Abgang

In seiner bedeutenden Rolle als Sirdar kommt Pasang bei den meisten Expeditionsteilnehmern nicht gut weg. Dies gipfelt in einem Vorfall während seines Urlaubs: Der *«mustergültige»* Sirdar erkrankt und erleidet im Basislager einen Rückfall. Reiss vermerkt dies in seinem Tagebuch vom 24. April mit ironischem Unterton und schliesst seinen Eintrag mit den Worten: *«Nun das war noch lange nicht Pasangs letzter Streich!»* Als sich Pasangs Gesundheitszustand weiter verschlechtert, werden die Nerven der Bergsteiger zunehmend strapaziert, wie ihre Tagebucheinträge offenbaren.

Noch relativ nüchtern notiert Reiss am 7. Mai: *«Wir befinden uns im Hochbasislager, wie die Funkmeldung kommt, dass es dem Sirdar Pasang im Basislager gesundheitlich schlecht geht. Er verlangt alle seine Verwandten, gerade unsere besten Sherpas an der Spitze voran zu sich zurück.»*

Luchsinger reagiert bereits emotionaler und erkennt die Tragweite der Situation: *«Während des ganzen Tages geniesse ich die Ruhe im Lager III. 16.00 wird vom Basislager eine unliebsame Meldung durchgegeben; Pasangs*

Pasang Dawa Lama, als Sirdar der Anführer seiner Landsleute und Organisator der Trägerkolonnen, hatte kein Glück; am 9. Mai musste er selbst krankheitsbedingt abtransportiert werden (links). Neuer Sirdar wurde Dawa Tensing (rechts).

Gesundheitszustand hat sich verschlechtert; er hat 40 Grad Fieber u. wünscht deshalb alle seine Verwandten u. wenn sie noch so weit weg sind, zu sehen. Dies hat zur Folge, dass auf der ganzen Linie eine Schwächung eintritt. Die besten Sherpas steigen von dem obersten Lager zur Basis. Wir sind etwas deprimiert, habe ich doch den Auftrag, zwischen Lager V u. VI die Seilbahn zu installieren. Mit Ere steige ich zu Lager IV, es wird 19.15, bis wir ankommen.»

Auch von Gunten ist am gleichen Tag spürbar aufgebracht: «*Pasang, unser selten gesehener Sirdar, ist von Namche im Basislager eingetroffen; er ist wieder sehr krank und ein Abtransport wird unbedingt nötig. Er will sich von seinen Sherpas verabschieden! Ausgerechnet jetzt, wo jeder Mann voll im Einsatz sein sollte, denn wir wissen ja nicht, wie lange das wundervolle Wetter noch andauern wird. Wir konnten den Pasangschen Schlag soweit parieren, dass wir nur seine Verwandten nach unten schicken müssen. Jedoch sind darunter unsere besten Sherpas: Dawa Tensing, Annullu etc. Wir sind erbittert darüber, dass uns dieser Sirdar von Anfang an überhaupt nichts genützt hat und nun noch versucht, unsere Expedition zu gefährden. Nach ihm sollen wir auch an seiner Tropenkrankheit noch schuldig sein.»*

Eggler schreibt am 9. Mai: *«Die Sherpas bereiten eine Tragbahre vor, grösstenteils sind sie jedoch in ihren Zelten und hören ihm andächtig zu. Einige weinen. Trotzdem wir 10 Kulis für den Rücktransport bestellt haben, möchten die Sherpas ihren Sirdar tragen. Schliesslich einigen wir uns dahin, dass 8 Sherpas und der Arzt mit ihm nach Lobuje gehen. Hier sollen die Hälfte der Sherpas zurückkehren und nur 4 gehen weiterhin nach Namche* [...]. *Da unter den ihn begleitenden Sherpas die besten figurieren, bedeutet dieser Transport eine Unterbrechung unserer Transporte zum Everest. Aus unmenschlichen und psychologischen Gründen lässt sich das gleichwohl nicht vermeiden.* [...] *Erst gegen Mittag sind die Vorbereitungen soweit, dass der Transport beginnen kann. Die improvisierte Bahre eignet sich nicht und schliesslich stecke ich Pasang in einen Rucksack, der von M...* [?] *getragen wird* [...].» In seinem Brief vom 9. Mai an die SSAF scheint sich Eggler wieder gefasst zu haben. Dawa Tensing wird als neuer Sirdar ernannt, und die Verzögerung durch den Ausfall Pasangs samt seinen Verwandten dürfte, so Eggler, *«nicht von Bedeutung sein»*, sofern das Wetter mitspiele.

Wenn Sherpas streiken

Bereits während des Aufstiegs zum Basislager kommt es zwischen den Sahibs und Trägern zu ersten Spannungen – insbesondere im Zusammenhang mit Zusatzleistungen. Diskussionen enden nicht selten in Streiks, besonders in den Hochbasislagern, wo die Luft zunehmend dünner und die Belastung entsprechend grösser wird. Als die Bergsteiger den Südsattel erreichen und das Lager errichten, stellen sie fest, dass die Sherpas den gesamten Brennstoff im alten Lager VI zurückgelassen haben. Es fehlen jegliche Lebensmittel, und auch der Sack mit den Sherpa-Sauerstoffgeräten ist auf der Südseite des Sporns liegen geblieben. Marmet beschreibt die prekäre Situation in seinem vierten Expeditionsbericht: *«Dazu streiken auch noch die vier hier im Lager zurückgebliebenen Sherpas, wollen angu, cana und oxygen (Feuer, Essen und Sauerstoff), ja, sie drohen ernstlich, ins Basislager abzusteigen und uns unserem Schicksal zu überlassen.»*

In seinem Bericht «Die Besteigung des Lhotse (8500 m)» an die SSAF sinniert von Gunten über die Entwicklung der Sherpas und ihre künftige

Kein Streik, aber alpintechnisch nicht ganz richtig, die Anseilschlaufe auf einem Gletscher in der Hand zu tragen. Fritz Luchsinger hätte da wohl durchgegriffen.

Rolle bei Expeditionen: «*Mit dem vielgerühmten Heldentum der Sherpas ist es überhaupt nicht sehr weit her; möglicherweise waren sie früher bescheidener und arbeitswilliger, heute stellen sie dermassen hohe Anforderungen, dass der Umgang mit ihnen oft nicht mehr sehr erfreulich ist und in einigen Jahren wohl geradezu unmöglich werden wird.*» In ähnlich pessimistischem Ton äussert sich Marmet am 21. Mai in seinem vierten Bericht: «*Wir beschliessen, noch am folgenden Tag das Lager VII einzurichten und erst übermorgen den Vorstoss zum Gipfel zu unternehmen, auf das Risiko hin, dass die günstigen Wetterverhältnisse wieder umschlagen. Die Sherpas sind uns zu unzuverlässig, um einen direkten Angriff vom Südsattel aus riskieren zu können. Ja, das Hohe-*

lied der Sherpas, das öfters gesungen wurde, hat seine Berechtigung heute wirklich vollkommen verloren!»

Die negativen Äusserungen in den Tagebüchern, die im Kontrast zu Egglers Lobgesang im nachträglich verfassten offiziellen Expeditionsbuch stehen, müssen wohl auch im Lichte des enormen Drucks verstanden werden, denen die Teilnehmer in den Hochlagern ausgesetzt waren. Es galt, unter extremen Bedingungen die Voraussetzungen für einen erfolgreichen Gipfelangriff zu schaffen. In seinem Bericht «Der Weg zum Gipfel der Welt» beschreibt Schmied diese Anspannung eindrücklich: *«Endlich, am 21. Mai, ist es möglich, mit zwei Sherpas und einem Zelt bis auf die Höhe des Südsattels in die Mulde rechts vom Genfersporn aufzusteigen* [...]. *Die Voraussetzung für die Erstellung des Lagers VII oben am Everestgrat, und damit des ersten Gipfelangriffes sind gegeben* [...]. *Die Kraft der Sherpas ist jedoch verbraucht, die Leute sind müde und weigern sich weiter zu steigen. Wortlos verschwinden die für jedes weitere Vordringen unbedingt nötigen Lastenträger in ihrem Zelt. Die Lage ist ernst, denn die Zeit drängt* [...]. *Um 14 Uhr entschliessen wir uns, die Sherpas durch ein saftiges Trinkgeld zum Weitergehen zu bewegen. Die vier Hochträger Anullu, Da Norbu, Pa Norbu und Pasang Pemba willigen widerwillig und freudlos ein.»*

Nur zwei Tage später, am 23. Mai, hält Luchsinger die Besteigung des Everest durch Marmet und Schmied fast beiläufig in seinem Notizbuch fest – begleitet von einem resignierten Kommentar zur Situation mit den Sherpas: *«Es ist drückend heiss, wie wir Lager III verlassen. Im IV machen wir den üblichen Halt, essen, nehme* O_2 *u. schlafen. Dann aber geht's hinauf zum V. Ere steigt mühsam u. langsam, er ist nicht im ‹Strumpf›. Die Sherpas kommen herunter, sonderbar, gegen Lager VI sieht man niemand. Sogar Dawa Tensing will ins III. Es ist immer dasselbe Lied: Wenn die Sherpas nicht mehr wollen, dann ist nichts zu machen.»*

Am Ende überwiegt das Wohlwollen

Das Zitat Luchsingers verdeutlicht exemplarisch die Abhängigkeit der Schweizer Bergsteiger vom Einsatzwillen der Sherpas in Extremsituationen. Zwar scheinen die Rollen zwischen Sahibs und Sherpas im zeitlichen Kontext und anhand der Tagebuchaufzeichnungen klar verteilt gewesen zu sein – mit den Europäern als technische Organisatoren und den Sherpas als naturverbundene Träger und Begleiter. Doch diese scheinbare Unterordnung wurde immer wieder durch den Eigenwillen der Sherpas ge-

Sherpas beim morgendlichen Appell: beim Anmarsch (oben) und in Lager I (unten).

brochen, was sowohl als Ausdruck von Selbstbewusstsein als auch von Berufsstolz verstanden werden kann. Diese Ambivalenz ist bezeichnend für das teilweise widersprüchliche Verhältnis zwischen den Expeditionsteilnehmern: Auf der einen Seite die funktionale Arbeitsteilung, auf der anderen die Schicksalsgemeinschaft, die auf gegenseitigem Geben und Nehmen beruhte. Während die Sherpas physische Stärke und lokale Erfahrung einbrachten, lieferten die Europäer Ausrüstung und Logistik.

In einem Gespräch mit Hans Rudolf Keusen (2014) hebt von Gunten die besondere Qualität der Zusammenarbeit hervor und relativiert sie im Vergleich zu anderen Nationen: «Es war wirklich kollegial, im Gegensatz zu den Engländern. Sherpas, die vorher an den britischen Expeditionen teilgenommen hatten, sagten, es sei mit uns viel schöner gewesen. Wir versuchten denn auch, sie als gleichberechtigte Partner zu sehen. Aber das ging nur begrenzt, natürlich haben sie uns auch zugedient und kochten uns frühmorgens Tee.»

Eine ähnlich enge Freundschaft wie jene zwischen Raymond Lambert und Sherpa Tenzing Norgay sollte sich nicht wiederholen. Möglicherweise war diese auch dem Zufall geschuldet, da zwei Expeditionsteilnehmer ausfielen und Tenzing unverhofft vom Assistenten zur Schlüsselfigur an Lamberts Seite wurde. Besonders aufschlussreich ist Lamberts Schilderung seines inneren Zwiespalts beim gemeinsamen Aufstieg: «Encore une fois, ce curieux sentiment m'envahit: suis-je le client? Est-ce Tenzing le guide? Ou l'inverse. Je ne sais pas, mais l'impression est nouvelle.» Am 29. Mai 1953 erreichte Tenzing gemeinsam mit Edmund Hillary den Gipfel des Mount Everest – wer von beiden die letzten Meter vorausging, blieb ihr gemeinsames Geheimnis.

Aus heutiger Sicht erscheinen manche Tagebucheinträge der Schweizer Expeditionsteilnehmer bezüglich der Haltung gegenüber den Sherpas als überheblich oder gar rassistisch. Doch müssen sie auch als emotionale Reaktionen unter enormem Druck verstanden werden. Die oft schwierige sprachliche Verständigung bot zudem reichlich Nährboden für Missverständnisse. Wenn von Gunten sagt, die Sherpas müssten *«als Menschen noch viel lernen»*, oder Luchsinger sie mit Kindern vergleicht, die *«geistig noch nicht ganz auf der Höhe sind»*, spiegelt das nicht nur ein westlich geprägtes Weltbild, sondern auch die damalige kulturelle Distanz wider. Bedauerlich bleibt, dass die Perspektive der Sherpas in den Expeditionserzählungen kaum zur Geltung kommt. Vielleicht löste auch das Verhalten der Schweizer – ihr Ordnungssinn, ihre Ungeduld, ihr Hang zur Kontrolle –

Die Stimmung scheint gut zu sein bei dieser Begegnung auf dem Rückmarsch: Nepali und Schweizer (Leuthold, Luchsinger und Eggler, von links) am gleichen Tisch.

bei den Sherpas Unverständnis aus. In indigenen Kulturen gilt der westliche Mensch mit seiner Reizbarkeit und Unruhe nicht selten selbst als kindlich und unreif.

Mit zeitlichem Abstand jedoch tritt in vielen Quellen – insbesondere in Egglers Expeditionsbericht «Gipfel über den Wolken» – ein Grundton der Dankbarkeit und des Respekts hervor. Auch Karl Weber, Präsident der SSAF, betonte in seiner Rede nach der erfolgreichen Everest-Lhotse-Besteigung den Gemeinschaftscharakter der Unternehmung. In seinen Dank ausdrücklich eingeschlossen waren «unsere stets hilfsbereiten, freundlichen Sherpas, ohne deren Hilfe und Können jeglicher Erfolg in den Regionen der Achttausender versagt sein müsste».

4.7 «Aschi steigt heute ab, um Essen und Brennstoff für Lager IV zu organisieren»

Ein Schlüssel für den Erfolg: das richtige Material, Sauerstoff inbegriffen

Passende Ausrüstung und Verpflegung entscheiden auch über Erfolg und Misserfolg an den höchsten Gipfeln der Welt. Entsprechend sorgfältig erfolgten Planung, Bereitstellung, Transport und Einsatz von sieben Tonnen Material. Kleinere Pannen blieben nicht aus. Am Berg profitierte das Team aber auch von Sauerstoffflaschen, Brennstoff und Esswaren, die von früheren Expeditionen liegengelassen worden waren.

——— Von Daniel Anker

Leicht ist die Ausrüstung beim Abmarsch: «*Wer hätte einst gedacht, dass ich mit Shorts, leichten Anmarschschuhen, Strohhut, Regen/Sonnenschirm in die Berge ziehe?*» Das fragte sich Fritz Luchsinger am Sonntag, 4. März, in seinem Notizbuch. Leicht geht auch die Verpflegung von sich: «*Nach indischer Tradition wird der Tee im ‹Bett› resp. Zelt serviert. An early cup of tea!*» So Luchsingers Eintrag vom 6. März: «*Unsere Köche verstehen es immer wieder mit wenig Mitteln ein reichhaltiges und schmackhaftes Essen*

Luchsinger und Leuthold diskutieren über künstlichen Sauerstoff. Die gelben Flaschen waren ein Erfolgsfaktor der Expedition.

zu servieren. Spiegelei mit Bratkartoffeln, Tschapati mit Butter, Honig, Torte, Milchkaffee.»

Genau eine Woche später tauchten bei Luchsinger Zweifel auf, nicht wegen der Speisen, sondern wegen der Zelte und der Schlafsäcke: «*Wir haben gewisse Bedenken wegen unserer Ausrüstung. Die Temperatur ist während der Nacht auf +10 Grad C gesunken. Die meisten von uns haben in einfachen Schlafsäcken leicht gefroren, obwohl wir in den Anmarschzelten das Doppelfach montiert hatten. Auch unsere Pullover, die ziemlich gewichtig u. farbenfroh sind, geben nicht die Wärme, die wir gerne hätten. Die Wollsocken filzen sehr rasch.*» Auch Hansruedi von Gunten war nicht zufrieden, wie sein Tagebucheintrag vom 13. März zeigt: «*In der Nacht werden wir von einem Gewittersturm überrascht und bald flattern die Vordächer unserer Zelte im Wind. Die Häringe dieser Zelte sind ungenügend. Ihre Qualität ist ähnlich derjenigen der Schlafsäcke, ebenso ein Wicoprodukt. Denn wir frieren täglich und haben leichte Angstgefühle vor den Nächten oberhalb des Basislagers. Schade, dass eine solche Expedition nicht mit 1.-klassigem Material ausgerüstet werden kann!*» Und was notierte der Expeditionsleiter zu diesem Tag? «*Jedermann flucht über die zu kleinen und dünnen Schlafsäcke. Man ist allgemein der Meinung, bei 11 Grad sollte man im Zelt nicht frieren. Sind die guten Daunensocken, die wir auf der Jurka holten, überhaupt eingepackt?*»

Gut elf Seiten umfasst das mit «Haushaltung» überschriebene Kapitel zu Ausrüstung und Verpflegung in Albert Egglers Buch «Gipfel über den Wolken». Während vieler Monate beschäftigten sich verschiedene Arbeitsgruppen mit den Vorbereitungen, «bis endlich das grosse Expeditionsgepäck im Gesamtgewicht von 7 Tonnen versandbereit lag». Dazu kam noch das Material, das in Nepal selbst gekauft wurde, insbesondere die Verpflegung für die dreiwöchige Anmarschzeit.

Ohne Sauerstoff geht nichts

Wie entscheidend über Erfolg und Misserfolg an den höchsten Gipfeln der Welt (und natürlich bei allen engagierten, ernsthaften Bergtouren) passende Ausrüstung und Verpflegung sein kann (und muss), zeigt sich geradezu beispielhaft im vierten, im ETH-Archiv deponierten Expeditionsbericht von Jürg Marmet:

«Am folgenden Morgen, dem 21. Mai, stellen wir die Sauerstoffgeräte für die Sherpas zusammen. Leider sind einige Regler bereits defekt – wir konnten sie seinerzeit vor der Abreise in Zürich nicht mehr kontrollieren, da sie erst

Anproben der Sauerstoffmasken während des militärischen Sommergebirgskurses im Juni 1955 unter der Führung von Alpinoffizier Eggler; in seinem Fotobuch ist dieses Foto eingeklebt (oben). Auf dem verlassenen Lagerplatz der internationalen Lhotse-Expedition von 1955 unter Norman Dyhrenfurth wurden acht Dräger-Sauerstoffzylinder gefunden; ihr Inhalt diente als Schlafsauerstoff (unten).

im allerletzten Augenblick direkt von der Herstellerfirma in Paris nach Bombay verschifft werden mussten – sodass wir nur 6 vollständige Sätze zusammenstellen können. Gegen Mittag steigen wir auf gegen den Südcol in unser altes Lager VI südlich des Genfersporns. Die Lage des Zeltes hat sich der Hangwinde wegen nicht bewährt – es wurde laufend vom Schnee zugeweht – sodass wir es in den Südsattel selbst verlegen wollen. Es ist uns dabei vergönnt, den Sattel und die alten Zeltlager der Engländer und Schweizer als erste Sahib in diesem Jahr zu betreten. Eine halbe Stunde stehe ich mutterseelenallein mitten in der gewaltigen Einöde, ergriffen von Einmaligkeit – nur einmal in meinem Leben werde ich diesen Ort betreten haben – und von der Vorgeschichte dieses weltbekannten Fleckens Erde. Die noch stehenden Zeltstangen, des schützenden Zelttuches beraubt, die herumliegenden Gegenstände und die herumstreichenden Nebelfetzen malen ein Bild der Trostlosigkeit, Einsamkeit und Verlassenheit – auch bäumt sich vor uns die schlanke Pyramide des Everest auf, dessen Stufe noch nahezu 1000 m über uns steht.

Wie Pana-Sahib mit den Sherpas eintrifft, stellen wir in aller Ruhe die Zelte auf – es ist windstill – und wollen uns verkriechen. Doch, oh Schreck, wir müssen feststellen, dass die Sherpas allen Brennstoff im alten Lager VI haben liegen lassen, dass wir keinerlei Lebensmittel haben, und dass auch der Sack mit den Sherpa-Sauerstoffgeräten auf der Südseite des Sporns liegen geblieben ist. Dazu streiken auch noch die vier hier im Lager zurückgebliebenen Sherpas, wollen angu, cana und oxygen (Feuer, Essen, und Sauerstoff), ja sie drohen ernstlich, ins Basislager abzusteigen und uns unserem Schicksal zu überlassen. Ang Nullen entpuppt sich nebst seiner Eigenschaft als Faulenzer als Rädelsführer und so gelingt es uns nur noch, meinen Sherpa Pa Norbu dazu zu bringen, zusammen mit mir ins alte Lager VI zurückzusteigen und wenigstens die Sherpa-Sauerstoffausrüstung zu holen, um an die vom Höhenkoller befallenen Leute das beruhigende Gas verabreichen zu können. Meta liegt von den Engländern noch in Massen herum – auch ein Primus, noch mit Petrol gefüllt, brennt und die von ihnen zurückgelassenen Nahrungsmittel sind noch nach 3 Jahren in vollkommen einwandfreiem Zustand, sodass wir getrost einen Tag ohne unsern Nachschub verbringen können. Der Weg ins alte Lager VI und zurück war mühsam, denn wir gingen ohne Sauerstoff, mit einer schweren Last beladen. Alle 20 m mussten wir die Last ablegen und Luft schnappen. Im weichen Schnee sank man ein und jede dieser unrhythmischen Bewegungen kostete eine Flut von ungestümen Atemzügen. Während Ernst und Pana-Sahib die nötigen Mengen Flüssigkeit – etwa 6 l für uns drei – für die Abendverpflegung zubereiteten, untersuchte ich bis spät in die Nacht die herumliegenden engli-

Tonnen von Material hinaufschleppen (oben) und nach der Expedition wieder hinuntertragen (unten). Und in den Lagerplätzen schön bereitlegen (folgende Doppelseite).

schen Sauerstoff-Flaschen und versehe die noch brauchbaren mit den nötigen Zwischengewinden, um sie an unsere Apparate anschliessen zu können. Viel Sauerstoff ist es nicht, aber wir werden doch genügend aus den alten herumliegenden Flaschen entnehmen können, um zwei Nächte bei 1–2 l/m schlafen zu können.»

Passend in jedem Sinne musste alles sein, wobei Jürg Marmet, Ernst Schmied und die Sherpas zudem vom liegengelassenen Material der drei früheren Expeditionen profitieren konnten. Doch es gab schon damals Material, das nicht wieder verwendbar war, und seit 1956 sind noch ein paar Zeltstangen dazugekommen ... Nicht von ungefähr gilt der Südsattel als höchstgelegene Müllhalde der Welt, ganz im Sinne von ‹ever rest› – ewig bleibt!

Jürg Marmet, an der ETH diplomierter Chemieingenieur, war der Sauerstoffspezialist der Expedition. In seinem zweiten Bericht ging er näher auf den Sauerstoff ein, *«eine besonders wichtige Komponente zur Besteigung des höchsten Gipfel der Erde* [...]. *Bereits auf dem Anmarsch fielen die gelben Kisten, die in Einerkolonne über Pässe und Täler und Schluchten getragen wurden, immer wieder auf. Hier in der Höhe sind es die gelben Flaschen, die in jedem Lager von weitem entgegenleuchten. An die 180 Flaschen sind es, die von der Basis bis in die höchsten Lager transportiert werden müssen, wobei jeder Behälter 6 kg wiegt.»*

Die Flaschen tauchen in den Tagebüchern der Expeditionsteilnehmer immer wieder auf. So auch beim Leiter selbst. In seinem ersten Buch beginnt er den Eintrag vom 8. Mai so: *«Diehl steigt nach dem Frühstück mit 2 Sauerstoffflaschen allein zu Lager IV und zurück.»* Denjenigen vom 13. Mai beendet er so: *«Im Basislager sind noch 18 Flaschen O_2.»* Und in einem persönlich ganz wichtigen Eintrag, weil er darin seinen Verzicht auf eine Besteigung des Everest festhält, notierte Albert Eggler am Dienstag, den 22. Mai – es ist dies auch der letzte Eintrag im Tagebuch 1:

«Wir lassen noch Material beim alten Lagerplatz holen. Um 13.30 steigen Aschi + Jürg mit 4 Sherpas zum Südgrat auf und richten das Lager VII auf etwa 8400 m. Im Abstieg stürzen die Sherpas das Couloir hinunter ohne sich zu verletzen. Dann trifft Grimm im Südsattel mit 3 Sherpas, viel Gepäck und wenig Sauerstoff ein. Später kommen auch noch Hansruedi und Dölf ohne Sauerstoff vorab und mit 3 Sherpas weit hinten. Da im Südsattel nur 5 gute O_2-Flaschen aufzutreiben sind, verzichten Grimm und ich z. G. [zugunsten] *der Jüngeren auf die Besteigung des Everest. Gegen Abend holen wir bei der Seilwinde noch das halbe Zelt, Sauerstoff und anderes Material. Bei heftigem Sturm, ohne*

Sauerstoff, die Verschlüsse der Flaschen sind eingefroren, erreichen wir bei einbrechender Nacht das Lager im Südcol.»

Auch bei Hansruedi von Gunten ist immer wieder von den besonderen Flaschen die Rede. So am 3. Mai: «*Wir kommen sehr gut vorwärts und erreichen nach etwa 3 Stunden den Platz des Lagers VI der Engländer. Zum Glück hatte sich die gestrige Seilschaft getäuscht: Die Verhältnisse waren ausgezeichnet! Höher und höher steigen wir. Wir finden fixe Seile früherer Expeditionen und ein Dräger-Sauerstoffgerät; dieses muss von Dyhrenfurth stammen.*» Zwei Tage später gleich nochmals:

«Aschi steigt heute ab, um Essen und Brennstoff für Lager IV zu organisieren. Wir essen hier seit Tagen nur Raviolis. Ere und Fritz wollen das Couloir rechts des Genfersporns für den Einsatz der Seilbahn rekognoszieren, während Dölf und ich uns zum Ziel gesetzt haben, das Dyhrenfurthlager zu erreichen und nach Sauerstoffflaschen zu durchsuchen. Den Weg ausbessernd steigen wir höher und höher. Wir verwenden heute das erste Mal Sauerstoff und steigen sehr leicht. Bald erreichen wir den Platz von Lager V, queren ins Couloir hinaus, klimmen sehr steilen, aber guten Firn hinauf und erreichen das Dyhrenfurthsche ‹Lager›. Fetzen von Zelten hangen flatternd an zerbrochenen Zeltstangen. Daneben in wilder Unordnung Zigaretten, Schokolade, Limonadenpulver, Metakocher und einige Sauerstoffflaschen. Wir beginnen im Schnee zu wühlen und zu suchen und bald haben wir 8 zum Teil noch ganz volle Flaschen in unserem Besitz. Allerdings sind sie bedenkend schwerer als unsere wunderbaren Franzosenflaschen, aber als Schlafsauerstoff werden sie uns gute Dienste leisten!»

Mit einer Seilwinde geht's hoffentlich besser

Die ganze Organisation des Materialtransports beschäftigte die Teilnehmer auch in ihren Notizen. Beispielsweise Fritz Luchsinger im Lager III am 3. Mai in seinem zweiten Notizbuch: «*Bis in alle Nacht hinein diskutieren wir die Möglichkeiten des Seilbahneinsatzes. Tuchel ist grosser Befürworter geworden u. stimmt im Wesentlichen meinem Vorschlag, den ich vor 2 Tagen machte, zu (Montage im Couloir). Ere ist anfänglich nicht überzeugt, sieht aber ein, dass es sehr zweckmässig ist. Wir stehen mit unserem Mat. noch nicht sehr gut, der grösste Teil liegt immer noch in Lager II, wo auch die meisten Sherpas sind. Es muss einmal ruckmässig bessern, denn mit 4 Sherpas kann in der Lhotsewand kein Angriff ausgelöst werden. Ins Lager VI müssen rund 500 kg Mat.!*»

Für den Materialtransport im oberen Teil der Lhotsewand hatten sich die Schweizer etwas Besonderes ausgedacht, aber auch nichts Ungewöhnliches für Leute aus dem Land der Seilbahnen. Dies beweist der folgende Ausschnitt aus Nr. 642 des Schweizerischen Jugendschriftenwerks «Mt. Everest und Lhotse. Die Erlebnisse der schweizerischen Himalayaexpedition 1956»; das 32-seitige Heft erschien 1958 und in einer zweiten Auflage 1960. Verfasser ist Jörg Wyss – ihm dankte Albert Eggler besonders in der Einführung zu seinem Buch, da Wyss «unsere Notizen und mündlichen Berichte in den gehörigen Ablauf» zusammengewoben habe. Im SJW-Heft gibt es einen Absatz zur Seilbahn, wie die Expeditionsteilnehmer die Seilwinde meistens nannten: «Die Bergsteiger planten, oben beim Lager VI in der Lhotseflanke eine Seilwinde einzurichten, um den Nachschub auf einem Leichtmetallschlitten mit einem dünnen, mehrere hundert Meter langen Stahlkabel emporzuziehen. Mit diesem Seilzug hofften sie, wertvolle Kräfte zu sparen. Auf den Schlitten sollten etwa zwei Mannslasten, das heisst zirka fünfzig Kilogramm, transportiert werden können, und es zeigt sich später, dass dieses Seil gute Dienste leistete.»

Ganz so gute Dienste leistete die Seilwinde wenigstens zu Beginn nicht. So heisst es im Tagebuch von Ernst Reiss am 17. Mai, also am Tag vor seiner Erstbesteigung des Lhotse zusammen mit Fritz Luchsinger: *«5 Sherpas und 4 Sahibs starten gegen das Gelbe Band. Ich spure bis zu dem Materialdepot oberhalb diesem Felsgürtel, dann sind es der uneigennützige Dölf u. Hansruedi, welche die schwere Spurarbeit übernehmen. In den Schulterfelsen angelangt, beginnen Fritz und ich die Seilbahn zu montieren, derweil Dölf u. H.R. mit den Sherpas das kleine Lager VI vom Treibschnee freilegen. Dölf steigt nochmals auf die Schulter. Der erste Transport mit der improv. Seilbahn beginnt. Es lohnt sich aber kaum, denn die Antriebsstation steht zu hoch und benötigt daher Sauerstoffatmung.»*

Mit dem Transport alleine war es nicht gemacht. Das richtige Material musste am richtigen Ort zur richtigen Zeit zum Laden bereitliegen. Das war natürlich schon beim Anmarsch entscheidend gewesen. Hansruedi von Gunten am 3. März: «*Nach Mitternacht treffen unsere Freunde hier ein. Nach kurzer Nachtruhe müssen wir mit dem Bereitstellen und Sortieren des Materials beginnen. Dies ist eine grosse Arbeit. Reihe um Reihe von Gepäck steht zum Aufladen bereit. Gegen Abend treffen auch schon die Ochsenkarren ein; wir beginnen mit laden und spät abends werden wir damit fertig. Morgen werden wir Jaynagar verlassen.*» Auch am Berg war

Nicht alltägliches Bergmaterial. Die Seilwinde, die auf 7800 Metern montiert wird (oben). Der Baumstamm vor dem roten Zelt, der vorerst dort liegen bleibt, während Sherpa-Hochträger Last fürs nächste Lager geschultert haben (unten).

logistischer Einsatz gefragt. Nochmals von Gunten, am 16. April im Basislager: *«Dölf und ich sortieren den ganzen Tag Nahrungsmittel. Nun ist endlich Ordnung!»*

Die Verpflegung war von grösster Wichtigkeit

In «Gipfel über den Wolken» gibt Albert Eggler genaue Angaben zu Ernährung und Kleinmaterial und zu verschiedenen sogenannten Einheitspackungen. Die Khumbupackung Typus A setzte sich wie folgt zusammen, ohne hier detailliert auf Verpackung und Gewicht einzugehen: Darvida, Butter, Honig, Pulvermilch, Prontovo, Spinat- und Gemüsesuppe, Fünfkornflocken, Rosinen, Griesszucker, Hartkäse, Nescafé, Hagebuttentee, Milchschokolade, Bonbons, Basler Leckerli, Fruchtsalat, Limonia, Corned Beef, Grapefruitsaft, Papiertaschentücher, Toilettenpapier und Zündhölzer. Die Gipfelpackung Typus A enthielt teilweise die gleichen Nahrungsmittel wie Darvida, Hartkäse und Nescafé, aber auch andere (hoffentlich) bekömmliche Esswaren wie vorgekochte Haferschleimsuppe von Galactina, Nuxostengel, Ovosport, kandierte Früchte und Sardinen. Und dann gab es noch drei sogenannte Luxuspackungen, «die eingemachte Früchte, Tomatensaft, Büchsenschinken, Salzmandeln, Oliven, Rum, Kognak, Kaugummi und Rauchwaren enthielten». Diese wurden mitgenommen, um einen grossen Besteigungserfolg zu feiern. Eintrag von Luchsinger in seinem Tagebuch vom Sonntag, 27. Mai: *«Das Basislager hat sich verändert: Schnee u. Eis sind weggeschmolzen; nur noch Moräne. Friedlich gurgelt das Wasser. Ich führe die Hauptbuchhaltung nach. – Abends sitzen wir im Sahbhaus zusammen u. lüften eine der Luxus-Packungen.»*

Einen Teil einer Luxuspackung muss Wolfgang Diehl im Lager I gefunden haben. Er litt an einer Lungenentzündung, konnte beim Vorantrieb des Weges Richtung Khumbubecken nicht mitmachen und musste alleine das Lager hüten. Im 51. Jahresbericht des Akademischen Alpenclubs Bern von 1956 schildern seine Mitglieder Eggler, Diehl und von Gunten Aspekte der schweizerischen Everest-Expedition. Diehl erzählt aus den unteren Lagern und schreibt Anfang Mai: «Nun sind sie [die Sherpas] mit dem Zubereiten des Nachtessens beschäftigt. Thundu fragt mich, was er kochen soll. Ich habe wenig Lust zum Essen, diese Untätigkeit lässt den Hunger nicht aufkommen, und doch mag ich seinen Küchenmeisterstolz nicht verletzen. Beim Wühlen in den Vorräten stosse ich auf eine grosse Büchse Schinken. Ich weiss, es sind nicht viele solche da, und sie

Probieren: die wollenen Unterkleider für die kalten Tage am Berg (oben links), das feine Roland-Knäckebrot aus Murten (oben rechts). Die weit geschnittene Bekleidung hat sich bestens bewährt: Luchsinger (ganz links), Leuthold (ganz rechts) und Müller (sitzend) empfangen im Südsattel von Gunten und Reist (barhäuptig) nach deren Besteigung des Everest am 24. Mai.

sind für die Sahibs bestimmt. Aber gerne nehme ich das Sakrileg auf mich, ich gebe den Schinken Thundu, damit er ihn mit seinen Gefährten teile. Mehr gezwungen und der Form halber leiste ich ihnen, die sich mit Begeisterung über diesen Leckerbissen hermachen, bei ihrer Mahlzeit Gesellschaft.»

Marken spielten noch keine Rolle

Ganz allgemein kommen die Speisen in den uns vorliegenden Tagebüchern eher selten vor. Darvida wurde sicher gegessen, aber nie erwähnt, Ovomaltine tranken Reiss und von Gunten vor und nach ihren erfolgreichen Gipfelgängen. Überhaupt werden Produktenamen selten erwähnt – und noch weniger gezeigt. Ein everesthoher Unterschied zu heute, wo die Alpinistinnen und Alpinisten auf ihrer Bekleidung mehr Werbung zu machen scheinen als Skirennfahrerinnen und Formel-I-Piloten. Dabei hätte auf den auffällig roten Sturmanzügen das kleine Markenzeichen ‹Protektor› schon stehen dürfen: Produziert wurden diese von der Gustav Metzger AG, für die Ernst Reiss ab 1960 im Aussen- und Innendienst arbeitete. 1956 schien er sich aber noch nicht für die Marke zu interessieren. Anders sein Lhotse-Gefährte Fritz Luchsinger im ersten Notizbuch: «*Donnerstag 22. März. 5 cm Neuschnee; der Himmel ist grau u. düster. Ich wenig Mumm um aufzustehen, es ist der Moment um die Schreibschulden abzubauen. Zum ersten Mal erscheinen wir mit unseren farbigen Protektorblusen. Sie sitzen von Grösse. Ich habe Freude an der roten Farbe.*» Auch bei Eggler kam die Überbekleidung gut an: «*Es schneit. 75 Kulis wollen nach Hause zurück. Wir bleiben. Pasang besorgt mit Tensinbla verschiedene Lebensmitteleinkäufe. Wir geben die Protektoranzüge, deren Qualität uns erfreut, und verschiedene andere Artikel aus.*»

Zwei Monate später gibt es wieder Neuschnee, was hoch oben am Berg keine Ungewöhnlichkeit ist. Dort waren Angu, Cana und Oxygen (Feuer, Essen und Sauerstoff) weiterhin von grosser Wichtigkeit, wie Luchsingers Eintrag vom 24. Mai im zweiten Notizbuch zeigt:

«Eine windige Nacht liegt hinter uns, die Sherpas wollen nicht aus dem Zelt. Gegen Mittag ist es endlich so weit. Ere fühlt sich immer noch nicht stark, so bleibt mir nichts anderes übrig, als zu Lager VI allein zu spuren. Das Wetter verschlechtert sich, es beginnt zu schneien. Zu unserer grossen Freude sehen wir zwei Mann von S-Gipfel absteigen, es müssen Dölf u. H-Ruedi sein. – Pana-Sahib, Grimm, Marmet u. Aschi kommen vom S-Col-Lager heim; sie sind sichtlich an-

«Lager III besteht nun aus 4 Jamet-Zelten, 3 blauen und einem leuchtend roten», notierte Hansruedi von Gunten am 1. Mai in sein Tagebuch. Wie farbig die Expedition von 1956 war, sehen wir dank der vielen neu gefundenen Farbbilder erst 70 Jahre später.

geschlagen, hatten sie doch kein O_2 mehr, keinen Brennstoff u. nur noch wenig Lebensmittel.

Dölf u. H-Ruedi sind bereits im Zelt, wie wir ankommen; der Gipfel ist zweimal nacheinander gefallen!

Es sieht hier aus wie auf einem Schlachtfeld, altes u. neues Mat. liegt herum, als ob es nichts gekostet hätte. Die 6 Sahibs verbringen gemeinsam die Nacht in einem Zelt; wir alle sind glücklich, denn das Expeditionsziel ist mehr als erreicht. Allzugerne hätte ich den Everest auch noch bestiegen, doch niemand hat ‹Mumm› dazu, es herrscht bereits eine Heimreisestimmung.»

Das zurückgelassene Material beschäftigte Luchsinger auch anderntags: «*Anfänglich herrscht noch schönes Wetter, doch wie ich mit Fritz Müller vom S-Col-Pic nach Tibet schauen will, triften Nebel über den Col. Schweren Herzens verlasse ich diesen bekannten Ort, ich habe direkt Hemmungen, soviel Mat. zurücklassen zu müssen.*»

4.8 «Ein gewaltiger Eisblock muss beseitigt werden»

Durchsteigung und Begehbarmachung des Khumbu-Eisbruchs

Schweizer Alpinisten waren 1952 die ersten, die einen Weg durch das ganze wilde Nadelöhr des Khumbu-Gletschers ins Hochtal fanden, über dem Everest und Lhotse thronen. Heute machen diese Arbeit die ‹Icefall Doctors›, erfahrene Sherpas, die für die Vorbereitung und Aufrechterhaltung einer sicheren Route durch den Khumbu-Eisfall verantwortlich sind, der als die gefährlichste Passage bei der Besteigung des Everest und des Lhotse gilt. 1956 aber gingen noch die Sahibs voran.

——— Von Daniel Anker

«*Von unserem Lager aus gehen Reiss-Schmied dicht unter dem Nuptse vorbei in den Gletscherabbruch. Sie erreichen eine Höhe von ca. 5850 m mit ihren Sherpas.*» So beginnt der Eintrag vom 7. April 1956 im Tagebuch von Albert Eggler. Und so schliesst er: «*Es ist sehr erfreulich, dass der Eisbruch beim ersten Versuch durchstiegen werden kann. Die Route bedarf allerdings noch einige Verbesserungen.*» Eine etwas vorschnelle Einschätzung von Tuchel: Der schon damals berühmt-berüchtigte Khumbu-Eisbruch, das Tor von Süden zum Dach der Welt, konnte natürlich weder beim ersten Versuch noch am ersten Tag durchstiegen werden. Aber ein hoffnungsvoller Auftakt war der Seilschaft Reiss und Schmied schon gelungen.

Fritz Luchsinger balanciert im Khumbu-Eisbruch unangeseilt auf einer Holzleiter über eine tiefe Spalte.

Von Aschi Schmied ist leider kein Tagebuch erhalten geblieben. Von Ernst Reiss gibt es dafür zwei: eine als Notizbuch gebrauchte Agenda sowie sein später geschriebenes, offizielles Tagebuch der Expedition. In die Agenda notierte Reiss, der den Eisbruch von der schweizerischen Herbst-Expedition 1952 her kannte, am 7. April: «*Heute haben wir die Rekognoszierung eines besseren Basislagers u. einer guten Anmarschroute zum Eisbruch vorgesehen. Tuchel u. Dölf gehen via Khumbutse, Aschi u. ich direkt nach dem Eisbruch. Wir kommen mit unseren beiden Sherpas so gut voran, dass wir bald auf der Route von Dyhrenf. sind u. durch die die wilden Brüche 14.00 Lager I erreichen, 17.00 wieder im Bas. sind.*» Im Tagebuch schilderte Reiss den Beginn der Begehung des Eisbruchs ausführlicher:

«*7. April. Morgens 8 Uhr erscheint die Sonne im Eisgassenlager. Während Tuchel mit Dölf nochmals meinen Weg nach dem Khumbutse via Eisbrücke geht, suchen Aschi u. ich den direkten Weg der Nuptseschulter entlang in den Eisbruch. Wir kommen mit unseren beiden Sherpas so rasch vorwärts, dass wir schon um 10 Uhr auf die Jelmolifähnli von Dyhrenfurth stossen. In ca. 5500 Meter Höhe bemerken wir auch einen kleinen Lagerplatz, was uns verständlicher macht, warum diese Exped. von der ‹Basis› aus so rasch in den Eisbruch kam. Weiter oben verlieren sich alle Markierungsfahnen, denn der Bruch wird über viele Seillängen zu einem gigantischen, gefährlichen Eiszirkus. Vermittels Schulterstände, Eishaken u. Überspringen von Spalten gelangen wir 14.00 an den alten Lagerplatz II. In dieser Firnmulde sehen wir noch das alte Trassee der Dyhrenf. Exped. nach oben an die hohen Eisbarrieren führen. Im Abstieg bessern wir die Route aus u. gelangen 17.00 müde in das Eisgassenlager zurück.*»

Markierungsstangen von Jelmoli

Hier drängt sich ein Einschub auf – nur eine kurze Verzögerung beim schwierigen Gang durch den Eisbruch. Aber Zwischenhalte, Umwege, gar Rückzüge sind dort ja an der Tagesordnung. Der US-amerikanisch-schweizerische Alpinist und Kameramann Norman Günter Dyhrenfurth (1918–2017) nahm im Herbst 1952 an der Everest-Expedition der Schweizer teil und kehrte im Herbst 1955 als Leiter einer internationalen Expedition an seinen Südfuss zurück, welche die Erstbesteigung des Lhotse zum Ziel hatte. Mit in der Equipe waren zwei Schweizer, der Bergführer und Dachdecker Arthur Spöhel (schon dabei bei der zweiten Expedition 1952) und Bruno Spirig als Expeditionsarzt. Ob sie die Markierungsstangen mit den Flaggen des grossen Zürcher Warenhauses Jelmoli mitnahmen, ist nicht

Der Gletscherbruch vom Basislager aus gesehen; Schweizer Alpinisten fanden 1952 dort erstmals ein Durchkommen (oben). Nur verändert sich die Route fast täglich; der hinterste Sherpa trägt Markierungsfähnchen (unten).

bekannt. Auf jeden Fall gibt es ein Foto mit einem Teilnehmer, der einen mit Jelmolifähnli ausgesteckten Slalom befährt, am Fuss der Lhotsewand auf 6500 Metern. Trotz widriger Verhältnisse erreichte der Österreicher Ernst Senn noch den Einstieg des Lhotsecouloirs, doch dann setzten die Winterstürme mit voller Wucht ein. «Traurig über den alpinistischen Misserfolg, aber dankbar, keine menschlichen Opfer beklagen zu müssen, steigt die Expedition ein letztes Mal den Khumbu-Eisbruch hinab, der, vom Sturm verwüstet, wie zerbombt aussieht», bilanziert Andreas Nickel in «Himalaya – Norman Dyhrenfurth. Expeditionen und Filme 1952–1971» (AS Verlag, 2007).

Damit sind wir wieder drin im Eisbruch, der sich insgesamt über 600 Höhenmeter erstreckt, vom Basislager bis hinauf ins Western Cwm, auch Tal des Schweigens genannt. Ernst Schmied blickte am 12. April erstmals in dieses Westbecken – in nur fünf Tagen hatten die Schweizer also das heikelste Wegstück auf der Südroute zum Everest erkundet, aber noch lange nicht ausgebaut, um all das Material sicher hochbringen zu können. Ernst Reiss hat entscheidende Arbeiten der Bewältigung des Eisbruchs im Tagebuch notiert – es war die insgesamt fünfte Durchsteigung nach den beiden Schweizer Expeditionen 1952, der siegreichen britischen Everest-Expedition 1953 und der internationalen Lhotse-Expedition 1955:

«*10. Dölf u. ich steigen durch den Eisbruch hoch u. ziehen Sherpas mit Lasten u. Leitern nach. Etwas spät kommen wir mit unseren Trägern zu dem breiten Spalt über dem ersten Lager. Mit 5 Meter von dieser ausgezeichneten Leiter überbrücken wir die Kluft u. steigen in das nächste verschneite Trümmerfeld. Unter gefährlichen Eistürmen kommen wir bis zu unüberwindbaren Sperrriegeln von 20 Meter Höhe. Wir versuchen es an verschiedenen Orten. Die Sherpas folgen uns aber nicht mehr u. der Höhenhusten plagt mich stark. 15.00 nehmen wir den Abstieg zu Lager I u. Basis.*

11. April. E. Schmied u. Tuchel lösen uns ab u. steigen bis auf den hohen Eissperrriegel. Umsonst! Dahinter gibt es kein Weiterkommen. Der blanke Eisbruch besteht aus hohen Kämmen u. breiten eingestürzten Schleusen. E. Schmied bleibt im Lager I, der Leiter kehrt zurück.

12. Hartnäckig versucht E. Schmied nochmals einen Vorstoss mehr nach links an die Everest-Schulter. Er findet mit Leitern u. Seilgeländern einen Weg in dieser Richtung u. sieht erstmals auf den Boden des Hochkars. Es ist eine etwas gefährliche Route, aber wir werden alles daran setzen sie zu verbessern.»

Ein gefährliches weisses Labyrinth, durch das all das Material inklusive Schneeschaufel getragen werden muss (nebenan und folgende Doppelseite).

Ungemütliche Arbeit

Verbesserungen bestanden auch darin, einsturzbereite Eistürme zu sprengen. Diese nicht ungefährliche Arbeit war im Januar 1956 gelernt worden. Alpinoffizier Eggler leitete damals im Gebiet Montana–Rawilpass einen Wiederholungskurs der Lawinenkompagnie, zu dem auch die Expeditionsteilnehmer aufgeboten wurden. Für einige Tage waren Instruktoren der Schiessschule Walenstadt dabei, um die Technik von Lawinen- und Eissprengungen zu lehren. «Lawinengefährliche Hänge, die durch künstliche Lawinenauslösung gesäubert werden mussten, begegneten uns am Mount Everest nicht», lesen wir in «Gipfel über den Wolken» von Albert Eggler, «doch spielte das Sprengen von Eistürmen bei der Wegbereitung durch den Abbruch des Khumbugletschers eine beträchtliche Rolle. Man lernte auch, wie sich in geneigten Firn- und Eishängen durch Sprengungen Plattformen für Zeltplätze schaffen lassen.» Im Eisbruch selbst war bei den Zeltplätzen mit anderen Schwierigkeiten zu rechnen. So notierte Fritz Luchsinger am 25. April in sein zweites Notizbuch: *«Mit Lakpa verlege ich mein Zelt, es ist langsam ungemütlich geworden, denn es haben sich unter dem Zelt Spalten gebildet.»*

Eine ausführliche Schilderung des Eisbruchs liegt im dritten Expeditionsbericht von Jürg Marmet vor:

«Unser Basislager befindet sich unmittelbar unter dem riesigen Eisfall des Khumbugletschers, auf einer Mittelmoräne, etwa eine Viertelstunde höher als die Basislager der Engländer 1953 und der Schweizer 1952. Westlich gleitet der Blick über steile Eisflanken zum wunderschön geformten Gipfel des Pumori. Nördlich des Lagers stürzen gewaltige Eislawinen vom Lho La herunter und östlich türmt sich das Gewirr der Seraks an die 700 Meter hoch empor, durch die wir unsern Weg in das Cwm bahnen mussten. Das Lager I liegt mitten im Abbruch in einer kleinen, von unten nicht sichtbaren Mulde, zwischen riesigen Spalten und Seraks versteckt. Der Weg führt von der Basis erst nur leicht ansteigend über Moränen, an hohen Eisnadeln und gefrorenen kleinen Gletscherseelein und Wasserläufen vorbei an den Fuss des Eiswalls. Steil und steiler führt er über Eisblöcke und Spalten, die oft so breit sind, dass sie mit langen Rundhölzern überbrückt werden müssen, in die Höhe. Drohende Seraks sprengen wir nach Möglichkeit. Oft stürzen sie aber auch nachts von selbst in sich zusammen. Es ist ein gefährlicher Weg in die Höhe, denn der Eisstrom ist unaufhörlich in Bewegung und fliesst ständig talwärts. Mit lautem Krachen öffnen sich Spalten, werden breit und breiter. Die talwärts liegende Lippe sinkt ab und vom oberen

Rand brechen nach und nach grosse Stücke heraus und verschwinden im Rachen der Spalte. Die Reste, die oben zurückbleiben, ragen drohend in den Himmel und ein Pickelhieb kann genügen, dass sie von ihrem schwachen Fundament herabstürzen und in tausend Stücke zerbrechen. Wehe dem, der ihnen im Wege steht!

Kurz vor dem Lager I führte der Pfad vor einem Monat über eine grosse, flache und nahezu spaltenlose Eis- und Schneekuppe. Wer heute diesen Weg geht, kennt sich nicht mehr aus. Die scheinbar so unberührte Fläche ist in sich zusammengestürzt und bildet einen einzigen Trümmerhaufen. Drei Meter unter dem einstigen Sahibzelt ist die Eismasse einige Meter abgerutscht und zwingt den Bergsteiger, in einem grossen Bogen die heimtückische Stelle zu umgehen. Ebenso interessant und unterhaltsam ist der Weg von Lager I ins Lager II, das unmittelbar über dem Abbruch auf der vordersten Kante des Cwm gut geschützt in einer Gletschermulde liegt. Nicht weniger als 5 leichte Metallleitern wurden zur Begehbarmachung des Pfades verwendet und helfen uns,

Nachts öffnete sich unter dem Zelt eine Gletscherspalte (links). Und die Leiter stand anderntags vielleicht nicht mehr; immerhin ist sie per Seil gesichert (rechts).

riesige Spalten zu überbrücken. In die grösste dieser Spalten führt eine Leiter sogar ein Stück weit hinunter und steil hilft ein Seilgeländer auf der andern Seite wieder in die Höhe.

Die Sprengarbeiten gestalten sich oft anstrengend und gefährlich. Unterhalb des Lagers II musste ein Eisturm von 500 Kubikmeter gesprengt werden, der die Route gefährdete. Massig stand er auf schwachen Stützen und ständig krachte und brütete es in seinem Innern. Es brauchte ein ordentliches Stück Mut, sich diesem Koloss zu nähern und eine Sprengladung anzubringen. Der erste Schuss schlug den grössten Teil der Unterlage weg. Doch der Turm stand unbeweglich. Nur das unheimliche Knistern und Krachen verdoppelte sich. Die zweite auf der Seite angebrachte Ladung riss wiederum eine grosse Bresche in den Stützpfeiler des Turmes, ohne ihn aber zum Wanken bringen zu können. Vorsichtig, unter sorgfältiger Bewachung des Turmes durch die Kameraden, stieg Fritz Luchsinger dicht zwischen die unterhöhlten Stützpfeiler. Wäre der Turm in diesem Augenblick ins Wanken gekommen, hätte es kein Zurück mehr gegeben. Die kleine, aber wirkungsvolle Ladung sass. Majestätisch und ruhig sank der Turm in sich zusammen und öffnete dem Betrachter die Sicht auf die gegenüberliegende Talseite und auf den eisflankenbewehrten Pumori.»

Ziemlich nüchtern liest sich der Eintrag von Fritz Luchsinger in seinem zweiten Notizbuch:

«Dienstag, 24. April

Über Nacht hat es 10 cm Neuschnee gegeben, die Spur ist windverschneit. Langsam steigen wir auf; das Spuren ist streng, die Sonne drückt. Das Bergsteigen entspricht genau dem aus dem 17. u. 18.; dort wo Spalten sind, werden Leitern oder Holzträmmel hingelegt. Ohne diese Hilfsmittel wäre der Eisbruch gar nicht begehbar. – Ein gewaltiger Eisblock muss beseitigt werden, damit die Route, resp. die Träger nicht beschädigt werden können. 3 Ladungen sind nötig, bis die rund 500 m³ am Boden liegen (1 kg, 400 g, 1 kg). – Die vielen Gänge beim Sprengen bringen mich aus dem Rhythmus. Der Weiterweg bis Lager II ist mühsam, ich bin so richtig auf der Nase. Der Abstieg geht gut; Grimm kommt mit mir; er ist krank. Es ist 17.30, wie wir Lager I erreichen. Eine fein zubereitete Mahlzeit hilft uns beiden wieder auf die Beine. So hat mir schon lange kein Nachtessen geschmeckt (Einlaufsuppe, Ravioli, Bohnen, Mirabellen, Tee). Ja, hier oben fühlt man, dass man auf der Expedition ist: Kochen, Einsamkeit, Ruhe, auf sich selbst angewiesen sein, die Mondlandschaft, das ist das Schöne. Ich begreife immer mehr, dass man mit einer Expedition nicht ‹genug› hat.»

Ernst Reiss bewegt sich im Khumbu-Eisbruch unangeseilt auf einer Aluleiter über eine tiefe Spalte.

Zum Glück kein Unfall

Aber vom Khumbu-Eisbruch hatten Egglers Leute dann doch genug. Nochmals ein Eintrag von Luchsinger aus seinem zweiten Notizbuch, und zwar vom 26. Mai: «*Tuchel hat gewünscht, dass ich mit Grimm in die Basis absteige. Gegen Mittag können wir endlich starten. Hans hat Mühe, er gibt der Wärme Schuld. Aber auch im Eisbruch kommt er nicht vorwärts: er ist richtig ausgepumpt. Ich habe den Eindruck, dass das Khumbu für ihn zu streng gewesen ist. – Der Eisbruch hat sich stark verändert, er ist z. T. sehr schwierig geworden. Es ist gut, dass es nun Schluss ist, sonst müssten grössere Wegverbesserungen gemacht werden.*»

Zwei Tage später schrieb Hansruedi von Gunten seinerseits ins Tagebuch: «*Wir haben alles Material von Lager III aufladen können und erreichen am frühen Nachmittag das Basislager. Wir sind alle froh, dem in der Zwischenzeit schwierig gewordenen Gletscherabbruch entronnen zu sein. Hoffentlich werden auch die 14 Sherpas, die morgen noch das Lager I zu räumen haben, mit heiler Haut davonkommen!*»

4.9 «Es befremdet, dass der Leiter sich in die zweite Gruppe setzte»

Nebengeräusche 2: Fragen zur Hierarchie – und viel Arbeit in der Lhotseflanke

Nach dem Eisbruch war die tausend Meter hohe Lhotseflanke das zweite grosse Hindernis vor den eigentlichen Gipfelbesteigungen. Ihre Durchsteigung war schwierig, auch weil Vorboten des Monsuns Neuschnee und Spurarbeit mit sich brachten. Einmal überwunden, musste das Team die Seilschaften festlegen. Ein erster Plan Egglers stiess auf Ablehnung. Luchsinger setzte sich mit einer anderen Strategie durch. Dank seinen Notizen und Dokumenten in der Expeditionspost wissen wir um die Spannungen, die entstanden waren.

——— Von Hans Rudolf Keusen

Die Lhotseflanke ist nach dem Eisbruch das zweite grosse Hindernis auf dem Weg zum Südcol. Die über 1000 Meter hohe und steile Eisflanke wird durch das Gelbe Band unterbrochen, ein markantes gelbliches und verfaltetes Felsband. Im linken, nördlichen Teil durchzieht zudem eine Felsrippe die Wand, der Genfersporn, der sich vom Südcol über die Flanke bis ins Gletscherbecken des Western Cwm hinunterzieht. Oben endet der Sporn auf der Genferschulter, etwa 140 Höhenmeter über dem Südsattel.

René Dittert schildert in «Berge der Welt» (Band 8, 1953) die lange Suche der Vormonsun-Expedition 1952 nach dem geeigneten Aufstieg

Im Gelben Band der Lhotseflanke. Ab Lager V kommen Sauerstoffgeräte zum Einsatz.

zum Südcol: Insgesamt zehn Tage arbeiten die Bergsteiger in dieser Flanke zwischen 7000 und 8000 Metern Höhe. Am 26. Mai 1952 schaffen René Aubert, Léon Flory und Raymond Lambert zusammen mit vier Sherpas als Erste den Durchstieg – Mallory hatte 1922 bei seinem Blick vom Lho La die Flanke noch als nicht durchsteigbar eingeschätzt.

Das Besondere des Südcols ist, dass er mit 7880 Metern etwa 140 Höhenmeter tiefer liegt als die 8020 Meter hohe Genferschulter. Aufsteigende Bergsteiger müssen also zuerst die höhere Schulter überschreiten und dann zum Sattel absteigen. Bei einem Rückzug vom Pass muss umgekehrt zuerst wieder die Genferschulter überstiegen werden. Als John Hunt erstmals 1953 auf der Genferschulter stand und zum Südcol hinunterblickte, erkannte er, dass dieser zu einer Falle werden könnte.

«Ein Gefühl der Einsamkeit und des Zweifels»

Der dritte Bericht von Jürg Marmet, den er aus seinem Tagebuch zusammenfasste, schildert in schöner Sprache die Überwindung der Lhotseflanke und die Ankunft auf dem *«öden Feld des Südsattels»* und das aufkommende Gefühl der *«Einsamkeit und des Zweifels»*. Mit keinem Wort erwähnt Marmet hingegen die Meinungsverschiedenheiten in der Mannschaft bezüglich der Strategie und Seilschaftsbildung für die Besteigungen: *«Während der Zeit der Vorbereitung der Lhotseflanke und der Belagerung des Mt. Everest & des Lhotse dient uns das Lager III als eigentliche Basis, denn von hier aus erfolgt der taktische Aufbau. Leider haben wir öfters Schwierigkeiten mit den Sherpas. Viele von ihnen sind oberhalb der Lager III und IV der Höhe wegen nicht mehr einsatzfähig und liegen krank im Zelt. Dabei ist es der Sprache wegen ausserordentlich schwierig festzustellen, ob sie tatsächlich höhenkrank sind, oder ob sie simulieren. Die Auswahl unserer Sherpas war, wie es sich nun nachträglich herausstellte, nicht allzu gut getroffen worden. Im Weitern lag unser Sirdar lange Zeit krank im Basislager und war unfähig, uns auch nur die geringste Hilfe zu leisten.»*

Marmet lässt sich nochmals über die Sherpas aus, bevor er über die Route und den Sauerstoff schreibt: *«Sein Verhalten zwang uns später, ihn zu entlassen, da er danach trachtete die Gründe seiner chronischen Krankheit auf uns abzuschieben und unter den Sherpas Unruhe zu stiften. Dadurch wurde natürlich der ganzen Expedition die Aufgabe sehr erschwert und es ist wohl der guten Zusammenarbeit der Sahibs zu verdanken, dass die gefährliche Krise überwunden werden konnte. Heute haben wir einen neuen Sirdar Dawa Ten-*

Die mächtige Lhotseflanke hinten im Western Cwm. Links vom spaltenreichen Lhotsegletscher das leicht gekrümmte Gelbe Band. Von seinem Fuss zieht der Genfersporn auf eine weisse Schulter empor, von der es links zum Südsattel hinabgeht.

sing, der sich nun in die neue ihm gestellte Aufgabe einarbeitet. Vom Lager IV, das sich unmittelbar unter dem Steilaufschwung der Lhotseflanke befindet, führt der Pfad erst sehr steil bergwärts. Ein Seilgeländer ermöglicht uns ein schnelleres Vorwärtsklimmen; die Stufen werden jeden Nachmittag durch die absteigenden Trägerkolonnen mehr und mehr ausgetreten und es entstehen sehr oft für den Aufsteigenden zu hohe Tritte, die er nur mit zusätzlicher Hilfe der Armkraft überwinden kann, will er nicht eine neue Spur anlegen. Nach einer halben Stunde steilem Aufstieg weicht der Pfad den ersten langen Spalten aus und es beginnt ein überraschendes und kurzweiliges Von-Stufe-zu-Stufe-Steigen, bis nach einem langen Quergang nach links unter das grosse Lhotse-Couloir die 3 Zelte des Lagers V sichtbar werden. Das Lager steht auf einem kleinen Absatz unterhalb einer hohen Eisstufe auf 7500 m Höhe. Zu Hause in den Alpen wäre der Aufstieg nicht halb so anstrengend. Doch hier ist die Akklimatisationsgrenze überschritten und wenn man nicht mit Sauerstoff steigen will, zwingt die dünne Luft zu sehr langsamem Ansteigen und häufigem Anhalten. Im Augenblick ist man sich dabei des Raubbaus am Körper nicht bewusst. Am folgenden Tag aber überfällt einen eine bleierne Müdigkeit, der man ohne Sauerstoff nicht mehr Herr wird, und die zum Absteigen in tiefere Lagen zwingt. So steigen wir fast ausnahmslos alle ab Lager IV mit Sauerstoff auf. Dabei ist es überraschend festzustellen, dass ein blosser Zusatz von 1–2 l Sauerstoff zur normalen Atmungsluft nicht genügt, um die Atmung zu normalisieren. Durch das Gewicht der Sauerstoff-Flasche wird der Rucksack schwerer, die Aufstiegsarbeit damit also grösser, sodass für diese Arbeit auch entsprechend mehr Sauerstoff aufgewendet werden muss. So müssen wir entgegen unserer unzulänglichen Annahme bereits von Anfang an über 2 l/min für den Aufstieg verwenden.»

Und weiter: *«Im Lager V fühlen wir uns bereits wie Fliegen, die an einer Fensterscheibe kleben. Vor uns zu Füssen liegt das enge Tal des Cwm, dessen Eismassen sich zwischen den steilen Felsflanken des Everest und des Nuptse talwärts zwängen. Über dem tief eingeschnittenen Talausgang blicken wir auf den Pumori und es ist tatsächlich ein etwas eigenartiges Gefühl, nun über die Gipfel hinauszublicken, die uns vom Basislager aus als so hoch und unbezwingbar erschienen waren. In der Sonne hinter dem Pumori erscheinen hoch und majestätisch die Gipfel des Cho Oyu und des Gyachungkang und erinnern daran, dass wir noch sehr hoch aufsteigen müssen, wenn wir den höchsten Gipfel der Welt erreichen wollen.*

Im Aufstieg vom Lager V zum Südsattel queren wir das grosse Couloir, das sich südlich des Genfersporns vom Lhotse herunterzieht zu einem auffälligen ‹gelben› Band. Auch hier sichert ein Seilgeländer den Quergang, denn

Blick vom Lager V zum Pumori (7161 m) und dem Gyachung Kang (7952 m); der Pumori, manchmal auch ‹Tochter des Everest› genannt, scheint schon ziemlich weit unten.

obwohl die Flanke nicht allzu steil ist, schaudert es doch etwas, wenn man in das tief unten liegende Cwm hinunterblickt. Auch Ila Tensing dürfte für das rettende Seil froh gewesen sein, als er mit einer 25 kg Last ausglitt und in die Tiefe zu rutschen drohte. Die Querung des gelben Bandes gestaltete sich nicht so leicht, wie es von unten aussah. Das flache Band entpuppte sich nämlich als eine 5 m hohe kompakte Felsstufe. Ein einziger schräg aufwärts führender und mit Schnee gefüllter Riss vermittelt uns nun den Zugang in den oberen Teil des Couloirs, das scheinbar endlos hinauf an den oberen Teil des Genfersporns führt und den aufsteigenden Sahibs und Sherpas manchen Schweisstropfen, vor allem bei der beinahe täglich notwendigen Spurarbeit, entlockt. Und erst wenn wir oben auf dem Genfersporn, auf beinahe 8000 m stehen, erblicken wir endlich das öde Feld des Südsattels. Geheimnisvoll streichen die Nebel über die kalten Eismassen und erwecken ein Gefühl der Einsamkeit und des Zweifels an unserm Unternehmen. Und wenn die steile und hohe Pyramide des Everest durch den Nebel sichtbar wird, von riesigen Schnee- und Windfahnen beschattet, fährt ein kaltes Schaudern durch den Körper und gerne verkriechen wir uns in die Wärme der Zelte und Schlafsäcke.» Seinen Bericht – abgestützt auf das Tagebuch – schrieb Marmet vermutlich zurück im Basislager nach der erfolgreichen Zweitbesteigung des Everest. Die Mühen in der Lhotseflanke waren da bereits in den Hintergrund gerückt.

«Fritz und ich krallen uns [...] durch die abschüssige Lhotsegurgel empor»

Die Schwierigkeiten in der Flanke, besonders als sich die ersten Vorboten des Monsuns bemerkbar machen, lassen sich hingegen aus den Tagebucheinträgen von Luchsinger, Reiss, von Gunten, Reist und Eggler erahnen. So schreibt etwa Reist am 23. April ins Tagebuch, aus dem er in seinen Memoiren «Zu den höchsten Gipfeln der Welt» zitiert: *«Hansruedi ist undisponiert und bleibt deshalb im Lager zurück. Mit den beiden Sherpas Gyaltsen und Pasang Temba steige ich wiederum gegen Lager IV auf, um die Route im obersten Abbruch besser anzulegen und auszuflaggen. Das Wetter verschlechtert sich bald, das Licht wird weiss und undurchsichtig. Meine beiden Sherpas gehen schlecht. Während ich eine mächtige Schneebrücke sondiere, bricht diese zusammen und ich hänge bis zu den Armen im Abgrund. Das Seil strafft sich nicht, und als ich mich nach den Sherpas umschaue, hangen diese müde und zweifach über ihren Pickeln und haben vom ganzen Vorgang nichts bemerkt. Lange suche ich nach einer günstigeren Route. Die Sherpas sind derart müde, dass ich ihnen den Rucksack abnehme. Wie wild zerre ich vorne am Seil, und so gelangen wir doch noch auf die erste Terrasse oberhalb des grossen Bergschrundes am Fusse der hohen Lhotseflanke auf 7010 m. Nebel und leichter Schneefall! Wir steigen ab ins Lager III, wo unterdessen Sahib Grimm eingetroffen ist. Er hat einen Höhenast. Um 15 Uhr steigen wir wieder ab. Leichter Schneefall setzt ein.»*

Die Anstrengungen der Tage vom 2. bis zum 9. Mai werden in den Schilderungen von Luchsinger und Reiss deutlich; so schreibt Luchsinger am 2. Mai ins Notizbuch: *«Als Spitzengruppe muss etwas geleistet werden. Etwas spät steigen wir in die Lhotsewand ein; sie ist bedeutend steiler, als wir sie uns vorgestellt haben. Laufend müssen Seilgeländer eingerichtet werden. Hart ist die Arbeit über 7000 m; wir nehmen noch keinen Sauerstoff. Nach 4 Std. haben wir das steilste Teilstück hinter uns; wir sind aber erst auf knapp 7300 m; doch der Einstieg in die Wand ist sichergestellt! Etwas reduziert kommen wir*

Von Gunten klettert ohne Handschuhe durch das Gelbe Band, während am Everest ein Höhensturm den Schnee wegbläst.

ins Lager zurück.» Am 4. Mai notiert er weiter: *«Tuchel hat seine Ansicht geändert: er will in erster Linie Kontakt mit der Basis aufnehmen u. versuchen die ‹Herren› im Lager II zu sehen. Sie sind undisponiert, so dass das Rendez-vous ins Lager I verlegt wird. Grimm muss ihn begleiten. Ere hat auf einmal wieder Bedenken wegen der Seilbahn, weil er glaubt, die Montage nehme zu viel Zeit weg. Er ist in der Entscheidungsfassung sehr labil. Nachm. treffen die Sherpas mit Dawa Tensing ein, die Seilbahn ist da! Sie wird umgeladen u. ins Lager IV transportiert. Langsam steige ich mit Ere ins Lager IV auf. In 1½ Std. ist unser Ziel erreicht, eine gute Leistung!»*

Reiss schreibt seinerseits am 5. Mai ins Tagebuch: *«Heute ist ab Lager IV einer der grössten Aufstiegstage. H.R. u. Dölf rücken mit 6 Sherpas bis zum zerstörten Dyhrenfurth-Lager vor. 7650. Fritz und ich krallen uns mit den Steigeisen durch die abschüssige Lhotsegurgel empor. Wir kommen nahe an den Genfersporn, dann auf und über das Gelbe Band bis in eine Höhe von fast 7700 Meter. Zusammen haben wir nur eine Sauerstoffflasche bei uns. Es ist herrliche Sonne und wir klettern und fotografieren auf dem Gelben Band. Dann queren wir zu dem 55er Lager zu Dölf u. H.R. und gelangen dann in flottem Abstieg nach Lager IV.»*

Seltene windstille, sonnige Prachtstage entschädigen für die harte Arbeit. Die Aussicht auf das Tal des Schweigens und den bereits tiefer liegenden Pumori ist überwältigend, wie Luchsinger am 5. Mai in den Notizen festhält: *«Es wird wieder einmal spät für den Abmarsch. Sonderbar im Himalaya; vor 8 Uhr, d.h. bevor die Sonne kommt, sieht man niemanden vor den Zelten. 10.30 steige ich mit Ere hoch; es gilt das Couloir u. Lhotsewand zu rekognoszieren. Es ist leider so, aber für unsere Seilbahn eignet es sich nicht. Mitten im Couloir steigen wir auf; es ist stotzig, ohne Stufen zu schlagen geht's aufwärts, vorderhand verzichten wir auch auf O_2. Die Dusche mitten im Couloir um Mittagszeit nimmt die ‹schweren› Beine u. gemütlich steigen wir weiter. Wir traversieren das Couloir u. steigen auf das gelbe Band. Ja, auf dem gelben Band sind bis jetzt noch keine Bergsteiger gewesen. Trotz unseren Rentierstiefeln klettern wir sehr gut u. suchen Steine für Geologen. Es ist fast windstill, wir sind auf ca. 7700 m, der Pumori liegt weit unter uns. Es ist ein Prachtstag, tief unten liegt das ‹Chumli›. Wir traversieren nochmals das Couloir u. stossen auf das Lager ‹Dyhrenfurth›, wo wir mit Dölf u. Hansruedi zusammentreffen. Es ist bereits 4 Uhr. Die Sonne wirft bereits ihre Schatten. Es ist ein Nachm., wie man ihn nur wünschen kann. Der Abstieg zu Lager IV ist ein Traum. Stotzig gehts hinunter, die Abendsonne setzt das ‹Chumli› in eine märchenhafte Stimmung. Es ist der schönste Tag, den ich im Himalaya erlebte.»*

Der zehnseitige Brief von Eggler an Othmar Gurtner, Präsident der SSAF. Ab Mitte der zweiten bis oben an die dritte Seite lesen wir: *«Gerade von Dir mein lieber Othmar, der Du seit vielen Jahren mit der Presse in engstem Kontakt stehst, muss ich erwarten, dass Du objektiv urteilst und nicht auf den Schein hereinfällst. Nachdem ich Dich kürzlich in einem Schreiben über die Nachrichtenverhältnisse orientiert habe, muss ich jeden weiteren Vorwurf, den Du gegen meine Vertragstreue erhebst, als oberflächlich, wenn nicht gar wider besseres Wissen erhoben bezeichnen.»*

(2)

Basislager, 10.5.56

Mein lieber Othmar,

Heute hat uns der Postläufer reich beschenkt; er brachte Briefe, die am 19. III. 56 an die Adresse der Stiftung aufgegeben worden waren. Father Watling schreibt dazu, dass ein Paket von Zürich bis Patna mehr als einen Monat unterwegs war, drei andere Sendungen hätten ihn innert 8 Tagen erreicht. Bei der Post war auch Dein Schreiben vom 16.4.55 sowie das Logbuch "Operation Appendix" und Deine Aktennotiz vom 13.3.56/22.3.56.

Gerade diese Aktennotiz veranlasst mich erneut, gegen Deine Unterschiebungen energisch zu protestieren. Mit Pressevertretern bin ich in Delhi und Kathmandu zusammen

2.

gekommen. Seither habe ich keinen Pressevertreter gesehen und habe ich Nachrichten an andere Stellen als die SSAF und im Zusammenhang mit der Blinddarmentzündung Luchsingers an das Foreign Ministry in Kathmandu, mit Weiterleitung an die SSAF gerichtet. Dabei bleibe ich. Gerade von Dir mein lieber Othmar, der Du seit vielen Jahren mit der Presse in engstem Kontakt stehst, musste ich erwarten, dass Du objektiv urteilst und nicht auf den Schein hereinfällst. Nachdem ich Dich kürzlich in einem Schreiben über die Nachrichtenverhältnisse orientiert habe, muss ich jeden weiteren Vorwurf, den Du gegen mein Vorgehen erhebst, als oberflächlich

3.

wenn nicht gar wider besseres Wissen erhoben bezeichnen. — Da es mir nicht gleichgültig sein kann, wie ich vor dem Stiftungsrat dargestellt werde, muss ich den Widerruf der gegen mich erhobenen Anschuldigungen verlangen.

Was nun Dein Schreiben vom 16.4. betrifft, so kann ich Dir folgendes mitteilen:

Den Hilferuf wegen Luchsinger konnte ich nur über den Regierungsfunk in Namche-Bazar an das Foreign Ministry in Kathmandu mit der Bitte um Weiterleitung an die SSAF richten. Ein Meldeläufer nach Jaynagar oder Kathmandu hätte 7–8 Tage gebraucht, was die Hilfe illusorisch gemacht hätte. Dass die Regierungsstelle in Kathmandu die Presse orientierten war nicht

4.

meine Sache.

Das Radiogramm vom 14.4. via Calcutta habe ich nicht erhalten.

Die Meldeachse Watling existiert nicht mehr, da die Postläufer ihren Dienst der bereits angeschwollenen Flüsse und der Hitze in der Gangesebene wegen verweigern. Die letzte Post wurde deshalb über Father Moran Kathmandu aufgegeben. In Okhaldunga besteht wie in Namche-Bazar eine Regierungsfunkstation (keine Drahtverbindung), die aber seit 2 Jahren ausser Betrieb ist.

Vom Chef der Funkstation Namche Bazar erhielt ich am 30.4.56 ein Schreiben, das u. a. enthielt:
"I have been directed by my Govt. to inform you that in future all

5.

wireless messages handed over to us by your party for transmission should either be written by you or your Liaison Officer and should contain matters concerning the expedition only. Such messages should invariably be addressed to Foreign Secretary or his department."

Daraus und aus meiner bisherigen Erfahrung folgt, dass Radiogramme <u>nicht direkt</u> an [illegible] Niesen gerichtet werden können. Da auch der Inhalt der Telegramme beschränkt ist (auf Expeditionsangelegenheiten) wird die Annahme chiffrierter Meldungen mit der Begründung, dass ihr Inhalt nicht

6

kontrolliert werden könne, verweigert werden.

Trotzdem ich Dir nun keinen Vorschlag nicht [illegible] [illegible], kann ich versuchen Telegramme in dem von Dir gewünschten Sinne aufzugeben. Falls dann die Presse wieder von der SSAF orientiert ist, lehne ich die Verantwortung aber jetzt schon ab. Es wird nämlich so herauskommen, dass das codifizierte Radiogramm liegen bleibt und der Klartext vom Foreign Secretary der Presse zur Verfügung gestellt wird, bevor er nach Zürich übermittelt ist.

Ich sehe leider auch keine Möglichkeit, die SSAF rasch zu orientieren. Benütze ich die Funkstation

7

Namche Bazar, so wird die Presse vom Foreign Secretary orientiert. Benütze ich den Funk nicht und schicke einen Läufer nach Kathmandu, so wird dieser kaum Namche Bazar passieren können, ohne dem kranken Sirdar Pasang oder dem Chef der Funkstation berichtet zu haben. Dann aber wird die Presse in kürzester Zeit orientiert sein.

Ich komme deshalb nach Prüfung der schier ausweglosen Angelegenheit und nach Rücksprache mit dem Verbindungsof. zu folgender Lösung. Es muss eine simultane Publikation

8

der Expeditionsergebnisse in Kathmandu und in Zürich angestrebt werden. Die Regierung in Kathmandu, durch deren Vermittlung die Radiogramme gehen, und die ein Interesse an der Publikation allen Geschehens in Nepal hat, lässt sich vielleicht dazu bewegen, mit der Stiftung die gleichzeitige Publikation unserer Ergebnisse zu vereinbaren. Ich habe deshalb ein Telegramm in diesem Sinn an den Foreign Secretary gerichtet. Vielleicht kannst Du von Zürich aus Unterstützung gewähren.

Fallls die Regierung mein Ansuchen ablehnt, weiss ich

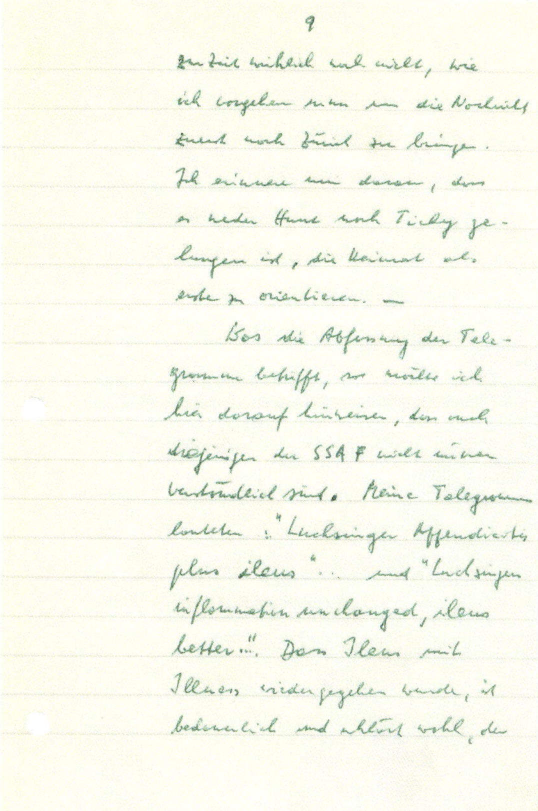

9

zur Zeit wirklich und nicht, wie
ich vorgeben muss, um die Nachricht
zuerst nach Zürich zu bringen.
Ich erinnere mich daran, dass
es weder Hans noch Tilly ge-
lungen ist, die Heimat als
erste zu orientieren. —

Was die Abfassung der Tele-
gramme betrifft, so möchte ich
hier darauf hinweisen, dass auch
diejenigen der SSAF nicht immer
verständlich sind. Meine Telegramme
lauteten: "Luchsinger Appendicitis
plus ileus".. und "Luchsinger
inflammation unchanged, ileus
better...". Dass Ileus mit
Illness wiedergegeben wurde, ist
bedauerlich und erklärt wohl, den

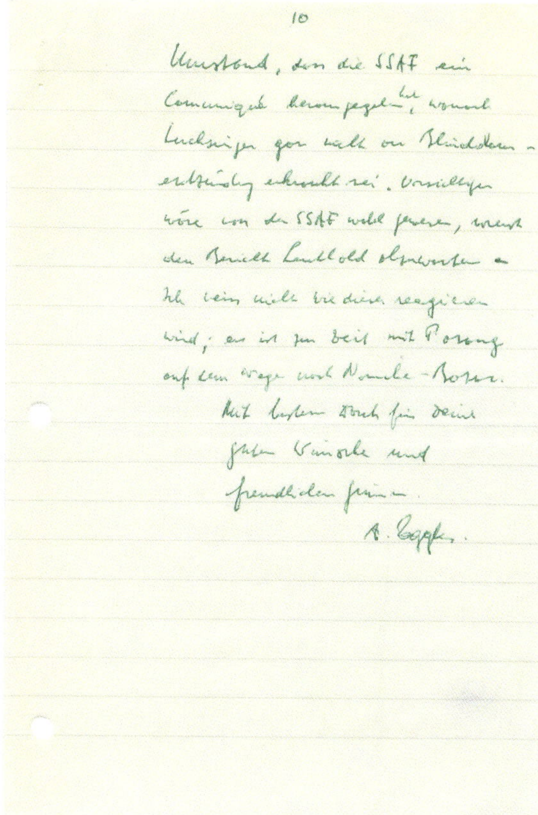

10

Umstand, dass die SSAF ein
Communiqué herausgegeben hat, wonach
Luchsinger gar nicht an Blinddarm-
entzündung erkrankt sei. Vorsichtiger
wäre von der SSAF wohl gewesen, wenn
den Bericht Lochbold abgewartet –
Ich weiss nicht wie diese reagieren
wird; er ist zur Zeit mit Porong
auf dem Wege nach Namche-Bazar.
Mit besten Dank für deine
guten Wünsche und
freundlichen Grüssen.
A. Eggler.

Nach dem herrlichen 5. Mai kommen wieder Nebel und Schnee und drücken auf die Stimmung. Es muss aber weitergearbeitet werden. Luchsinger ist die treibende Kraft; am 8. Mai schreibt er ins Notizbuch: «*Aschi hätte gestern ins Lager V gehen sollen, er ist aber nur bis zu Lager IV gekommen. Ere ist schlecht gelaunt, od. besser gesagt deprimiert. Er will nicht aufsteigen, sondern geht ins III zurück. Es bleibt mir nichts anderes übrig, als mit Aschi zusammenzuspannen. Er ist mir nicht sehr sympathisch, denn er ist ein ausgesprochener Alleingänger. Mit* O_2 *steigen wir gut auf, das Lager ist in guter Ordnung. Ich verbringe eine gute Nacht.*»

Und dann, am 9. Mai: «*Ich hätte heute die Seilbahn montieren wollen, Aschi will aber Lager VI einrichten. So muss ich wohl nachgeben, obwohl es gar keine Zeit gibt, ein Lager einzurichten, zu besetzen und anderntags warten, bis die Seilbahn da ist. Die Sherpas werden zum ersten Mal mit* O_2 *ausgerüstet, jeder trägt ca. 25 kg, auch wir Sahibs tragen ca. 20 kg. Sicheren Schrittes überqueren wir das Couloir u. das Gelbe Band. Der Hang gegen den S-Col ist*

steiler, als ich mir vorgestellt habe. Stufe um Stufe muss geschlagen werden. 4½ Std. dauert der Anstieg. Mit dem schönen Wetter ists vorbei: Nebel, Schnee u. Wind. Kaum haben die Sherpas die Lasten abgegeben, steigen sie zu Tal; mir ist es dabei nicht ganz wohl, denn der Abstieg ins Lager V bei schlechtem Wetter ist nicht ganz einfach. Für uns gilt es ein Lager aufzustellen. Obwohl unsere Stelle stark vereist ist, will Aschi keinen anderen Lagerplatz. Er leidet auch etwas an der Höhe, fragt mich mehrmals die gleichen Sachen, verursacht Unordnung und schimpft über Sachen, die er selbst vernachlässigt hat. Ein prächtiger Sonnenuntergang auf 8000 m. Wir verziehen uns ins Zelt u. kochen. Flüssigkeit benötigt der Körper. Bis in alle Nacht hinein rauschen Butagas u. Meta-Kocher.»

Gleichentags schreibt Reiss ins Tagebuch: «*Heute mache ich mit Grimm den 1000 Meter hohen Aufstieg nach Lager V. Bis zum Camp IV geht es ordentlich. Über diesem Lager aber bleiben die Sherpas stets auf der Strecke liegen. Ich sehe mich genötigt, den Sherpas Last abzunehmen, aber das nützt nicht viel, denn wir kommen am Abend ohne Schlafsäcke in Lager V an. Das wird für uns eine kalte, Biwak-ähnliche Nacht in 7650 Meter.*»

Ein Fixseil sichert die Traverse durch das Gelbe Band (links). Das Lager IV auf 7000 Metern war schon am 27. April errichtet worden, doch wegen des Monsuneinbruchs ab dem 10. Mai musste ins Lager III abgestiegen werden.

Die Post trifft ein: Ärger für den Leiter

Post war angekündigt. Die Kommunikation zwischen der Stiftung und der Expedition war nach wie vor schwierig: Briefe benötigten Wochen, bis sie an den Empfänger gelangten, und Telegramme wurden je nach Inhalt zensuriert, nicht vollumfänglich und mit Fehlern weitergegeben. Sie landeten auch bei Pressevertretern. Damit entstanden leicht Missverständnisse und Verstimmungen, wie bereits im Kapitel Nebengeräusche 1 gesehen.

Die meisten Teilnehmer, seit Monaten von Zuhause weg, freuten sich über die Post und sahen sich vom langen Warten erlöst. Die Ankündigung des Postläufers veranlasste sie selbst zum Schreiben von Briefen in die Heimat; so schrieb von Gunten am 10. Mai ins Tagebuch: «*Wieder ist ein Postläufer fällig und so verbringe ich den Tag mit dem Schreiben von Briefen. Ob dieser Postläufer uns endlich Post für uns bringen wird? Schon seit über einem Monat sind die meisten von uns nun ohne Nachrichten von den Angehörigen und uns scheint, dass irgendetwas nicht klappen könne. Doch siehe da! Die 4 Sherpas, die Pasang begleiteten, kehren zurück und bringen auch den Postläufer mit sich! 73 (dreiundsiebzig!) Briefe bringt er uns, darunter allein 10 für mich. Nun herrscht beste Stimmung für den Gipfelangriff. – Funk: Aschi und Fritz haben im Schneesturm vom Lager VI absteigen müssen.*» Und Luchsinger, am 12. Mai im Notizbuch: «*Letzte Nacht hat es nur wenig geschneit, die Sonne scheint. Die Wetterlage scheint nicht so schlecht zu sein. Die Sherpas tragen Lasten von II zu III. Heute ist grosser Posteingang. Die Briefe sind z. T. von Ende März datiert, alles spricht von meiner Erkrankung. Sogar der Chef HEMO wünscht mir gute Besserung. Es ist erstaunlich, wie viele die Expedition verfolgen. – Mittags setzt Schneefall ein, es scheint, dass der Monsun doch schon da ist. Wir alle machen uns Gedanken.*»

Während die anderen sich freuten, ärgerte sich Eggler einmal mehr über ungerechtfertigte Vorwürfe des Präsidenten der Stiftung: Die Post kam just in dem Moment, wo wegen erster Monsunvorboten und der sich abzeichnenden Zeitknappheit in der Mannschaft zunehmend Sorgen über das Gelingen der Expedition aufkamen. Am 10. Mai schrieb Eggler aufgebracht ins Tagebuch: «*Der Mailrunner bringt uns eine Menge Post, die mehr als einen Monat von Zürich bis Patna brauchte. Bei der Post ist auch eine Aktennotiz Gurtners über Okhaldunga, die mir vorwirft, ich hätte die AFP direkt orientiert. Es ist empörend, wie Gurtner und Feuz mir Vertragsverletzungen am laufenden Band unterschieben. Wenn sie sich die Mühe nähmen, einen gezielten Tatbestand zu unterschieben, so würden viele Missverständnisse unterbleiben. Aber das scheint nicht in der Absicht dieser beiden Herren zu sein.*

Gurtner macht in seinem Schreiben vom 16. April bindende Vorschriften für die Nachrichten-Übermittlung, die ohnehin nicht funktionieren können, weil

Alle Radiogramme, die über den Polizeifunk in Namche aufgegeben an das Foreign Secretary aufgegeben werden mit der Bitte um Weiterleitung und

Alle Radiogramme sich nur mit Expeditionsangelegenheiten befassen dürfen.»

Und weiter: «*Die chiffrierten Telegramme werden also vermutlich nicht befördert, weil ihr Inhalt vom Foreign Secretary nicht kontrolliert werden kann. Die Klartextradiogramme hingegen werden wohl wie bisher zuerst der einheimischen Presse gezeigt, bevor sie weitergeleitet werden. Dann wird die SSAF wieder in die Luft gehen. Ich mache Gurtner in einem Schreiben darauf aufmerksam. Da er seine Instruktionen jedoch für bindend erklärt, halte ich mich daraus und gebe ein Code-Radiogramm an Niesen mit einem Klartext-Radiogramm an Dunagiri auf. Gurtner kann mich nötigenfalls durch All India Radio auf Hinfälligkeit seiner Instruktionen aufmerksam machen.*»

Eggler macht sich zunehmend Sorgen um das Wetter; immer noch am 10. Mai schreibt er: «*In der Lhotseflanke müssen Schmied und Luchsinger aus Lager VI absteigen. Eine Rekognoszierung des Weiterweges war offensichtlich nicht möglich. Auch die anderen Seilschaften gehen ins Lager III zurück. In der Lhotseflanke sollen 30 cm Neuschnee liegen.*» Die Zeit drängt, und am 12. Mai hält der Leiter fest: «*Der Frühmorgen ist sonnig, allerdings verkünden hohe Cirren nichts Gutes. Der Wind hat nach Osten gedreht. Es wird schwül und gegen Mittag ist alles eingedeckt. Hansruedi ist um 10 Uhr mit 7 Sherpas zu Lager I aufgestiegen, um Schlafsack, Esswaren und Sauerstoff nach II zu bringen. Sie wollen am Abend ins Basislager zurückkommen. Er bringt auch die Post mit. Im Lager II trifft er Marmet mit 4 kranken Sherpas und Diehl, der Material und Post nach Lager III bringen will. Gegen Mittag fertige ich den Postläufer Paldin jun. nach Katmandu ab. Er wird von Namche aus zu seinem Vater gehen, da er allein den Weg der hohen Wasser wegen nicht mehr machen will. Kosten pro Tag für 2 Mann 8 Rs.*» Auch am 13. Mai schneit es weiter, wie Reiss dem Tagebuch anvertraut: «*Es schneit unaufhörlich, einzig die viele Post aus der Heimat, welche gestern Abend eingetroffen ist, freut uns mächtig.*»

Der Monsun schickt seine ersten Vorboten und bringt fast täglich Neuschnee. Eggler steigt am 8. Mai zusammen mit Reist und von Gunten ins Basislager ab; hier organisiert er den Abtransport des kranken Pasang nach Namche Bazar. Edi Leuthold muss sich einmal mehr um einen Kranken kümmern und kommt nicht zum Bergsteigen. Von Gunten erzählt am 8. Mai über die Ereignisse: «*Tuchel, Dölf und ich steigen heute ins Basislager ab; wir wollen uns hier für den Gipfelangriff auf den Everest vorbereiten und erholen. Unterwegs haben wir in allen Lagern Ordnung zu schaffen und die Zelte neu aufzustellen. Es ist jetzt so heiss, dass die Heringe täglich vollständig ausschmelzen und neu gestellt werden müssen, eine Arbeit, die leider die Sherpas nur sehr ungern ausführen!»* Und am 9. Mai: *«Heute wird Pasang abtransportiert. Wieder weinende Sherpas! Die mit viel Arbeitsaufwand erstellte Tragbahre erweist sich als ungenügend, so dass wir einen Rucksack aufschneiden und Pasang so transportiert wird. Pasang hat es durchsetzen können, dass 8 Sherpas ihn begleiten, 4 sollen, darunter Dama Tensing, bis Namche mitgehen, während 4 ihn nur bis Lobuje begleiten werden und morgen das Basislager erreichen sollen.»* Dann fügt er an: *«Per Funk erhalten wir die Meldung, dass Schmied und Luchsinger heute Lager VI etwas südlicher des Südsattels erstellt haben und oben übernachten werden. Ob sie morgen den Lhotse angehen werden? Wir sind voller Spannung, denn ein Erfolg am Lhotse würde uns für den Everest noch mehr Auftrieb geben! Basislager: Edi, Pasang und viele Sherpas. Die Sherpas umstehen weinend das Zelt Pasangs. Wie uns Edi mitteilt, geht es Pasang wirklich sehr schlecht, so dass er ihn unbedingt bis Namche begleiten muss. Der arme Edi hat bis jetzt mit unserer Expedition wirklich nur Unangenehmes gehabt: Erst Luchsinger, dann Diehl und nun Pasang. Zudem möchte er selbst gerne als Alpinist teilnehmen!»*

Spannungen um die Seilschaftsbildung

Im Basislager erstellt ‹Pana-sahib› Eggler am 11. Mai seine *«Richtlinien für den Vorstoss auf den Everest»* und schickt diese ins Lager III, die als Hochbasis diente, hinauf, wo sie am 14. Mai eintreffen. Hier ist man darüber nicht glücklich; Egglers Ideen zur Seilschaftsbildung kommen nicht gut an, und es entstehen angeregte Diskussionen. Während der Leiter noch im Basislager weilt, wird Luchsinger im Lager III zunehmend ungeduldig, und er macht in Egglers Abwesenheit einen Gegenvorschlag, der Anklang findet. Luchsinger (Notizen), 14. Mai: *«Der FK-Verkehr von 08.00 bringt uns in Missstimmung. Pana-Sahib fragt, ob jemand von uns absteigen wolle. Auf der einen Seite sollte Grimm die Lhotseflanke öffnen u. ich die Seilbahn nach Lager VI einrichten. Ich bin der Ansicht, dass nun vorwärts gemacht werden soll u. keine Zeit im Basislager versäumt wird. Der vorgesehene Angriffsplan sieht vor: 1. Dölf – Hansruedi, 2. Tuchel – Ere, 3. Aschi – ich, 4. Marmet – Grimm. Damit sind wir gar nicht einverstanden, denn es befremdet, dass ausgerechnet der Leiter sich in die 2. Gr. setzte. Ich stelle deshalb folgenden Antrag:*

Egglers im Basislager entworfenen «Richtlinien für den Vorstoss auf den Everest» vom 11. Mai – wo blieb da der so angestrebte Lhotse? Seine Leute waren damit nicht einverstanden.

Richtlinien für den Vorstoss auf den Everest

1. Vorbereitungen

Bevor wir gegen den Gipfel vorstossen können, müssen die Lager V & VI weiter ausgebaut werden. Jedes dieser Lager hat mindestens 8 Plätze (2 Jametzelte) mit den dazugehörigen Schlafsäcken, Luftmatratzen und Airexmatten, sowie 1 Kochstelle mit 2 Butagasflammen und 20 Flaschen Sauerstoff aufzuweisen.

Das noch fehlende Material ist gemäss besonderer Liste aus den unteren Lagern zusammenzuziehen und als vordringend in die Höhe zu schaffen. Leiter dieser Aktion: W. Diehl. Zum Zwecke der raschen Materialtransporte ins Lager VI ist die Seilwinde zu montieren und in Betrieb zu setzen: Leiter Fr. Luchsinger.

2. Art des Vorstosses

Der Vorstoss wird wellenförmig erfolgen. Während vier aufeinanderfolgenden Tagen hat je eine Gruppe den Vorstoss zu tragen.

Die erste Gruppe, unterstützt durch Träger, stösst am Tage X vom Lager VI über den Südsattel auf den Everestsüdgrat vor, errichtet dort ein Lager und versucht am folgenden Tag (X+1) auf den Gipfel zu gelangen, mit Abstieg bis ins Lager VI.

Die zweite Gruppe wird am Tage X+1 vom Lager VI zu Lager VII aufsteigen und am Tage X+2 die Gipfelbesteigung versuchen, ebenfalls mit Abstieg ins Lager VI.

Die dritte und vierte Gruppe folgen mit je 1 Tag Abstand und unterstützen sich gegenseitig.

3. Material

Auf ihrem Vorstoss von Lager VI zu Lager VII haben mitzuführen:

	1.Gruppe 2 Mann		2.Gruppe 4 Mann		3.Gruppe 2 Mann		4.Gruppe 4 Mann	
	Zahl	kg	Zahl	kg	Zahl	kg	Zahl	kg
Jametzelt	1	11						
Doppelschlafsäcke	2	8	2	8				
Luftmatratzen	2	3	2	3				
Airexmatten	2	2	2	2				
Law. Schaufel	1	1/2						
Kochtöpfe Besteck	1	1/2	1	1/2				
Butagasstiefel mit Brenner	1	1 1/2	2	3	1	1 1/2	2	3
Meta		1/2		1/2		1/2		1/2
Angriffspackungen	1	3	2	6	1	3	2	6
Sauerstoff-Flaschen	5	30	6	36	4	24	6	36
		60		59		29		45 1/2
= Lasten zu 15 kg		4		4		2		3

4. Personelles

Gestützt auf die bisherige Zusammenarbeit werden folgende Gruppen gebildet:

1. Gruppe: Reist und von Gunten
2. " Reiss und Eggler + 2 Sherpas
3. " Schmied & Luchsinger
4. " Grimm, Marmet, Diehl + 1 Sherpa

5. Zeitpunkt

Die Vorbereitungen sind derart zu frödern, dass die erste Gruppe das Hauptlager III am 16.5. verlassen kann. Das Definitive Datum wird indessen erst festgesetzt, sobald es die Verhältnisse erlauben.

Basis, 11.5.56.

Der Expeditionsleiter

A. Eggler

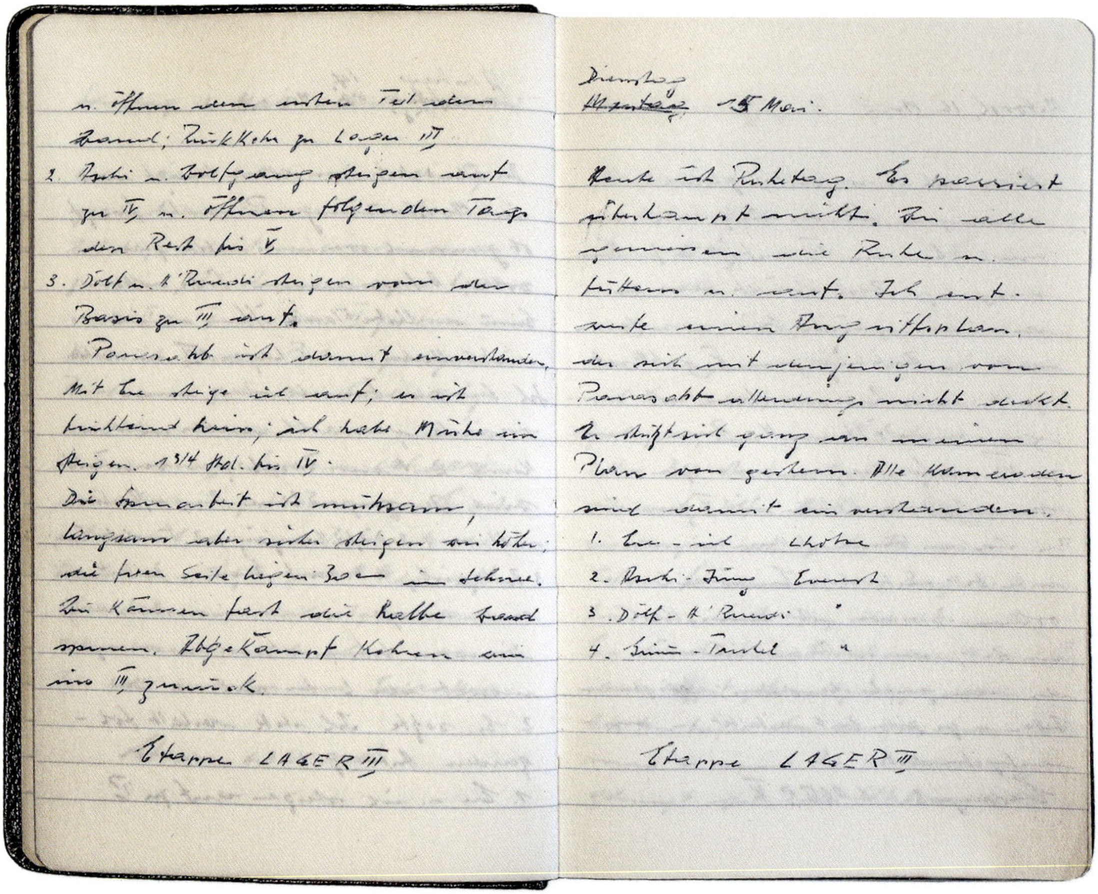

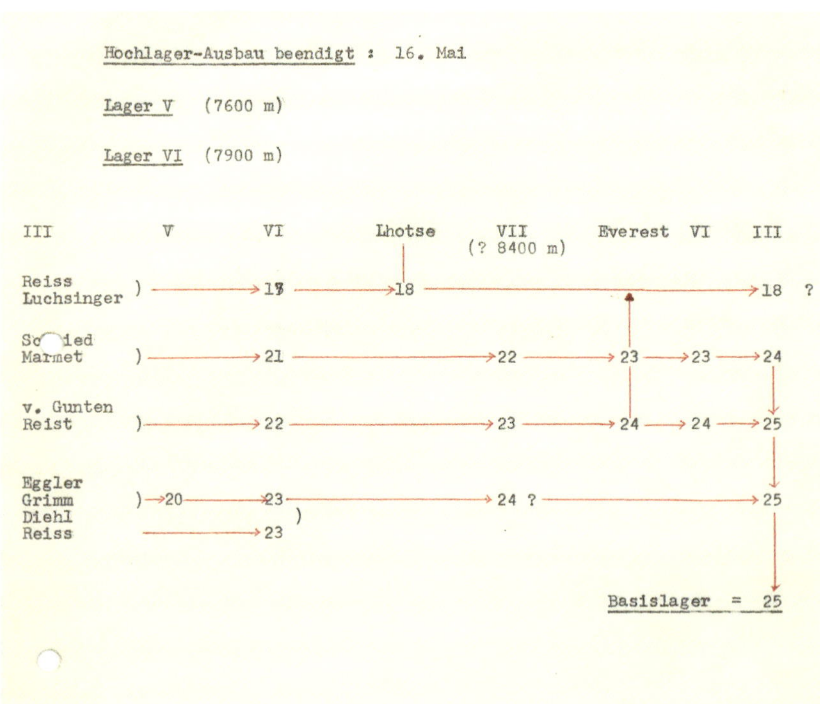

Hochlager-Ausbau beendigt : 16. Mai

Lager V (7600 m)

Lager VI (7900 m)

	III	V	VI	Lhotse	VII (? 8400 m)	Everest	VI	III
Reiss Luchsinger	) →		17 →	18 →				18 ?
Schmied Marmet	) →		21 →		22 →	23 →	23 →	24
v. Gunten Reist	) →		22 →		23 →	24 →	24 →	25
Eggler Grimm	) →	20 →	23 →		24 ? →			25
Diehl Reiss	→		23)					

Basislager = 25

Der modifizierte Gipfelplan von Eggler; am 24. Mai standen aber andere Teilnehmer auf dem Südsattel (Lager VI) als die zwei notierten, nämlich Luchsinger, Leuthold und Müller (oben). Luchsingers Gipfelplan aus dem Notizbuch vom 15. Mai, inklusive Besteigung des Lhotse. Genau so wurden die beiden Gipfel dann auch bestiegen; nur die dritte Besteigung des Everest fand nicht mehr statt (unten).

Ere u. ich steigen auf zu IV u. öffnen den ersten Teil der Wand, Rückkehr zu Lager III.

Aschi u. Wolfgang steigen auf zu IV u. öffnen folgenden Tags den Rest bis V.

Dölf u. H'Ruedi steigen von der Basis zu III auf.

Pana-Sahib ist damit einverstanden. Mit Ere steige ich auf; es ist brütend heiss, ich habe Mühe im Steigen. 1¾ Std. bis IV. Die Spurarbeit ist mühsam. Langsam aber sicher steigen wir höher, die fixen Seile liegen 30 cm im Schnee. Wir können fast die halbe Wand spuren. Abgekämpft kehren wir ins III zurück.»

Am darauffolgenden Ruhetag, dem 15. Mai, entwirft Luchsinger seinen eigenen Angriffsplan, mit dem alle im Lager III anwesenden Kameraden einverstanden sind. Er schreibt in seinen Notizen kurz und bündig: *«Heute ist Ruhetag, es passiert überhaupt nichts. Wir alle geniessen die Ruhe u. füttern u. auf. Ich entwerfe meinen Angriffsplan, der sich mit demjenigen von Pana-Sahib allerdings nicht deckt. Er stützt sich ganz auf meinen Plan von gestern. Alle Kameraden sind damit einverstanden.*

Ere – ich	*Lhotse*
Aschi – Jürg	*Everest*
Dölf – H'Ruedi	*Everest*
Grimm – Tuchel	*Everest»*

Egglers Plan für die Seilschaftsbildung wird also korrigiert, und Luchsinger setzt sich mit seinem Vorschlag durch. Alles ist bereit, wie auch Reiss schon am 14. Mai festgehalten hatte: *«Das sollte ein Tag der Entscheidung werden. Am Morgen wollten noch einige von uns absteigen. Jetzt klart es auf. Die Schneewolken zerreissen. Fritz und ich steigen bei erdrückender Sonnenstrahlung in 1 Std. und 22 Min. nach dem Lager an der Lhotsewand. Im pappigen Schnee öffnen wir die total verschneite Route bis in eine Höhe von etwa 7300 m. Der weiche Schnee haftet in Riesenklumpen zwischen den Steigeisenzacken. Müde kehren wir nachts nach dem Lager III zurück, wo die aus der Basis Eingetroffenen, Dölf u. H.R. angelangt sind. Heute Abend haben wir wichtigste Dispositionen zu treffen, obwohl Tuchel noch immer in der Basis weilt. Wir haben wohl einen schriftlichen Angriffsplan erhalten, aber wir drängen nach oben. Wer weiss, wann heuer der Monsun einsetzt!»* Am gleichen Tag schreibt Reist ins Tagebuch: *«Um 11 Uhr brechen Hansruedi und ich mit Pasang Temba, Gyaltsen und Da Norbu auf, erreichen Lager I und Lager II und gehen noch weiter nach Lager III, das wir nach fünfeinhalb Stunden erreichen. Lange wird an diesem Abend noch diskutiert, alle sind guten Willens.»*

Im Tagebuch Reiss ist am 15. Mai zu lesen, dass *«endlich der lange erwartete Tuchel»* im Lager III eintrifft. *«Fritz und ich haben Ruhetag. Aschi*

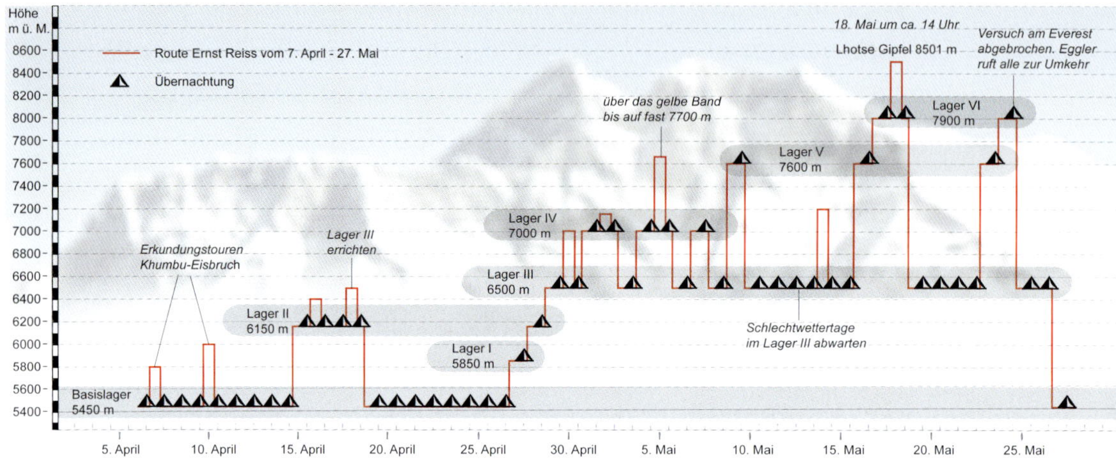

So verbrachte Ernst Reiss die Tage und Nächte am Berg, gemäss Aufzeichnungen von Reiss in der Expeditionspost.

spurt mit Wolfgang und einigen Sherpas von Camp IV gegen Camp V. H.R. u. Dölf folgen mit dem Rest der Sherpas nach Lager IV; abends trifft endlich der so lange erwartete Pana-Sahib, Tuchel, bei uns ein. Die Aufstiege an der Spitze sind im Gang; Umstellungen ziehen wir keine mehr in Betracht.»

Eggler trifft also am Abend des 15. Mai im Lager III ein und erfährt wohl erst hier vom neuen Angriffsplan Luchsingers. Die Bergsteiger drängen auf die Gipfel.

Luchsinger übernimmt also im Lager III in Abwesenheit von Eggler die Regie und setzt sich mit seinem Plan durch. Interessant ist aber, was Luchsinger im Gegensatz zu seinen vor Ort gemachten Notizen dazu in seinem später verfassten Tagebuch schreibt, nämlich – nichts! Am 15. Mai hält er dort fest: «*Heute ist Ruhetag, das Wetter zwingt uns dazu. Doch bereiten wir uns für die Endphase vor* [...].» Am 16. Mai ergänzt er: «*In zügigem Tempo mache ich mit Ere in 1 h 20 Lager IV. Nach ausgiebiger Rast geht's hinauf ins Lager V. Dölf und Hansruedi haben gegen Lager VI gespurt und kehren ins V zurück. Abends starker Wind. Danorbu arbeitet mit Hingabe, die anderen Sherpas liegen auf der faulen Haut.*» Und am 17. Mai: «*Starker Wind weht um die Zelte, die Sherpas wollen nicht ausrücken. Dölf und Hansruedi spuren mit Hingabe, damit wir uns schonen können. Die Bergstation der Seilbahn wird auf ca. 7850 eingerichtet, die Bahn ist betriebsbereit. Unterdessen haben Dölf u. Hansruedi Lager VI ausgeschaufelt, vom Zelt war nur noch der Giebel sichtbar. Sie steigen ab mit den Sherpas, ich verbringe mit Ere eine angenehme Nacht.*»

Musste Albert Eggler eine Kröte schlucken oder sah er einfach ein, dass der Vorschlag von Luchsinger besser war? Wir erfahren es nicht.

Eggler bleibt im Tagebuch wie immer wortkarg. So schreibt er am 15. Mai: «*Mit Dawa Tenzing steige ich von der Basis bis ins Lager III. Das Wetter ist gut.*» Und am 16. Mai: «*Das Wetter ist wieder etwas besser, auch die Prognose ist nicht ungünstig. Der Vorstoss auf den Everest muss nun forciert werden.*» Gleichentags trägt Reiss ins Tagebuch ein: «*Heute sind Fritz und ich entschlossen hinter Dölf u. H.R. über IV nach Camp V hochzukommen. In weniger als 1½ Std. erreichen wir das Lager am Bergfuss. Da verpflegen wir uns gut und steigen mit Sauerstoff zu Dölf u. H.R. im Lager V. Hier befinden sich noch 5 Sherpas. Die beiden Kameraden waren oben bis auf der Genferschulter. Eine kalte Nacht und Triebschnee werden uns am folgenden Morgen Mühe für den weiteren Weg zur Besetzung von Lager VI bereiten.*»

«Schmieden grosser Angriffspläne»

Auch in den Tagebüchern von Reiss und von Gunten werden die Diskussionen mit keinem Wort erwähnt. Offenbar akzeptierten alle Luchsingers Vorschläge. Dies zeigen die folgenden Ausschnitte. Von Gunten, 14. Mai: «*Wir haben heute Morgen lange Funkgespräche mit Lager III und Dölf und ich werden aufgefordert, möglichst rasch nach Lager III aufzusteigen. Das Wetter scheint etwas besser zu werden und so steigen wir mit 3 Sherpas gegen 11 Uhr auf und erreichen Lager III um 4 Uhr. Wir treffen hier unsere Kameraden und beginnen sofort mit dem Schmieden grosser Angriffspläne. Vorerst muss jedoch die Lhotseflanke, in der ziemlich viel Schnee liegt, wieder geöffnet werden.*» Reiss schreibt am 17. Mai: «*5 Sherpas und 4 Sahibs starten gegen das Gelbe Band. Ich spure bis zu dem Materialdepot oberhalb diesem Felsgürtel, dann sind es der uneigennützige Dölf u. Hansruedi, welche die schwere Spurarbeit übernehmen. In den Schulterfelsen angelangt, beginnen Fritz und ich die Seilbahn zu montieren, derweil Dölf u. H.R. mit den Sherpas das kleine Lager VI vom Treibschnee freilegen. Dölf steigt nochmals auf die Schulter. Der erste Transport mit der improv. Seilbahn beginnt. Es lohnt sich aber kaum, denn die Antriebsstation steht zu hoch und benötigt daher Sauerstoffatmung.*»

In seinem Buch «Gipfel über den Wolken» beschreibt Albert Eggler die Weichenstellungen jener Tage wie folgt: «Ich legte die Richtlinien über die Art und den Zeitpunkt des Vorgehens, die Verteilung des Materials auf die Lager V und VI, die Reihenfolge der Seilschaften und die Zusammensetzung ihrer Lasten schriftlich fest und sandte sie vom Basislager ins Lager III hinauf. Im Grunde genommen waren sie nichts anderes als die Bereinigung der längst gemeinsam erörterten Pläne und ihre Anpassung an die veränderten Wetterverhältnisse. Sie wurden vom Bergsteigerchef und den übrigen Kameraden gutgeheissen, nur die die Mannschaften angehenden Fragen gaben noch zu reden und erfuhren ein paar Änderungen. Bei der Ausarbeitung und Durchführung unserer Pläne liessen wir stets jeden zu Worte kommen; es lag mir daran, eine gemeinsame, von jedem einzelnen aus Überzeugung getragene Lösung zu erzielen.»

Fassen wir zusammen: Die Mannschaft stand wahrscheinlich unter Stress wegen der knapper werdenden Zeit und des schlechten Wetters. In den Notizen von Luchsinger spürt man seine Ungeduld und die Furcht, dass die Expedition kurz vor dem Ziel noch scheitern könnte. Vor diesem Hintergrund sind die Spannungen zu verstehen. In seinem Tagebuch verschweigt Luchsinger hingegen diese für den weiteren Verlauf der Expedition entscheidende Auseinandersetzung. Auch in den Tagebüchern von Reiss, Eggler und von Gunten finden sich keine Aussagen dazu. Eggler zeichnet in seinem Buch ein harmonisches Bild. Nur dank den privaten Notizen von Luchsinger, die aber nicht für fremde Leser bestimmt waren, haben wir Einsicht in die Geschehnisse und Weichenstellungen dieser wichtigen Phase. Eggler wäre verständlicherweise gerne zusammen mit Reiss, dem Bergsteigerchef und erfahrensten Kameraden, als zweite Seilschaft auf den Everest gestiegen. Luchsinger versetzte er dabei in die dritte Seilschaft, zusammen mit Schmied. Das gefiel Ersterem überhaupt nicht.

Noch sechs Wochen davor todkrank, hatte sich Luchsinger in der Hochbasis gegen den nicht anwesenden Expeditionsleiter mit seinem eigenen Vorschlag durchgesetzt. Er versetzte Eggler zusammen mit Grimm in die vierte und letzte Seilschaft – also ausgerechnet mit Grimm, der ihm eigentlich die Expeditionsleitung hatte streitig machen wollen (siehe Nebengeräusche 1). Eggler akzeptierte Luchsingers Vorschlag und verzichtete auf seine eigenen Ambitionen zugunsten der anderen. Er trat ins hintere Glied zurück und liess den Jüngeren den Vortritt. Seine «Richtlinien für den Vorstoss auf den Everest» vom 11. Mai ersetzte er am 16. Mai durch eine angepasste Strategie, entsprechend dem Vorschlag von Luchsinger. In dieser liess er offen, allenfalls erst in einer vierten Seilschaft mit Reiss oder Grimm doch noch selbst auf einen der Gipfel zu steigen.

Der Monsun unterbrach für kurze Zeit einen Vorstoss. Das Wetter besserte sich. Die Nebengeräusche verstummten, und die nun aufkommende Begeisterung sollte die Schweizer zu den ersehnten Gipfeln tragen.

Ernsthafte Gedanken und Gespräche auf dem Gletscher: Wer bildet mit wem wann eine Gipfelseilschaft? Ganz oben möchte doch jeder mal stehen, auch wenn er noch im Schnee sitzt wie von Gunten. Bei Müller hingegen sind Kleider und Schuhe nicht ganz gipfeltauglich, bei den drei dick eingepackten Alpinisten schon.

4.10 «Wir fühlen uns nicht heroisch, aber ohne Worte dennoch glücklich»

Erstbesteigung des Lhotse am 18. Mai 1956

Was erlebt man bei der Erstbesteigung eines Achttausenders? Und was hält man fest – so rasch als möglich, vielleicht gar noch am Berg oder dann später? Dabei nehmen das Erreichen des Gipfels und das Stehen dort oben einen ganz besonderen Platz ein, erst recht am vierthöchsten Berg der Welt. Wir sind hautnah dabei mit den beiden Erstbesteigern des Lhotse und mit drei Zuschauern.

——— Von Daniel Anker

Viel Platz gab es nicht. Weder im kleinen Zelt auf 7870 Metern noch auf dem Gipfel des Lhotse am 18. Mai 1956. Und auch nicht in der Sternzeichen-Agenda, die Ernst Reiss zum Notizbuch der «Schweiz. Everest-Lhotse Expedition 1956» (so die Überschrift oben links am Sonntag, 22. Januar) umfunktioniert hatte. Immer eine Woche auf einer 10 mal 14 Zentimeter grossen Doppelseite, vier Tage links, drei Tage rechts, und unter dem Samstag am Seitenende noch Raum für Notizen. Die rechte Seite vom 17. bis 19. Mai ist mit «*Lager VI*» und «*Lhotse*» überschrieben. Den Donnerstag konnte Reiss noch im vorgegebenen Abschnitt unterbringen: «*Heute starten wir zu neun an das gelbe Band und führen noch die kleine Seilbahn mit. H.R. u. Dölf spuren alles. Fritz u. ich montieren 15.00 die Seilbahn, während*

18. Mai 1956: Fritz Luchsinger zuoberst auf dem Lhotse (8516 m), damals noch mit 8501 Metern kotiert. Der Pickelhammer mit dem aufgesteckten Äffchen ist derjenige von Ernst Reiss.

 Schneefall Lager III

13 Sonntag Dimanche Domenica

Es schneit unaufhörlich. Einzig die viele Post von gestern Abend freut uns. Archi steigt mit Webstern u. ein paar Sherpas nach Lager IV. u. kehrt zurück.

14 Montag Lundi Lunedì

Fritz u. ich steigen nach Lager IV. Einige Sherpas folgen später. Unter sehr schweren Umständen spuren wir von 7000–7300 u. kehren nachts nach Lager III zurück. Da sind endlich Dölf u. H.R.

15 Dienstag Mardi Martedì

Fritz u. ich haben Ruhetag. Archi spurt mit [illegible] von IV gegen V. Dölf, H.R. u. einige Sherpas steigen heute nach Lager IV. Abends trifft endlich aus Basislager ein. (Tuchel)

16 Mittwoch Mercredi Mercoledì

Heute sind Fr. L. u. ich entschlossen hinter der Spurmannschaft Dölf u. H.R. über Lager IV (~ Std. 2.5) nach Lager V [illegible] wir uns mit Dölf u. H.R. v… einigen. Es sind 5 Sherpas i… Lager u. die Nacht ist recht kalt

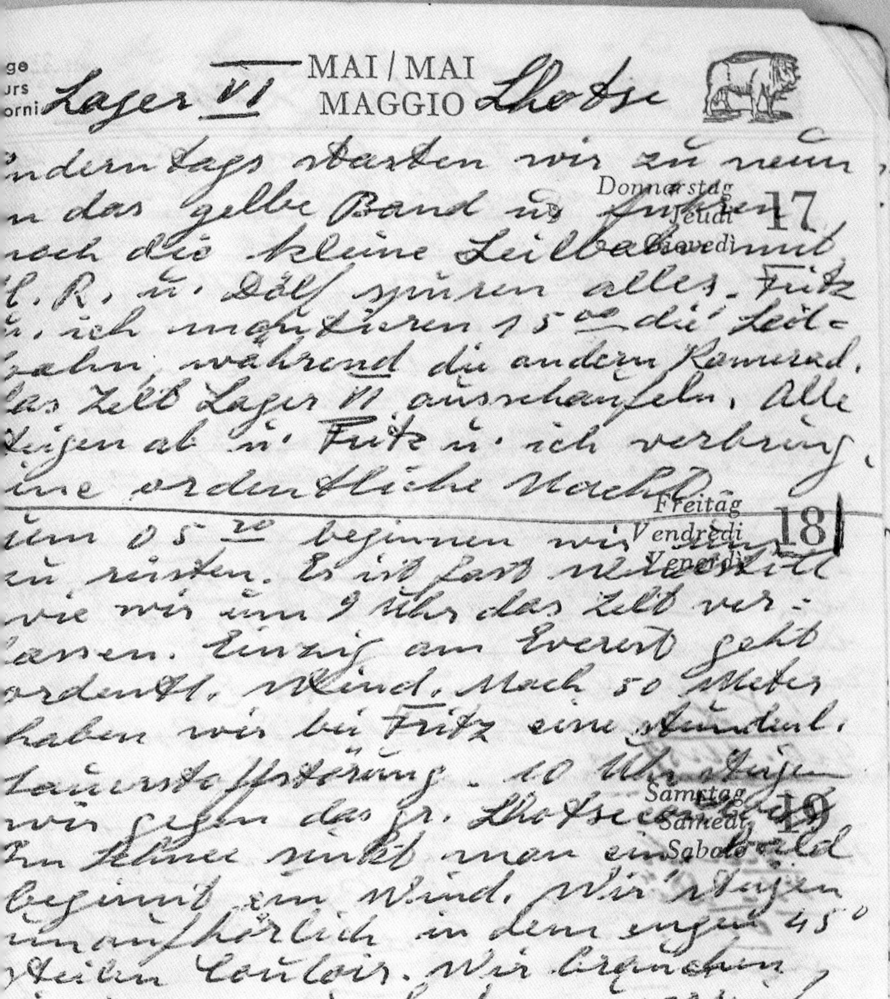
Lager VI MAI / MAI MAGGIO Lhotse

Donnerstag Jeudi Giovedì 17

[..]derntags starten wir zu neun
[..]m das gelbe Band zu fixieren
nach die kleine Seilbahn mit
H.R. u. Dölf spüren alles. Fritz
u. ich montieren 150 m die Seil-
bahn während die andern Kamerad.
das Zelt Lager VI ausschaufeln. Alle
steigen ab u. Fritz u. ich verbring.
eine ordentliche Nacht

Freitag Vendredi Venerdì 18

um 05 20 beginnen wir uns
zu rüsten. Es ist fast windstill
wie wir um 9 Uhr das Zelt ver-
lassen. Einzig am Everest geht
ordentl. Wind. Nach 50 Meter
haben wir bei Fritz eine Stunde l.
Sauerstoffstörung. 10 Uhr steigen

Samstag Samedi Sabato 19

wir gegen das gr. Lhotsecouloir
Im Schnee sinkt man ein. Bald
beginnt ein Wind. Wir steigen
unaufhörlich in dem engen 45°
steilen Couloir. Wir brauchen
einige Mauerhaken u. erreichen
bei starkem Wind 15 00 den

Notizen Notices Notizie

ersehnten Gipfel. Im Abstieg
sichern wir bei dem starken Wind
jede Seillänge. 18 00 erreichen wir
müde Lager VI wo wir eine schwere
Nacht haben | 19. Beginnen wir den
mühevollen Abstieg. Treffen V mit
Fuchs, IV Karl u. III Abend Empfang

Das Notizbuch von Ernst Reiss
mit den Einträgen vom 13. bis 19. Mai.

die andern Kamerad. das Zelt Lager VI ausschaufeln. Alle steigen ab u. Fritz u. ich verbringen eine ordentliche Nacht.»

Für den Eintrag zur Besteigung des Lhotse brauchte Ernst Reiss aber den 18. und 19. Mai plus drei Zeilen bei den Notizen: «*Um 05.20 beginnen wir uns zu rüsten. Es ist fast windstill wie wir um 9 Uhr das Zelt verlassen. Einzig am Everest geht ordentl. Wind. Nach 50 Meter haben wir bei Fritz eine stundenl. Sauerstoffstörung. 10 Uhr steigen wir gegen das gr. Lhotsecouloir. Im Schnee sinkt man ein, bald beginnt ein Wind. Wir steigen unaufhörlich in dem engen 45° steilen Couloir. Wir brauchen einige Mauerhaken u. erreichen bei starkem Wind 15.00 den exponierten Gipfel. Im Abstieg sichern wir bei dem starken Wind jede Seillänge. 18.00 erreichen wir müde Lager VI, wo wir eine schwere Nacht haben.*» Da blieb für den 19. Mai nicht mehr viel Platz zum Notieren: «*Beginnen wir den mühevollen Abstieg, streifen V mit Tuchel, IV Rast u. III Abend Empfang.*» Am 20. Mai dann zum Glück noch ein paar Worte mehr zu Tour und Empfang: «*Mit viel Freude u. ohne Neid haben uns gestern die Kam. empfangen. Unsere Freude steht noch im Hintergrund, denn wir haben kleine Erfrierungen u. sind noch sehr müde. Unser Erfolg haben wir den vorarbeitenden Kameraden zu verdanken.*»

Soweit die Erstbesteigung des Lhotse im Notizbuch von Ernst Reiss, das die täglichen Einträge vom 27. Januar bis zum 5. Juni 1956 enthält. Aus diesen Kurznotizen, von ihm «Kalender-Aufzeichnungen» genannt, erstellte er sein «Exped. Tagebuch 1956», das er, wie er darin nach dem 30. April einschob, am 21. Februar 1958 «*in der Eisenbahn auf der Vortragsreise nach München*» fertig erstellte. Es ist dies das offizielle Tagebuch der «Schweiz. Mt. Everest-Expedition 1956», wie auf dem gedruckten Vorblatt steht, inklusive Namen des Tagebuch-Schreibers und Vermerk zu Eigentum und Copyright. In diesem 10 mal 16,3 Zentimeter grossen Büchlein mit unpaginierten, linierten Seiten hat Reiss die Lhotse-Besteigung ausführlicher festgehalten:

«17. Mai. 5 Sherpas und 4 Sahibs starten gegen das Gelbe Band. Ich spure bis zu dem Materialdepot oberhalb diesem Felsgürtel, dann sind es der uneigennützige Dölf u. Hansruedi, welche die schwere Spurarbeit übernehmen. In den Schulterfelsen angelangt, beginnen Fritz und ich die Seilbahn zu montieren, derweil Dölf u. H.R. mit den Sherpas das kleine Lager VI vom Treibschnee freilegen.

Dölf steigt nochmals auf die Schulter. Der erste Transport mit der improv. Seilbahn beginnt. Es lohnt sich aber kaum, denn die Antriebsstation steht zu hoch und benötigt daher Sauerstoffatmung.

Blick von der Genferschulter auf den Lhotse mit seinem weissen Couloir, das direkt zum Gipfel führt: die Route der Erstbesteiger (oben).
Everest und Lhotse, aufgenommen aus der Luft; zwischen den beiden der Südsattel (folgende Doppelseite).

Wir verabschieden uns abends von Hansruedi. Morgen sollte es dem Lhotse gelten. Es ist eine Zeit der Spannung, all die Stunden vor dem letzten Wegstück zum Gipfel.

18. Mai. Fritz erwacht um 05.20; wir verbrachten eine ordentliche Nacht. Wir beginnen uns ohne Eile zu rüsten. Noch ist es fast windstill. Mit der Sonne um 09.00 Uhr verlassen wir das Zelt. Es ist kalt. Am Everest hört man den Wind aber tosen. Nach zwei Seillängen halten wir wegen dem blockierten Sauerstoffgerät von Fritz an. Wir arbeiten verbissen an dieser Störung. Ich bemerkte, schon einen Alleingang tun zu müssen, da schaffen wir es. Unsere Füsse sind sehr kalt. Wir wollen uns mit dem Quergang wärmen. 11.00 am Eingang des riesigen Couloirs schütteln wir heftig die Füsse. Ich spure weiter, Fritz trägt Reepschnur, Haken u. Tee. Im windbrettigen Schnee bricht man oft fusstief ein. Neben den Nordgrattürmen, vor der ersten Couloirstelle machen wir Halt. Der Tee im Rucksack ist teilweise zu Eis geworden. Wir nehmen ein paar Traubenzucker. Den engen Couloirhals sichern wir mit zwei Mauerhaken. Diese 25 Meter werden im Abstieg so schwierig sein, dass wir die Rebschnur hier oberhalb deponieren. Die Aufstiegsrinne bleibt sehr steil, aber sie weitet sich langsam. Pulver- und Windbrettschnee wechseln ab. Wir ahnen über uns den Grat. Fritz Luchsinger übernimmt die Führung. Der Wind umhüllt uns oft mit Schauern von Flugschnee. Nebelwolken reissen um unseren Berg. Jetzt schlägt der Wind von allen Seiten zu. Wir nähern uns vorsichtig der Gratscharte. 60 Grad steil, mit einem Felsgürtel versehen, bäumt sich der linke höhere Gipfel auf. Fritz lässt mich nochmal voran. Teilweise müssen wir uns an dieser luftigen Firnhaube durch Stufenschlagen den Pfad bahnen, zwei grosse Standstufen, vier Fuss tiefer als die höchste Gipfelerhebung bedeutet unseren Rastplatz. Uns selber und die Rucksäcke sichern wir am eingerammten Pickel. Aus gut einem Meter Entfernung knipsen wir unsere Gipfelaufnahmen.

Wir fühlen uns nicht heroisch, aber ohne Worte dennoch glücklich. Soeben ist uns der Sauerstoff ausgegangen. Unsere Gedanken, die ganze Aufmerksamkeit gehört diesem äusserst exponierten Standplatz.

Wir sind Beschenkte! – doch wir bangen um den gähnenden, windgepeitschten Abstieg.

Vorsichtig, nur nie stürzen hämmern wir unserem stumpfen Geist stets ein. – Kurz vor 16.00 haben wir den einsamen, vierthöchsten Gipfel der Welt verlassen. – Dieser Berg zeigte uns seine Waffen, aber er war uns auch gut.

Die Uhrzeiger rücken gegen Abend. Wir straucheln manchmal. Der kleine Lagerplatz rückt näher. 18.20, wir stehen müde u. kalt vor dem durch die

Das Lager VI dicht am Genfersporn oben, das immer wieder freigeschaufelt werden musste und wo Reiss und Luchsinger zwei Nächte verbrachten (oben rechts). Zwischen Lager V und VI fanden sich Überreste der Zelte der internationalen Lhotse-Expedition unter Norman Dyhrenfurth von 1955 (oben links und unten).

Schneelast eingedrückten Schlafplatz. Diese Stätte werden wir wieder bewohnbar machen, ohne dass es nötig ist die Kraft für einige Worte zu gebrauchen. Der Sauerstoff wird uns guttun. Ich koche Haferschleimsuppe und wärme den Tee. Das wird uns den lästigen Höhenhusten lindern. Wir nehmen die Tranksame in den Schlafsack. Nach 2 Std. ist der Tee aber wieder halb gefroren. Die Füsse erwärmen nicht mehr, es muss sehr kalt sein. Mitternacht. Nun drückt uns der Luvschnee auf die Beine und den Körper. Was gibt es da zu sagen! Der, welcher noch kann, muss aufstehen und uns freischaufeln. Das ist mir ungemütlich, aber es wärmt doch.

19. Mai. Solange die Sonne aufsteht, lebt für die Menschen noch die Erde. Wir trinken Ovomaltine, wir raffen alles zusammen und beginnen langsam den Abstieg. Den mühsamen Gang unterbrechen wir durch manchen Halt. Da sehen wir die gewaltigen Schneestaubfahnen vom hohen Everest über uns kleine Menschen herfallen. – Umsonst, wir nehmen, wohl kraftlos doch bewusst den Quergang zum Lager V. Da warten uns ja Kameraden, hatten wir doch bis jetzt so mit uns selber zu tun. Tuchel und Aschi, ein paar Sherpas und zweiteilige Zelte. Fragt man einen von uns; jedem geht es gut, nur der Seilgefährte befinde sich in bedürftigem Zustand. Fussmassage und Tsampa (Gerstenmehlbrei), das weckt die Lebensgeister.

Mit den besten Glückwünschen werden wir eine Stunde später aus all dieser Pflege entlassen. Die 1000 Meter hinab nach Lager III werden wir schon schaffen. Wir sind schlapp, jedoch die Beine gehorchen. Welcher Jubel erwartet uns von den entgegengeeilten Kameraden aus dem Hochbasislager. – Der Grundstein für die folgende Besteigung des Everest ist gelegt.»

Zu dieser erst 1958 fertig erstellten Beschreibung der Lhotse-Besteigung kommen zwei von Reiss mit der Schreibmaschine erfasste Berichte, die im ETH-Archiv der SSAF lagern. Der mit «Lhotse 1956» betitelte umfasst neun Seiten und ist (ebenfalls) erst nach der Expedition geschrieben worden, der Bericht «Die Besteigung des Lhotse 8501 m» ist sieben Seiten lang und entstand vielleicht während der Expedition. Er beginnt dramatisch und dramaturgisch geschickt mit dem Erreichen des heute mit 8516 Meter kotierten Gipfels:

«14 Uhr 50 am 18. Mai 1956 sieht man durch den Feldstecher zwei kleine Striche, welche sich an der höchsten weissen Gipfelkalotte des wilden Lhotse festgeklammert haben. Nebel und Schneestaub verdeckten zuweilen die Sicht. Die beiden Himalaya-Bergsteiger stehen in schmaler Standstufe und halten sich auf dem äusserst exponierten Schneegipfel durch die eingerammten Eispickel gesichert. Jetzt neigen sie sich gegeneinander, um sich gegenseitig den behand-

schuhten Arm über die Schulter zu legen – ein grosses Ziel ist erreicht, ein langer Traum erfüllt!

Nun reissen sie die Atmungsmasken zum Gesicht und schieben die Sonnenschutzbrillen hoch. Der rauhe Wind in dem gewaltigen Aufstiegscouloir hat den Beiden die verbrannte, braune Haut auf den Backenknochen aufgerissen. Endlich treffen sich die Blicke der zwei Gipfelstürmer; was mögen sie wohl denken?»

Gute Frage! Reiss gibt drei mögliche Antworten: «*Denken sie an den Erfolg, an die Angehörigen zu Hause, an die Expedition und die selbstlose Mitarbeit der Kameraden?*» Und schränkt gleich ein: «*Sind wir ehrlich, die Gefühle des Kämpfers sind nach solchen Anstrengungen meist etwas stumpf. Die Freude am Erlebten und Erreichten kehrt erst nach der Entspannung voll und ganz ein.*» Im längeren Lhotse-Bericht wird Reiss schreiben: «*Wir fühlen uns keineswegs sehr heroisch, obwohl wir diesen Augenblick höchsten Gipfelglücks so lange herbeisehnten. Ich muss verraten, dass mir erst bei der Begrüssung auf dem Flugplatz in der Heimat, bei dem Gedanken an den grossen Berg hinter uns und die Zukunft vor uns, die Augen unter der Sonnenbrille feucht wurden.*»

Ankunft und Aufenthalt auf dem Gipfel – darauf soll nochmals ein Blick geworfen werden – schildert Reiss im kurzen Lhotse-Text so:

«Fritz gibt mir nochmals den Vortritt. Das grüne Felsband und die anschliessende Schneehaube wehren sich mit einer Neigung von etwa 60°. Die paar Stufen in dem harten Firn verlangen hundert Pickelschläge. Ich bin ausser Atem. Den Kopf an die Flanke gerückt, verschnaufe ich und warte, bis wieder einer der heftigen Windstösse vorbei ist. Fritz ist jetzt in die Standstufe nachgerückt. Über die fast messerscharfe Eiskuppe hinweg schauen wir in das Nebeltreiben der Lhotse-Südseite, schauen die wildesten Eistürme und Wächten eines der schwersten, höchsten Achttausender der Welt – 8501 m. Die kleinen Hoheitswimpel von Nepal und der Schweiz flattern für eine halbe Stunde im Hauche dieses gewaltigen Bergriesen. Einige Fotos werden diesen Gipfelaufenthalt und die Ausblicke festhalten.»

Die Fotos halten aber mehr als die Wimpel fest. Im längeren Lhotse-Bericht schrieb Reiss – die Sätze finden sich auch in seiner erfolgreichen alpinistischen Autobiografie «Mein Weg als Bergsteiger» (Erstauflage 1959, 4. Auflage 1969, Neuauflage 2013): «Das kleine Äffchen, unseren Talisman, den mir meine Frau in Bern beim Abschied noch in die Tasche schob, hefte ich an die Pickelhaue. Auch ziehe ich die rote Zipfelkappe über

die schwere Lammfellmütze; sie ist ein Geschenk Gösta Olanders aus Valadalen. So entsteht aus fünf Fuss Entfernung die Gipfelaufnahme: ‹Nicht schön, aber historisch›, denken wir.» Eine Erklärung zu Gösta ist im knapp fünfseitigen Bericht von Reiss, der in Albert Egglers «Gipfel über den Wolken» abgedruckt ist, zu finden: «Die Zipfelkappe hat mir Gösta Olander aus Valadalen, der bekannte schwedische Skifachmann, bei seinem Winteraufenthalt in Davos geschenkt.»

Zurück zum längeren Lhotse-Bericht von Reiss und zu Gedanken zuoberst auf dem Berg: «*Wie mögen unsere übrigen Gedanken diesen Höhepunkt des Seins umrankt haben? Seien wir ehrlich. Man ist nach allen schweren und ausserordentlichen Gipfelbesteigungen von der Anstrengung etwas abgestumpft. Vielleicht haben andere Bergsteiger diese Stumpfheit weniger gespürt, denn eine Anzahl der schon bestiegenen Achttausender wurden unter Einwirkung eines Dopings betreten. Ich bin glücklich und dankbar, dass der vor elf Wochen noch totkranke Freund gesund neben mir steht und dass das belastende Gefühl einer nochmaligen Umkehr von mir weichen kann.*»

Ernst Reiss auf dem Gipfel des Lhotse, links mit, rechts ohne Sauerstoffmaske. Gewechselt wurden zwischen beiden Aufnahmen auch die Richtung der Wimpel von Nepal und der Schweiz.

Höchste Zeit, sich dem anderen Erstbesteiger des Lhotse zuzuwenden. Von Fritz Luchsinger gibt es wie bei Reiss ebenfalls zwei unterschiedliche Bücher, allerdings sind es jeweils offizielle Expeditionstagebücher. Genau sind es gar drei, denn das erste Tagebuch verteilt sich auf zwei Bände (Band eins vom 23. Januar bis 17. April, Band zwei vom 18. April bis 12. Juli 1956, mit Schlussbetrachtungen vom 25. Juli). Dazu kommt die Zusammenfassung in einem separaten Tagebuch (vom 27. Januar bis 24. Juli 1956). Wir halten uns an die ursprüngliche, ausführlichere und persönlichere Fassung, zur besseren Unterscheidung Notizbuch genannt:

«Donnerstag, 17. Mai

Starker Wind bläst um die Zelte; wir haben Mühe die Sherpas aus dem Zelt zu nehmen. Endlich um 11 Uhr sind wir marschbereit, die Sherpas nehmen ihre Lasten nur ungern. Dölf u. H'Ruedi haben sich bereit erklärt, nochmals ins VI aufzusteigen, um uns im Spuren zu helfen. Bei starkem Wind steigen wir auf; Dölf u. H'Ruedi opfern sich, sie steigen sehr gut. In den Felsen finde ich die Bergstation für die Seilbahn, die ich mit Ere bei starkem Wind montiere. Ere ist nicht gut gelaunt, denn solche Arbeiten liegen ihm weniger und doch muss es sein. Die Verankerung gelingt gut, der Schlitten gleitet etwas langsam im Neuschnee die 350 m hinunter. Da niemand unten ist, muss ich den Schlitten leer hinaufziehen. Unterdessen haben Dölf u. H'Ruedi mit den Sherpas das Zelt im VI ausgeschaufelt, so dass der ‹Kant-Bezug› mühelos geht. Der Abend ist kalt. Ich koche in der kleinen Apsis. Natürlich gibt's Haferschleimsuppe u. Tea. Ausser einigen Biscuit wird sonst nichts gegessen. Es wird spät, bis das einfache Nachtessen vorbei ist.

Etappenziel LAGER VI

Freitag, 18. Mai

Es ist erst 5 Uhr, aber trotzdem schon wach. Heute ist der grosse Tag. Ich versuche so viel Nahrung wie möglich einzunehmen. Die Vorbereitungsarbeiten gehen langsam vor sich. Wie ich mich vor dem Zelt marschbereit mache, muss ich feststellen, dass die Sauerstoffzufuhr nicht funktioniert. Der Flow-Indicator ist eingefroren. Rasch wird er ausgewechselt u. um 9 Uhr können wir starten. Erst sind wir einige Minuten gestiegen, wie ich feststellen muss, dass ich kein O_2 *erhalten, auf den abschüssigen Felsen halten wir an. Es ist kalt, obwohl die Sonne scheint. Flow-Indicator eingefroren. Auch der Schlauch hat Eis. Klopfen u. schlagen nützen nichts, also wird er entzweigeschnitten. Die Füsse u. Hände werden kalt. Schliesslich sind wir soweit, dass* O_2 *bis in die Blase fliesst. Sie wird aufgeblasen. In die Maske kommt aber nichts. Es ist zum verzweifeln. Soll unser ganzer Traum deswegen umstehen? Welch ein Glück, dass ich seit zwei Tagen eine Reserve-Maske mittrage! Rasch wird der Schlauch weggerissen, an die neue Maske montiert u. schon kann ich feststellen, dass die Sache in Ordnung ist. Noch ist der Wind auf unserer Seite etwas schwach, doch am Everest entstehen bereits die ersten Fahnen. Lang ist der Anstieg bis zum Lhotse-Couloir, wir sind fest entschlossen, diesem jungfräulichen Berg so gut wie möglich auf den Zahn zu fühlen. Das Couloir ist anfänglich in gutem Zustand. Der Wind nimmt zusehends zu. Das Couloir ist unsere Route. Es ist im Mittelteil untersetzt durch Fels, der uns etwas zu schaffen gibt. Im oberen Teil haben wir sichtlich Mühe; es wird immer steiler. Die Kräfte schwinden langsam. Wir lösen uns im Spuren gegenseitig ab. Endlich kommt der Gipfel-Aufschwung, der an Steilheit nichts zu wünschen lässt. 14.50 wird der Höhepunkt meines Lebens: Wir betreten den höchsten noch unbestiegenen Gipfel der Welt, der 4. höchste der Erde! Wer hätte das vor 4 Wochen geglaubt, wie ich schwer krank in Thyangboche lag! In der Tat, es war eine höhere Führung! Ausgeschlossen auf dem Gipfel zu stehen, er ist eine Nadel, wie ich noch nie gesehen habe. Seitliche Standstufen erlauben uns auf den Gipfel ‹umarmen› zu können. Von Nebelschwaden umgeben setzen wir unseren Fuss auf diesen Prachtsberg u. geniessen die Aussicht. Am Everest hängt eine Fahne von ca. 200 m. – Und dann der Abstieg. Der Wind wird immer stärker, Flugschnee verhindert jede Sicht. Ere ‹schiesst› seine Brille weg, unglaublich! Schritt für Schritt wird gesichert. Mit Wucht wird der Flugschnee aufwärts getrieben. Welch ein Glück, dass es weder schneit noch nebelt. 17.30 erreichen wir müde unser Zelt. Wir sind zu müde, um ins V abzusteigen. Doch es ist eine Fehlspekulation. Der Wind ist derart stark, dass der Flugschnee das Zelt zudeckt. Die Schneelast wird derart, dass ich Alarm schlagen muss. Ere jammert, er könne nicht, doch er muss, denn meine Rentierstiefel zuunterst im Schlafsack müssen zuerst befreit werden. Es ist eine höllische Nacht!*

Couloir Höhe	*ca. 400 m*
Couloir Länge	*ca. 550 m*
Steilheit	*45–55 Grad*
Wind Aufstieg	*ca. 60 km/h*
Wind Abstieg	*ca. 80 km/h*
Aufstieg	*5 Std.*
Abstieg	*1½ Std.*
Ankunft	*18.15*

Etappe LAGER VI
Samstag, 19. Mai

Morgens 6h muss das Zelt auf dieselbe Art ausgeschaufelt werden wie um Mitternacht. Es stürmt weiter. Temperatur im Zelt –20 Grad. Ere jammert wegen der Kälte. Gegen 9 h steigen wir ab, ich fühle mich schwach, doch es geht. Beim gelben Band habe ich eine Krise. Ich verliere ein Steigeisen, das nicht mehr sitzt und nehme 2 Cardiagol-Traubenzucker. Bald fühle ich mich fit und passiere ohne Schwierigkeiten den Quergang. Im Lager V werden wir von Pana-Sahib u. Aschi mit offenen Armen empfangen. – Der Abstieg ins Lager IV geht mit Ere sehr langsam, diesmal hat er den ‹Ast›, währenddem ich mich gut erholt habe. – Sahbs u. Sherpas im III sind von unserer Begehung begeistert; sie haben uns am Vortag durch das Glas verfolgt.

Etappenziel LAGER III»

Einer der Zuschauer war Jürg Marmet. Sein vierter Bericht, der im ETH-Archiv lagert, umfasst zehn Seiten und beginnt so: «*Am 18. Mai, einem strahlenden Tag, erwacht im Lager III das Leben schon frühzeitig. Auf den Kisten vor dem Messezelt liegen Funk und Feldstecher bereit. Immer und immer wieder tritt ein Sahib oder ein Sherpa aus einem Zelt hervor und sucht mit dem*

Glas die Lhotseflanke ab. ‹Nichts?› ‹No Sahib!› Und so stehen beim Frühstück noch alle Möglichkeiten offen und die Diskussion über ‹ob› oder ‹ob nicht› finden kein Ende.»

Nach einem Rückblick auf den Vortag rückt wieder der Lhotse ins Visier: *«Es ist nun 9 Uhr morgens. Keine Spur und kein Zeichen in der Lhotseflanke. Noch und noch suche ich das Schneeband ab, das sie queren müssen, um ins Lhotsecouloir zu gelangen. Eine Stunde später noch immer nichts. Doch das Heulen des Windes in der Everestflanke verstärkt sich und wie Wasserfälle stiebt der Schnee durch Runsen und Rinnen talwärts. Der Lhotse trägt eine lange Schnee- und Nebelfahne. Ab und zu fegt der Wind den Schnee quer über die ganze Flanke. Es muss oben ein gewaltiger Sturm herrschen, wohl einer der stärksten, die wir bisher hatten. Aussichtslos. Die Spannung in unserm Lager legt sich.*

Und doch erblicke ich unsere Kameraden etwas später im beschränkten Gesichtsfeld des Feldstechers. Mühsam kämpfen sie gegen den Wind an, mühsam stapfen sie vorwärts, dem untern Ende des Couloirs zu. Lange rasten sie auf einem grossen Stein, dann steigen sie hoch. Sehr schnell, will es uns scheinen. Ob wohl der Wind das Couloir verschont? Unablässig wandert der Feldstecher von Hand zu Hand, bis sie in der Tiefe der Rinne verschwinden. Erst auf dem Gipfel werden wir sie wieder sehen können.

Unterdessen ist es Mittag geworden. Weisse Böhnli, Büchsenfleisch und Tee. Alle 5 Minuten ergreifen wir nun das Fernglas und suchen die Gipfelfallinie des Lhotse ab. Lange umsonst. Bereits rechnen wir aus, dass unsere Kameraden spätestens um 3 Uhr auf dem Gipfel sein müssen, wenn sie rechtzeitig ins Lager VI und V absteigen wollen. Gegen 3 Uhr scheint es mir, als ob sich in den obersten Felsen des Gipfelaufbaues, die wir gerade noch sehen, etwas bewege. Bange Minuten vergehen. Ich muss mich in der Aufregung getäuscht haben. Neben mir führt Edi, unser Arzt, einige wissenschaftliche Versuche durch, wobei die Testperson auf eine Kiste auf- und absteigen muss. Ich notiere einige Zahlen, die mir Edi zuruft, in einem Notizbuch und wende mich sogleich wieder mit dem Fernglas dem Gipfel des Lhotse zu. Bewegt sich wohl doch etwas? Besass das Felsband tatsächlich immer diese markante Spitze in der Mitte? Langsam reift die Gewissheit, dass da oben etwas nicht normal ist. Und jetzt – jetzt treten deutlich zwei menschliche Gestalten in das blendende Weiss der Gipfelwächte hinein und stapfen die letzten 10 Meter den Gipfel hinan. Es ist 14.50. Der vierthöchste Berg ist bezwungen.

Der Feldstecher kreist von Mann zu Mann. Hans gerät mit seiner heiseren Stimme beinahe in Ekstase und verwirft die Arme vor Freude. Die Sherpas begreifen. ‹Lhotse finish, Lhotse finish!› Ein unbeschreiblicher Jubel bricht aus, Tücher werden geweht, Hörner geblasen und mancher schreit seine Stimme heiser.

Lange bleiben unsere Kameraden auf dem Gipfel im bissigen Wind stehen. Wir bekommen es im Lager mit der Angst zu tun und fürchten Erfrierungen. Endlich steigen sie ab. Abends spät sehen wir sie ins Lager VI zurückkehren. Edi ist kaum mehr zu halten und möchte am liebsten noch aufsteigen, um ihnen, falls nötig, ärztliche Hilfe bringen zu können. Aber die Nacht bricht herein, ein Aufstieg ist sinnlos.»

Ein anderer Zuschauer war Hansruedi von Gunten. Sein eng beschriebenes Tagebuch reiht Tag für Tag aneinander. Der 18. Mai beginnt auf einer Doppelseite unten links mit noch zwei Zeilen und erstreckt sich auf die übernächste Seite oben:

«Vom Lager V aus beobachten wir gespannt das Lager VI. Heftiger Wind, scheint den heutigen Tag nicht gerade zum ‹Gipfeltag› zu prägen.

Nun sehen wir die zwei Männer. Sie steigen etwas auf, bleiben dann aber eine Stunde an derselben Stelle stehen. Was mag wohl los sein? Endlich steigen sie weiter und verschwinden nach einiger Zeit im Couloir. Werden sie wohl trotz des heftigen Windes den Gipfel erreichen? Hoffentlich werden sie keine Erfrierungen davontragen. Später berichten uns unsere Sherpas, die mit der Seilbahn beschäftigt waren und guten Einblick ins Lhotsecouloir genossen: Die beiden Sahibs seien zuoberst im Couloir gesessen. Im Lager III erfahren wir: Die beiden sind auf dem Gipfel beobachtet worden! Der Lhotse ist bestiegen! Der höchste noch unbezwungene Berg der Welt.»

Anders Albert Eggler in seinem Tagebuch: Da beginnt ein neuer Tag immer oben auf einer Seite, manchmal notierte er nur ein paar Stichworte, manchmal beschrieb er auch mehr als eine Seite. In seinem Tagebuch 1 (29. Januar bis 22. Mai 1956) steht unter Freitag, 18. Mai: *«Reiss und Luchsinger besteigen von Lager VI bei sehr starkem Wind den Lhotse durch das Couloir. Das Couloir ist steil und der Aufstieg auf den Gipfel erfordert viel Beinarbeit. Der Aufstieg erfordert 4 Stunden. Der Abstieg ebenso viel. Sie nächtigen in Lager VI.»* Es hätte auf dieser Seite noch Platz für neun weitere beschriebene Zeilen gehabt.

4.11 «Emporschiessende Kumuluswolken ringsum»

23. und 24. Mai: Der Expedition glücken die zweite und dritte Everest-Besteigung

«Die Besteigung des Lhotse gab uns allen Mut und Auftrieb. Nun ‹mussten› wir auch auf den Everest», notierte Jürg Marmet nach dem Erfolg von Reiss und Luchsinger am Lhotse am 18. Mai. In der Tat: Am 23. Mai standen er und Ernst Schmied auf dem Everest, am 24. Mai folgten Hansruedi von Gunten und Dölf Reist.

——— Von Christine Kopp

Unter *«24.5.56 Donnerstag»* hielt Hansruedi von Gunten in seinem Tagebuch nüchtern fest: *«Die Steilstufe, die Hillary und Tensing etliche Mühe machte, wird mit Leichtigkeit überwunden und um 11 Uhr stehen wir auf dem Gipfel. Unbeschreiblich schöne Aussicht. Emporschiessende Kumuluswolken ringsum. Tibet grossartig. Wild zerrissene Gletscher. 1 h 50 Min. Gipfelrast, wovon 1 Stunde ohne Sauerstoff! Abstieg erfolgt sehr rasch. In Lager VI treffen Reiss, Luchs, Müller und Edi ein und bringen uns Sauerstoff. Sehr nette Geste!»*

Die Everest-Besteiger *«essen Dörrfrüchte»* – und fotografieren

Erst in einem späteren Bericht (im ETH-Archiv der SSAF) schilderte von Gunten die letzten Meter der dritten Everest-Besteigung ausführlich: *«Um 10 Uhr erreichen wir den Vorgipfel und gönnen uns eine 10-minütige Rast. Der Verbindungsgrat zum Hauptgipfel sieht mit seinen riesigen Gwächten*

24. Mai 1956: Hansruedi von Gunten zuoberst auf dem Everest (8848 m). Am Pickelhammer die Fähnchen von Nepal und der Schweiz.

tine. Mittlerweile kommt auc
schon die Sonne zu unserem
Zelt. Kein Wind bewegt die
Zeltwände. Ein ausserordent
lich windstiller Tag. Schuhe
brauchen wir keine anzuziel
da wir in diesen geschlafen
haben. Wir haben jedoch eis-
kalte Füsse. 3/4 7 Uhr Start.
Die Rucksäcke werden gepackt,
die Steigeisen geschnallt und da
beginnen wir zu steigen. Nicht
ist mehr zu sehen von der
Spur von gestern. Wir steige
teils im Schnee, teils im Fe
höher und erreichen den schn
igen Verbindungsgrat, wo wir i
den Fusstapfen Aschis höher-
treten.

Wir stehen nun unten am

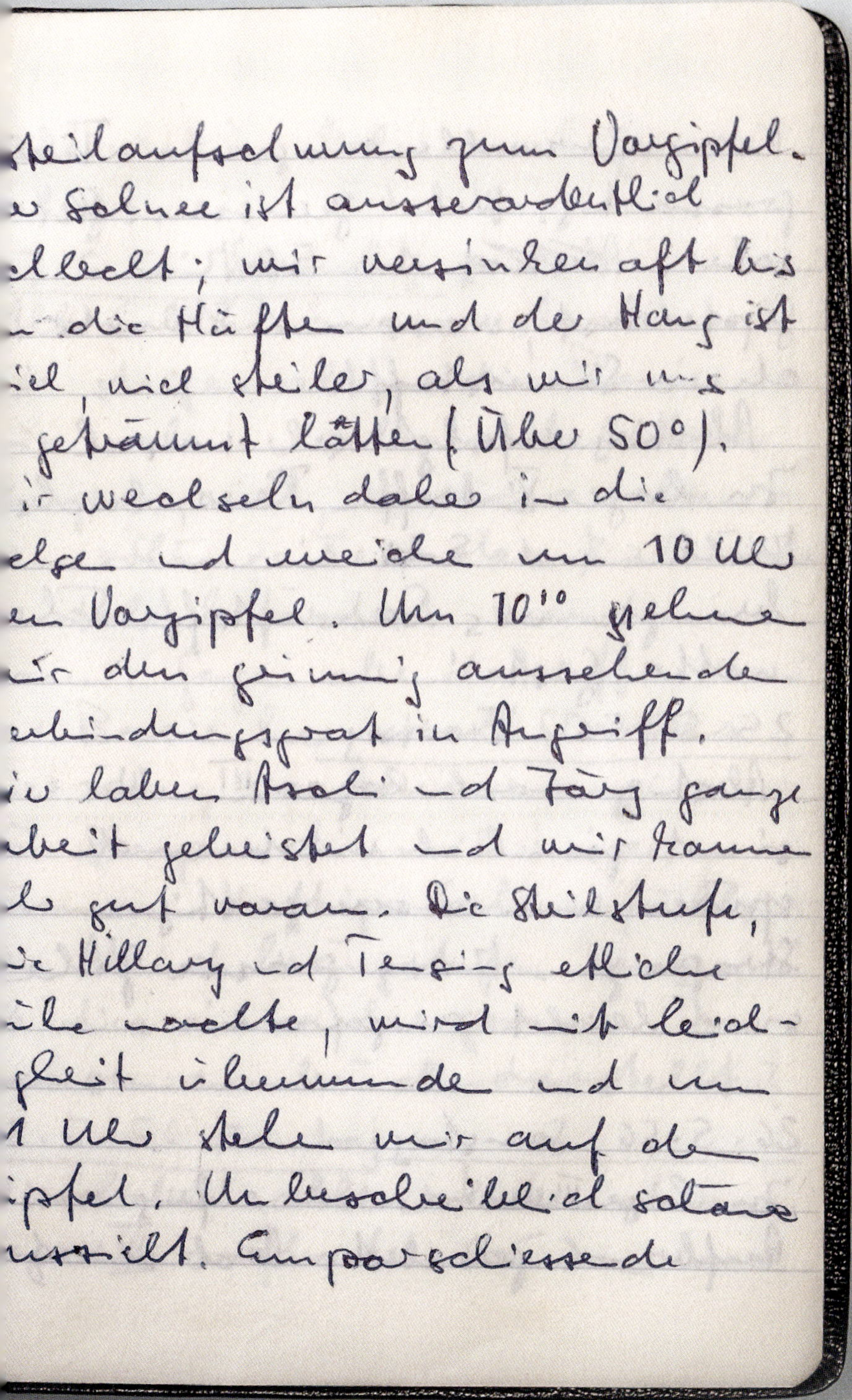
steilaufschwung zum Vorgipfel.
r Schnee ist ausserordentlich
lecht; wir versinken oft bis
die Hüfte und der Hang ist
iel, viel steiler, als wir uns
geträumt hätten (über 50°).
ir wechseln daher in die
elsen und erreichen um 10 Uhr
en Vorgipfel. Um 10^{10} nehmen
ir den grimmig aussehenden
erbindungsgrat in Angriff.
ier haben Ernst und Jürg ganze
rbeit geleistet und wir kommen
ehr gut voran. Die Steilstufe,
ie Hillary und Tensing etliche
ühe machte, wird mit Leich-
tigkeit überwunden und um
11 Uhr stehen wir auf dem
ipfel. Unbeschreiblich schöne
ussicht. Emporschiessende

Das Tagebuch von Hansruedi von Gunten
mit dem Eintrag vom 24. Mai, beginnend
mit der Sonne am Zelt bis zu *«Emporschiessende»*.

abweisend und abschreckend aus. Schmied und Marmet haben jedoch gestern ganze Arbeit geleistet und uns eine ausgezeichnete Spur hinterlassen. Wir turnen über grosse, verschneite Felsblöcke und erreichen den berüchtigten Steilaufschwung, der den Erstbegehern Hillary und Tensing offenbar etliche Schwierigkeiten bereitet hat. In gutem Schnee sind wir jedoch bald darüber hinaus und gelangen in grossen Stufen nach etwa 20 Minuten auf den Gipfel. Es ist jetzt genau 11 Uhr. Wir umarmen uns freudig. Es ist ein erhebendes Gefühl, auf dem höchsten Berg der Welt zu stehen! Gipfelfähnchen (Nepal, Schweiz) werden gehisst und dann wird fotografiert. Wir haben das unerhörte Glück, an einem völlig windfreien, jedoch kalten Tag auf dem Gipfel zu stehen und die Rast wird daher entsprechend lang: fast zwei Stunden bleiben wir oben, wovon eine volle Stunde ohne Sauerstoff! Wir fühlen uns absolut frisch und haben nicht das Gefühl, in so grosser Höhe zu weilen. Wir haben grossen Hunger und essen Dörrfrüchte. Unser Blick reicht unermesslich weit, denn wir überragen ja die übrigen Himalayariesen um vieles. Im Norden blicken wir auf das Märchenland Tibet; prächtige Kumuluswolken segeln friedlich dahin. Hier zieht ein unendlich wilder Gletscher weit ins Land hinaus, da leuchtet ein tiefblauer See, dort herrlich grüne Wiesen. Von Zivilisation ist jedoch nichts zu sehen: kein Haus, kein Dorf, kein Weg. Tief tief unten liegt der Khumbugletscher und unsere Aufstiegsroute. Dort stehen auch unsere Zeltlager und unsere Kameraden werden sich fragen, ob wir den Gipfel wohl erreicht haben. Uns gegenüber, jedoch viel tiefer, erhebt sich wild der Lhotse mit seinem steilen Couloir; hier waren vor bald einer Woche Reiss und Luchsinger aufgestiegen. Grosse Wolkenfelder mit riesigen Kumulustürmen nähern sich von Süden und mahnen uns daran, dass der Monsun noch immer tätig und wohl bald endgültig zu uns vordringen wird. Der Abstieg vollzieht sich ziemlich rasch und um 3 Uhr nachmittags erreichen wir das Lager im Südcol, wo uns Reiss, Luchsinger, Müller und der Arzt freudig erwarten.»

Und was empfand sein Seilkamerad Dölf Reist? Von ihm haben wir leider kaum schriftliche Zeugnisse (ausser den Memoiren, in denen er aus seinen für uns verschollenen Tagebüchern zitiert) – aber grossartige Bilder! Allerdings: Ausgerechnet sein Film vom Südcol zum Everestgipfel wurde auf dem Rückmarsch gestohlen, wie er am 29. Juni an Othmar Gurtner und die SSAF schrieb: *«Wie A. Eggler Ihnen bereits gemeldet hat, wurde uns auf der Etappe Ghat – Tose das Filmmaterial gestohlen. Glücklicherweise konnte der grösste Teil davon wieder beigebracht werden, aber leider fehlten einige sehr wertvolle Filme, so z. B. 40 Aufnahmen von Lager V – Gelbes Band und Südcol, und vor allem werde ich den Verlust des Filmes (Plus*

Dölf Reist auf dem Everest. «Auf dem Gipfel herrschte völlige Windstille», wird Albert Eggler in seinem Buch «Gipfel über den Wolken» schreiben. «Reist und von Gunten machten es sich bequem, als wären sie an einem schönen Tag irgendwo auf einem Gipfel der Alpen. Sie photographierten nach Herzenslust.»

X 35 mm), den ich vom Südcol bis auf den Everestgipfel gemacht habe, noch lange nicht verschmerzen können. Trotz der grossen Höhe habe ich mehrere Male das 5 cm-Objektiv gegen den Weitwinkel vertauscht und so Fernsichten und Detailpartien des Grates festgehalten. Nach diesem Verlust getraute ich mich dann nicht mehr, das wertvolle Bildmaterial nach Katmandu zurückzusenden, denn auch Dyhrenfurth ist ja viel Filmmaterial gestohlen worden. [...] Ich darf Ihnen versichern, dass ich tief aufatmen werde, wenn ich das ganze Filmmaterial in Sicherheit weiss.»

Öffnen wir eine Klammer: Was das Fotografieren anbelangt, war sich die Gruppe bewusst, dass ein Dokumentieren der Besteigungen von grösster Wichtigkeit war; Jürg Marmet hob dies in einem späteren, auf seinem verschollenen Tagebuch basierenden Bericht in der Hauszeitung der Sandoz, wo er arbeitete, hervor: «Auf dem Gipfel konnten wir im Ruhezustand unsere Sauerstoffgeräte ohne weiteres für einige Zeit ablegen. Sobald wir uns jedoch wieder erhoben (zum Beispiel um eine Aufnahme zu machen, da man heute die Besteigung eines Achttausenders möglichst ‹dokumentarisch› belegen muss), gerieten wir jeweils recht bald in Atemnot und waren froh, sie sofort wieder zur Hand zu haben.» In der späteren Geschichte des Himalaya-Bergsteigens gab es immer wieder Polemiken, wenn Spitzenbergsteiger die von ihnen verkündeten Erfolge nicht unumstösslich belegen konnten, weil sie keine Bilder vom Gipfel vorweisen konnten – umso bemerkenswerter ist das «fotografische» Engagement der Teilnehmer der 1956er-Expedition!

Lassen wir noch einmal Dölf Reist (im oben genannten Brief) sprechen: *«Viel Mühe liegt in diesen Filmstreifen, denn wenn man am ganzen Aufbau und Vordringen als Bergsteiger und nicht als Photograph beteiligt ist, bedeutet das Fotographieren, insbesondere in grosser Höhe, eine zusätzliche Belastung. Zudem hat meine Leica, die stets im Einsatz war, gelitten. Oft schleppt man einen schweren Rucksack – kommt nicht zum Ruhen oder holt sich kalte Hände, aber als begeisterter Amateur habe ich dies gerne getan und jetzt, da wir wieder im Tiefland sind, bedaure ich sehr, dass manches Motiv, das ich mir vorgenommen hatte, ungeknipst blieb. Ich hoffe, dass meine Kameraden diese Lücken noch füllen können.»*

Kehren wir zur zweiten Everest-Besteigung zurück, einen Tag vor dem Gipfelerfolg von Reist und von Gunten: Was fühlten Ernst Schmied und Jürg Marmet? Lassen wir zuerst Schmied sprechen, der in seinem Bericht «Der Weg zum Gipfel der Welt» (im ETH-Archiv der SSAF) die Ankunft auf dem Gipfel schildert: *«Der Verbindungsgrat scheint wohl stärker*

Lager VIa auf dem Südsattel: ein unwirtlicher, windgeplagter Platz, auch wenn die Sonne scheint. Am 22. Mai schrieb von Gunten ins Tagebuch: *«Im Südcol ist nur mehr sehr, sehr wenig Material (3 Flaschen Sauerstoff), so dass wir nochmals zur Seilbahnstation absteigen, um Sauerstoff und Proviant zu holen. Wiederaufstieg ohne Sauerstoff! Starker Sturm. Wie wird es Aschi und Jürg im Lager VII ergehen?»*

verwächtet als bei der ersten Besteigung von 1953, jedoch in begehbarem Zustand zu sein. Nach einigen Aufschwüngen, unterbrochen von tiefen Scharten, stehen wir vor dem letzten und grössten Hindernis, einem ca. 15 Meter hohen Kamin. Tief schöpfen wir Atem, bevor wir den durch die Erstbesteiger voller Respekt geschilderten Aufschwung angehen. Bald ist auch diese Stelle hinter uns und über steile Firnkappen steigen wir voller Ungeduld weiter. Ganz unversehens fällt um uns der Firn in die Tiefe. Der höchste Berg der Welt ist zum zweiten Mal bestiegen. Von Europäern. Benommen stehen wir für Augenblicke auf der schmalen Gratkante. Wir gedenken unserer Vorgänger Hillary und Tenzing, welche erstmals vor drei Jahren diesen einmaligen Ort erreichten. Viele haben seit dem ersten Versuch im Jahre 1921 um den ersehnten Erfolg gekämpft. Von den Tapfersten hat der Berg behalten.» Mit «*1921*» und den «*Tapfersten*» spielte Schmied auf die drei britischen Mount-Everest-Expeditionen auf der Nordseite an. Bei jener von 1924 verschwanden George Mallory und Andrew Irvine auf rund 8500 Metern in den Wolken – die Frage, ob sie danach den Gipfel erreichten, ist eines der grössten offenen Rätsel in der Geschichte des Bergsteigens. Mallorys Leiche wurde 1999 auf 8150 Metern gefunden, ein Schuh mit Überresten von Irvine im Herbst 2024 nahe der gleichen Stelle.

«Der Magen knurrt grässlich»

Doch kehren wir nach diesem Abstecher zurück zur zweiten Besteigung des Everest, zu der das amerikanische Magazin «Life» die schöne Zeile «probably the most satisfying second place» lieferte. Jürg Marmet schilderte den denkwürdigen Augenblick in einem 13-seitigen Bericht, der im ETH-Archiv der SSAF aufbewahrt wird: «*Stufe um Stufe schlagen wir nun in die kahle Eisflanke dem Gipfel zu. Links erblicken wir 2500 m unter uns die winzigen Zelte unseres Lagers III, rechts stürzen die wuchtigen Eismassen der Ostflanke in die Tiefe. Unsere Sauerstoffgeräte auf dem Rücken steigen wir mühelos und frisch, als ob wir irgendwo in unserer Heimat aufsteigen würden. Plötzlich stehen wir oben am riesigen Steilabfall der Nordflanke – wir stehen auf dem ‹Dach der Welt›, dem höchsten Gipfel der Erde. Es ist 2 Uhr nachmittags. Weit gleitet der Blick ins wolkenfreie Tibet, dem langen Lauf des Brahmaputra entlang und weiter über den Horizont in etwa 5–600 km Entfernung in den blauen Himmel hinein. Ab und zu sticht ein weisser, schneebedeckter Berg aus dem braunen Hügelmeer – sonst aber kein Weg, keine Siedlung, kein Leben – wie ein totes Land. Das Wissen um*

Südostflanke und Südostgrat des Everest, über die der Weg vom Südsattel verläuft; Blick von der Genferschulter (oben). Sherpas im Aufstieg am unteren Südostgrat auf einer Höhe von 8300 Metern (unten).

die Unzugänglichkeit dieses riesigen Landes, das sich noch viel weiter als bis zum Horizont erstreckt, bildet eine geheimnisvolle Atmosphäre: ein offener Blick in ein verbotenes Land. Im Süden wogt das gewaltige Wolkenmeer des Monsuns. Am östlichen Rande sieht man gerade noch die berühmten Achttausender des Lhotse, Makalu und Kangchendzönga, im Westen die stolze Pyramide des Dhaulagiri. Beinahe eine Stunde verweilen wir, schauen uns immer wieder um, photographieren und staunen. Der Magen knurrt grässlich, aber wir können nicht helfen, da uns ja über Nacht alle Nahrungsmittel im Schnee untergegangen sind. Was tut das schon zur Sache!»

Marmet bemerkte auch, er sei sich bewusst, «*dass dies eine meiner schönsten Grattouren sein wird, die ich je unternommen habe. Nicht, weil es der höchste Berg der Welt ist. Oh nein, ganz einfach, weil die Besteigung als solche ein Erlebnis ist, weil der Blick nach dem Tibet ins Unermessliche geht und das Wolkenspiel auf der andern Seite von so unerhörter Gewalt ist, wie man dies kaum in unsern Alpen zu sehen bekommen kann.*»

Machen wir einen Schritt zurück, zum Hunger, der natürlich auch Schmied plagte und den Marmet über die Nacht vom 22. auf den 23. Mai unterhaltsam schildert, und zwar in seinem Tagebuch, aus dem er im Bericht für die Sandoz-Zeitschrift ausführlich zitiert: «*Unter diesen Gedanken muss ich schliesslich eingeschlafen sein; denn ich sitze plötzlich mit meinen engsten Freunden in der ‹Öpfelchammer› in Zürich, meiner ehemaligen Studienstadt, bei ‹schwitzendem› Bier und kühlem Wein, esse in den besten Restaurants der Umgebung saftige Filetsteaks, Cremeschnitten und trinke Kaffee. Ein stöhnender Laut bringt mich leider allzu rasch wieder zurück in die enttäuschende nackte Wirklichkeit. Es ist halb drei Uhr morgens. Ernst stöhnt, er ist wach. Der Schnee hat das Zelt eingedrückt; es ruht nun auf seinem Körper, so dass er sich nicht mehr bewegen kann. Er bekommt keinen Sauerstoff mehr und leidet unter Atemnot.*»

Was war passiert? Am 22. Mai, als Marmet und Schmied im Südcol erwachten, schneite es. Einen Augenblick, so Marmet, «*erfasst uns ein Gefühl der Verzweiflung*», doch bald drückte die Sonne durch den Nebel und liess erahnen, dass über ihnen das schönste Wetter herrschte. Nachdem vier Sherpas aus dem alten Lager VI Brennstoff, Nahrungsmittel und Sauerstoff für den «*Angriff*», wie Marmet schreibt, geholt hatten, machten sich Schmied, Marmet und die vier Sherpas zum steilen Couloir auf, dass ihnen den Weg auf den Südostsporn und zu ihrem Lager VII eröffnen würde. Vor dem Aufbruch wandte sich Schmied an Albert Eggler, wie dieser in seinem «Gipfel über den Wolken» erzählt: «Gelt, du schaust zu meiner

Frau und dem Bärbeli, wenn ich nicht zurückkommen sollte.» Und dann gingen sie los. Marmet in seinem Tagebuch, aus dem er ausführlich in der Sandoz-Zeitschrift zitiert: «*Ernst Schmied übernimmt wie immer die schwere Arbeit des Spurens und Hackens und steigt rasch voran. Hinter ihm folgen vier Sherpas mit je 22 kg Material; ich selbst stolpere hintendrein.* [...] *Das immer steiler werdende Couloir verlassen wir nach rechts durch die Felsen und stehen 2½ Stunden nach Aufbruch vor den kahlen Überresten des Biwakzeltes, in dem Lambert und Tenzing 1952 die Nacht vor ihrer Umkehr verbracht hatten. Der blaue Himmel schimmert nun immer stärker durch den dichten Nebel hindurch* [...]. *Leider hat unterdessen aber auch der Wind aufgedreht und bläst uns Schneestaub ins Gesicht. Die Sherpas finden dies ‹no good, no good, Sahib›, wollen uns unserem Schicksal überlassen und wieder absteigen. Mit Mühe bringen wir sie dazu, mit uns noch eine Stunde höher zu steigen.*»

Standen die Sherpas vielleicht unter dem Eindruck der Mondfinsternis, die am Abend nach der Erstbesteigung des Lhotse «das Licht der Nacht erblassen liess», wie Marmet im Sandoz-Bericht bemerkte? Dort schrieb er auch über die Reaktion der Sherpas: «Nach ihrer Ansicht waren die Götter dadurch, dass wir unseren Fuss auf diesen Gipfel gesetzt hatten, so sehr erzürnt worden, dass sie nun uns Menschen den Mond entzogen.» Darauf machten sie ohrenbetäubenden Lärm mit Pfannendeckeln, Hornstössen und schrillen Pfiffen und hörten erst auf, als der Mond wieder hell am Himmel stand.

«Kaffee, Thon und Trockenbrot bilden unser Mahl»

Zurück in den 13-seitigen Bericht von Jürg Marmet: «*Um 17.30 Uhr zwingt uns der immer stärker werdende Sturm zum Biwakieren. Etwas links des Grates, auf etwa 8400 m, etwa halbwegs zwischen dem Schweizerzelt und dem Engländerzelt 1953, finden wir im Windschatten einen günstigen Platz, wo wir genügend Schnee und faules Gestein wegschaffen können, um ein ganzes Lyonerzelt einigermassen horizontal aufstellen zu können. Während die Sherpas wieder auf den Südsattel absteigen, verkriechen wir uns in voller Ausrüstung – Berghosen und Pullover, Daunenhosen und Daunenjacken, Windanzug und Fellstiefel – in die Schlafsäcke, ziehen den Biwaksack rasch über uns bis an den Hals und kontrollieren die Sauerstoffapparate. Nach Möglichkeit atmen wir Sauerstoff auch in Ruhe, da wir wissen, dass uns das Gas Wärme bringt, die wir hier oben bitter nötig haben. Denn draussen heult nun der Sturm und peitscht der Schnee ans Zelt. Durch jede Ritze dringt Schneestaub und enthebt uns der Mühe und Sorge, die Grundlage des heutigen Nachtessens, den Schnee zum Wasserschmelzen, draussen holen zu müssen. Kaffee, Thon und Trockenbrot bilden unser Mahl. Hunger haben wir kaum, dafür trinken wir möglichst viel, so viel wir auf unserm Butagasbrenner heiss machen können. Wir sprechen von den heimatlichen Bergen, vom Klettern, vom Baden und von Jugenderinnerungen. Spät in der Nacht öffnen wir zwischen zwei Windböen ein klein wenig den Reissverschluss – und blicken in den wolkenlosen Sternenhimmel und über die vielen schlafenden Täler und Hügel Nepals bis weit in den Süden hinein.* [...] *So verkriechen wir uns fröstelnd möglichst tief in die Schlafsäcke und sagen uns gute Nacht, obwohl wir wissen, dass wir nicht schlafen können, denn draussen reisst der Wind in allen Tönen heulend an den Zeltwänden, die Zeltbahnen flattern und klatschen und der Schnee fegt einige Zentimeter über unsern Köpfen dahin. Wenn das Zelt reisst, geht es um unser Leben und die Aussichten sind in einem solchen Fall klein. Wenn das Sauerstoffgerät versagt, dann fehlt uns die Grundlage der Wärmeerzeugung und uns drohen Erfrierungen.»*

Marmet, dem Sauerstoffexperten der Gruppe, der sich im Vorfeld lange mit Geräten und Ventilen – auch der Vorgängerexpeditionen – befasst hatte, war bewusst, dass die Einatmung von Sauerstoff auch in der Nacht für den Erhalt der Körperwärme wesentlich war.

Er schrieb weiter: *«Wenn der Sturm anhält, haben wir bald keinen Brennstoff und keine Lebensmittel mehr. Dann kämpfen wir gegen die Erschöpfung. Doch sind wir ja nicht ganz allein. In den untern Lagen sind unsere Kameraden, die uns laufend beobachten und wenn nötig, auch ihr Leben für uns aufs Spiel setzen würden. Ich weiss, dass unser Arzt, Edi Leuthold, genau wie wir diese Nacht kein Auge schliessen kann. Und dieses Wissen um unsere Kameraden tut wohl und beruhigt. Doch wie wird das Wetter morgen sein? Bereits fühle ich die grenzenlose Enttäuschung, die uns überfallen wird, wenn wir wieder absteigen müssen. Aber gegen das Schicksal lässt sich nichts machen. Und wir werden es in Ruhe hinnehmen, wie es bisher jede grosse Schweizer Expedition hinnehmen musste. Schliesslich ist eine Besteigung nicht das ‹Non plus ultra› – es gibt noch höhere Lebensziele.»* Diesen an Pathos reichen Zeilen Marmets folgt die Erwähnung des Einschlafens und des bereits zitierten Filet-Traums – und danach wird das Aufwachen neben dem unter dem Schnee begrabenen Schmied beschrieben. Marmet gab ihm zuerst Sauerstoff, dann entfernten sie den Stopfen der Matratze und liessen Luft heraus, damit Schmied etwas mehr Raum zum Atmen bekam. So warteten sie auf den Tag.

Nochmals aus dem 13-seitigen Bericht von Marmet: *«Um halb 4 Uhr ist es hell genug, dass ich aus dem Sack hinausschlüpfen kann, um das Zelt frei*

Lager VII auf 8400 Metern für den Gipfelsturm zum Everest. Dazu Eggler in seinem Expeditionsbuch: «Fünf bis sechs Meter westlich der Gratschneide fand sich eine kleine Mulde, in der sich ein einigermassen ebener Zeltplatz einrichten liess.»

zu schaufeln. Wie ich den Reissverschluss öffne, jagt der heulende Wind eine riesige Schneefontäne ins Zelt. Und unter uns liegt die Lhotseflanke und das CWM; ja, wir sehen bis in die indische Ebene hinunter. Das Wissen um den zu erwartenden schönen Tag erleichtert den unangenehmen Entschluss des Hinauskriechens, denn die Sonne hat bereits den Lhotsegipfel angeschlagen und auch Makalu und Kangchendzönga erglühen im rötlichen Licht des lebensspendenden Sonnenballs. Bald wird die Wärme der Sonne über den Gratvorsprung auch zu uns dringen.»

Statt Frühstück und Mittagessen: Stimulans-Tabletten

«Zweieinhalb Stunden schaufle ich mit einem Büchsendeckel den Schnee vom Zelt weg – es scheint mir bloss eine halbe Stunde gewesen zu sein – dann wollen wir uns hinter das Frühstück machen. Doch wir finden unsere Vorräte, die im Zeltvorraum tief unter dem Schnee begraben liegen, nur noch mit grösster Mühe. Wir erkennen, dass wir mindestens eine Stunde benötigen, um unsere Nahrungsmittel auszugraben und dass eine weitere Stunde verstreichen wird, bis der Schnee geschmolzen und das Kaffeewasser heiss ist. Wir wissen aber, dass wir nicht zu viel Zeit zur Verfügung haben und wir sagen uns, dass wir in unserem Leben noch oft frühstücken können, der Gipfel des Everest aber ein Frühstück wert ist. So lassen wir das bleiben. Stillschweigend, ohne Kommentar, ohne ein Wort, haben wir unsere sieben Sachen gepackt und nun sind wir bereit.» Zum Hunger auf dem Gipfel: die zweite Everest-Besteigung wurde also ohne Frühstück vollführt!

Auch Schmied erzählt viel über ihr Lager VII (Bericht im ETH-Archiv der SSAF): *«Bald stehen wir allein im Heulen des Gratwindes. Sofort muss versucht werden, das kleine Zelt auf der schmalen Plattform zu erreichen, sonst müssen auch wir möglichst rasch ins Lager VI absteigen. Der jetzt ununterbrochen donnernde Wind verfrachtet den in den letzten Tagen gefallenen Schnee nach der Ostseite des Berges. Jürg ist bei seiner Arbeit besonders behindert, da bei ihm als Brillenträger der Schnee ununterbrochen hinter die Gläser dringt, um nachher zu Eis verwandelt meinen Seilgefährten wie blind herumtasten zu lassen. An Mauerhaken aufgehängt und mit Steinen beschwert, flattert die höchste Behausung der Welt bedenklich schräg im Wind. Keuchend und nach Luft ringend kriechen wir in den Innenraum, um mit Schuhen und Kleidern angetan in die Schlafsäcke zu verschwinden. Nachher müssen wir uns vorerst gehörig mit Sauerstoff vollsaugen. Gegenüber früheren Expeditionen geniessen wir den Vorteil, durch Butagas gut funktionierende und leistungsfähige Kochstellen bis in die höchsten Lager zu besitzen. Nach kurzem Anwärmen der Flamme mit Meta summt in der Zeltapsis bald der Butakocher und langsam beginnen wir uns zu erwärmen. Auf dem umgekehrten Deckel einer Angriffspackung wird Schnee geschmolzen; das entstehende Wasser rinnt durch ein Loch in die Armeefeldflasche ab. Stundenlang wird nun abwechslungsweise Ovo, Tee und Suppe zubereitet und gierig verschlungen. Mit dem Verblassen des Tageslichtes wollen auch wir versuchen, uns durch etwas Schlaf für den morgigen Tag zu stärken. Die Sauerstoffzufuhr muss auf 1 Minutenliter abgedrosselt werden. Zum Sturm angewachsen, vollführt der Wind einen solchen Lärm, dass es trotz Schlaftabletten nicht möglich ist, einzuschlafen. Jürg dagegen schläft bald ruhig und tief.»*

Und dann die dramatische Nacht: «*Wilde Träume lassen mich auffahren. Was mag wohl für Zeit sein? Ich will die Hand mit der Uhr aus dem Schlafsack ziehen, was jedoch nicht möglich ist. Der Arm scheint wie in einem Gipsverband festzusitzen. Und im Halbschlaf döse ich weiter. Da beginnt über meine Stirne Wasser in die Maske zu tropfen. Sofort bin ich hellwach und beginne nach Luft zu schnappen. Jeder Bewegung unfähig, liege ich in einer unnachgiebigen Schneepackung. Jürg, der auf der Aussenseite des Zeltes liegt und sich immerhin noch bewegen kann, ist auch erwacht. Rasch begreift er, was vorgefallen ist und dreht den Sauerstoff auf 4 Minutenliter. Nach einigen Atemzügen hört das furchtbare Gefühl des Erstickens auf. Jürg öffnet den Verschluss des Zeltes und will ins Freie kriechen. Einem Sandstrahlgebläse gleich jagt der Sturm den reiskorngroben Schnee durch die Öffnung. Die Daunensäcke und Essvorräte, das ganze Zeltinnere, alles ist blitzschnell vom Schnee zugedeckt! Zwischen zwei Windböen verschwindet Marmet nach aussen. Mit einer leeren Verpflegungsbüchse beginnt er das ganz mit Triebschnee zugedeckte Zelt auszuschaufeln. Zirka eine halbe Stunde muss ich warten, bis es endlich möglich ist, die Arme im Schlafsack hochzuziehen und nach einer weiteren halben Stunde kann ich im Zelt aufknien. Es ist 3½ Uhr und ein leichter Lichtschimmer kündet bereits den neuen Tag an.* […] *Mein Gefährte hat eine riesige Arbeit hinter sich und kriecht hustend und keuchend ins Zelt. Die Bilanz, die wir ziehen müssen, ist nicht ermutigend. Das Zelt ist an drei Stellen zerrissen und der Wind bläst ununterbrochen Schnee in die Vorräume.*» Kochstelle und Nahrung liegen tief im Schnee vergraben, so Schmied weiter, «*und statt Frühstück nehmen wir zwei Stimulin- (oder stimulierende) Tabletten und beginnen uns marschbereit zu machen*».

Jürg Marmet fotografierte seinen Seilpartner Ernst Schmied in der Steilstufe unter dem Südgipfel des Everest, einmal von unten, einmal von oben.

«Ein halber Schuh wird gebunden, die Brille geputzt»

Der Weiteraufstieg hängt an einem dünnen Faden. Schmied: *«Unendlich langsam und mühevoll sind diese Vorbereitungen. Ein halber Schuh wird gebunden, die Brille geputzt, ein zweiter Schuh gebunden, ein Steigeisen befestigt. Die Arbeit scheint endlos. Um 8½ Uhr, nach vollen 4½ Stunden der Vorbereitung, stehen wir vor dem jetzt wieder gänzlich verblasenen Zelt. Doch wir beschliessen, mindestens einen Vorstoss nach oben zu machen, bevor wir absteigen. Das zweite Angriffsteam wird das Zelt wohl kaum als Stützpunkt für eine Besteigung verwenden können. Erst später sehen wir, dass der Tag schöner als der gestrige zu werden scheint. Sofort beginnt ein steiler Anstieg. Der Gipfel des benachbarten Lhotse steht jetzt deutlich tiefer. In unseren dicken Daunenanzügen und mit der schweren Last ist das Steigen sehr mühsam, doch der Wind scheint sich zu beruhigen. Auf dem Verbindungsgrat, der zum grossen Aufschwung führt, geraten wir in argen Bruchharst. Die Rundsicht wird immer grossartiger. Rechterhand verliert sich die Flanke im Bodenlosen, um sich 3000 Meter tiefer im Gletscherbecken des Kangshung fortzusetzen. Dort tief unten liegen die ersten grünenden Yakalpen. Die ganze Vegetation des Himalaya wartet auf die ersten Monsunniederschläge, ohne die das Land öde und unfruchtbar sein müsste. Wir hier oben können alles, nur keinen Monsuneinbruch brauchen. Vor diesem warmen Südwind bangen wir seit Tagen, bedeutet sein Einbruch für uns doch unverzüglichen Rückzug, wollen wir uns nicht den Abstieg durch Lawinen und Neuschnee verunmöglicht sehen.*

Gegen 11 Uhr ist der letzte, sehr steile Grataufschwung des Vorgipfels erreicht. Auf einer kleinen Plattform können wir die Sauerstoffflaschen auswechseln. Das Wetter ist prachtvoll geworden, wenn auch von Osten ein recht frischer Wind über die Gratkante bläst. Der Sauerstoffrest, der hier deponiert wird, würde genügen, um auf dem Rückweg bis zum Südsattel abzusteigen. Die Temperatur ist so hoch gestiegen, dass sämtliche Daunenkleider zurückgelassen werden. Wir steigen jetzt mit je 1 vollen Flasche, die bei 4 Minuten-Zufuhr 5 Stunden Gas abgibt. Sorgfältig werden die Anschlüsse ein letztes Mal überprüft. Die Säcke sind viel leichter geworden. Die Neigung des Schlusshanges dürfte bis gegen 50° betragen und der trügerische Bruchharst verlangt gute Hackarbeit und unsere volle Aufmerksamkeit. Um die Mittagsstunde ist die Firnkuppe des Vorgipfels erreicht (8700 m?). Riesige Wächten ragen weit in den wolkenlosen Himmel der Ostseite. Vor uns steht als letztes Hindernis der Gipfelgrat. Sein Fels besteht aus wackligen grösseren Kalkblöcken. Aus vielen Be-

Ernst Schmied bei der zweiten Erkletterung des Hillary Step (links). Diese berühmte Stelle am Everest mit Spuren des Auf- und Abstiegs (rechts). Hier stauen sich heute bei guten Verhältnissen Dutzende von Seilschaften.

schreibungen und Fotos wissen wir über dieses Stück Weg besser Bescheid als über manchen bekannten Grat der Heimatberge. Zwei Stimulans-Tabletten ersetzen das längst fällige Mittagessen, welches hart gefroren im Triebschnee des Lagers VII liegt.» Wieder nichts zu essen, wieder Stimulin beziehungsweise Stimulans! Dabei handelte es sich sicherlich um Amphetamin, das zum Beispiel auch von den Engländern am Everest 1953 und von den Franzosen 1950 an der Annapurna, bei der ersten Achttausenderbesteigung überhaupt, eingenommen worden war.

Als Schmied und Marmet auf dem Gipfel plötzlich im Nebel stehen – *«von Süden hat eine Monsunwolke unsere hohe Warte erreicht»* (Schmied) –, packen sie rasch den Abstieg an und sehen bald durch ein Loch in den Wolken die Zelte zweitausend Meter weiter unten im Western Cwm; nun wird der Hunger für Schmied unerträglich: *«Dort unten ist Thondup der Koch, mit Fruchtsäften, Ravioli, Tee und vielen anderen begehrenswerten Sachen. Der Gedanke an diese kulinarischen Genüsse lässt bei mir Magenkrämpfe aufkommen.»* Es wird aber Abend, bis sie, zurück im Lager VI, endlich essen können; Grimm und Eggler warten dort auf sie. Eggler notiert in seinem Tagebuch: *«Kurz vor 19.00 erreichen A + J den Südsattel (VI), wo wir sie in Empfang nehmen und füttern. Sie sind noch in guter Form und man sieht ihnen die Anstrengung wohl an, aber weniger als erwartet.»* Und gleich danach: *«Grimm hat sich beim Einrichten seiner Lagerstätte die Schulter ausgerenkt. Der Abmarsch muss verschoben werden, weil er von den beiden Pantoponeinspritzungen völlig berauscht ist.»* Pantopon war ein Anfang des 20. Jahrhunderts bei Hoffmann-La Roche entwickeltes, spritzbares Opium gegen Angstzustände, Krämpfe und schwere Schmerzen – ein berühmter Patient war Kafka, und die Amerikaner setzten es später im Vietnamkrieg breit ein.

«Als Schaufel dient der Deckel einer grossen Proviantbüchse»

Zurück an den Everest zur Drittbesteigung durch Dölf Reist und Hansruedi von Gunten am 24. Mai. Beide hatten in den Tagen davor wiederholt gezeigt, wie leistungsstark sie waren. Am 22. Mai stiegen sie mit sehr schweren Rucksäcken von Lager IV ins Lager VI im Südcol auf. Hier waren Eggler und Grimm, doch zu wenig Sauerstoffflaschen – also nochmals runter zur Seilbahnstation in der Lhotseflanke und mit Sauerstoff hinauf, während Schmied und Marmet hoch oben am Grat Lager VII aufstellten. Am 23. Mai vermerkt von Gunten in seinem Bericht (ETH-Archiv der SSAF), dass Marmet und Schmied erst um 9 Uhr aus ihrem gelben Zelt auf 8400 Metern kommen: *«Reichlich spät für den Besteigungsversuch des höchsten Berges der Welt!»* Um 14 Uhr verlassen Reist und er Lager VI, um ihrerseits ins Lager VII aufzusteigen. Auch sie haben keine angenehme Nacht vor sich …

Lassen wir von Gunten erzählen: *«Unsere Lasten sind noch schwerer als am Vortag, denn ausser dem treuen Da Norbu, der unermüdlich für die Sahibs einsteht, will uns keiner der Sherpas unterstützen, so dass wir Brennstoff, Sauerstoff und Proviant zum Grossteil selber schleppen müssen. Durch ein 45–50° steiles Schneecouloir gelangen wir mühsam auf den Grat und erreichen ungefähr um halb 5 Uhr das kleine Zelt, unser Lager 7. Gleichzeitig erscheinen Schmied und Marmet, die sich im Abstieg vom Gipfel befinden. Wir umarmen uns freudig: Das zweite Expeditionsziel, der Everest, ist auch erreicht! Die beiden schildern kurz ihre Erlebnisse und machen vor allem auf die schlechte Nacht, die sie im Lager VII verbracht haben, aufmerksam: Das Zelt sei mit Schnee zugeweht worden und sie hätten es nur mehr verlassen können, indem sie bei den Luftmatratzen die Luft abgelassen hätten. Zudem sei das Zelt stark zerrissen, so dass ständig Schnee hereingeblasen werde.* […] *Das Zelt ist schon wieder mit Schnee zugedeckt; es ist unmöglich hineinzuschlüpfen und wir pickeln und schaufeln (als Schaufel dient der Deckel einer grossen Proviantbüchse) volle 3 Stunden, bis wir es einigermassen frei haben. Der Mond steigt gross über dem Lhotse auf und es beginnt zu dunkeln. Das Zelt weist wirklich drei grosse Risse auf und von einem Windschutz ist nicht mehr zu reden. Schmied und Marmet hatten zusätzlich zum Zelt einen guten Nylon-Biwaksack gehabt; sie waren mit ihren Schlafsäcken in diesen gekrochen und auch für uns ist dieser Sack die letzte Hoffnung: Doch er ist unauffindbar verschwunden! Wahrscheinlich hat ihn, während wir mit Aufräumen beschäftigt waren, ein kräftiger Windstoss davongetragen. Ich habe zudem das Pech, dass sich an meinem Schlafsack der Reissverschluss nicht mehr schliessen lässt! Wir befinden uns also in einer ziemlich peinlichen Lage, denn auf 8400 m Höhe wird es doch nachts empfindlich kalt. Von halb neun Uhr bis nach Mitternacht kochen wir uns Ovomaltine, Haferschleimsuppe, Zitronenwasser, Limonade und bewahren uns durch diese Beschäftigung vor dem Frieren. Nachher versuchen wir zu schlafen. Dies ist jedoch kaum möglich, denn sofort beginnen wir zu frösteln, obwohl wir mit Kleidern und Schuhen in den Schlafsäcken liegen. Wenn sich dieser verdammte Reissverschluss doch schliessen liesse! Jeder Windstoss fegt uns feinen, eisigkalten Schneestaub ins Gesicht und bringt uns wieder ganz zum Erwachen.»*

Dann brauchen sie aber nicht die Hälfte der Zeit ihrer Vorgänger für die Vorbereitungen zum Aufbruch; von Gunten: «*Um 4 Uhr morgens geht unser Schlafsauerstoff zu Ende. Wir versuchen eine neue Flasche anzuschliessen; es gelingt uns jedoch nicht* […]. *Wir geben schliesslich unsere Bemühungen auf und beginnen mit Kochen. Jeder von uns trinkt etwa einen Liter Ovomaltine; essen mögen wir nichts. Mittlerweile hat die Sonne das Zelt erreicht. Es ist ein wunderbarer, windstiller Morgen. Erleichtert kriechen wir durch die zerfetzte Apsis hinaus, packen unsere Rucksäcke, gurten die Steigeisen fest und beginnen zu steigen. Es ist jetzt 6.45 Uhr. Jeder von uns schleppt im Rucksack zwei Flaschen Sauerstoff. Wir haben im Sinn, vor dem Vorgipfel je eine Flasche zu deponieren, um sicher auch auf dem Rückweg genügend Sauerstoff zu haben. Allerdings hat dies den Nachteil, dass unsere Säcke nun ein Gewicht von über 20 kg aufweisen! Vorerst steigen wir durch schneedurchsetztes Felsgelände auf. Über einen Schneegrat erreichen wir den langen Steilhang, der zum Vorgipfel führt. Tiefer, mehliger Schnee hindert uns am raschen Höherkommen. Wir sinken oft bis an die Hüfte ein und gelangen schliesslich kaum mehr vorwärts. Endlich entschliessen wir uns, die zweite Sauerstofflasche zu deponieren und uns dann in den Randfelsen höher zu arbeiten. Nie hätten wir uns eine solche Steilheit am Vorgipfel träumen lassen, denn diese übersteigt sicher 50°. Von unseren Vorgängern sind nur mehr die tiefen Abstiegsstapfen sichtbar; auch sie müssen durch die Felsen aufgestiegen sein.»*

Um 10 Uhr erreichten von Gunten und Reist den Vorgipfel, um 11 Uhr standen sie auf dem Gipfel. Dort verbrachten sie knappe zwei Stunden, davon eine Stunde ohne Flaschensauerstoff, und bereits um 15 Uhr waren sie in Lager VI zurück. Eggler fragte sich derweil, ob man weitere Besteigungen angehen sollte: Reiss befand sich im Aufstieg zum Südsattel, wohin er den Arzt Leuthold und den Glaziologen Müller begleitete. Luchsinger wäre wohl für einen Versuch am Everest zu haben gewesen, dann hätten sich aber auch, wie Eggler später in seinem Buch «Gipfel über den Wolken» ausführte, Schmied und Marmet dem Lhotse zuwenden wollen. Er zweifelte zudem, ob er selbst nach drei Nächten im Südsattel imstande wäre, nochmals zwei Tage dort zu bleiben und an einer Besteigung teilzunehmen. Der Entscheid fiel ihm schwer, auch weil die Reserven an Material im Südsattel – Nahrung und Sauerstoff – weitere Aufstiegsversuche zugelassen hätten. Schliesslich gaben der schlechte Wetterbericht, den der Verbindungsoffizier hinaufgefunkt hatte, und deutliche Monsunvorboten den Ausschlag: Der Leiter brach die Expedition ab. Er wollte den Bogen des Erfolgs nicht überspannen. Ein mutiger Beschluss und ein Beweis mehr seiner umsichtigen Führung. Zu dieser gehörten nach der sorgfältigen Akklimatisation und dem durchdachten Aufbau der Lagerkette auch seine am 11. Mai verfassten und im Kapitel Nebengeräusche 2 aufgeführten «Richtlinien für den Vorstoss auf den Everest».

«Freudentränen versickern in den fünf Monate alten Bärten»

Jürg Marmet zuoberst, Mütze und Sauerstoffmaske unter den linken Arm geklemmt, fotografiert von Ernst Schmied. Die zweite Seilschaft auf dem höchsten Punkt der Welt.

In der Hauszeitung der Sandoz schreibt Jürg Marmet, zurück daheim seien sie öfter gefragt worden, was sie auf dem Gipfel empfunden hätten: «Niemand von uns vermochte bisher eine befriedigende Antwort zu geben. Wir wurden auch gefragt, warum wir überhaupt ‹so etwas› unternommen hätten, worauf wir jeweils selbst die Frage zu stellen pflegten, ob unser Gesprächspartner Tennis spiele, ob er fischen gehe

oder ob er Marken sammle und warum er dies mache. Diese Gegenfrage wurde meist nur mit einem verlegenen Räuspern quittiert, und nur selten antwortete jemand: ‹Weil ich Freude daran finde.› Auch Psychiater schienen wir zu interessieren. Sie sprachen von uns als von unglücklichen Naturen mit Minderwertigkeitskomplexen, mit Bewährungsdrang vor der Furcht oder mit extremer Gefahrenliebe. Aber auch sie konnten uns nicht mehr Freude und Spass bereiten, als die amerikanische Lady, die an einer Pressekonferenz in Delhi unumwunden fragte: ‹Tell me, how high did you climb before you stopped thinking about girls?›» Spass beiseite – erst nach Monaten und Jahren, so Marmet gleich danach, hätten sie die Wirklichkeit des in ihrem Leben einmaligen Erlebnisses zu realisieren begonnen.

Erfreuen wir uns zum Schluss an den Zeilen von Ernst Schmied über die Momente auf dem Everest: «*Eine unbändige Freude übernimmt uns plötzlich und wir umarmen uns immer wieder von neuem. Freudentränen versickern ungesehen in der Maske und den fünf Monate alten Bärten. Wir hissen die Wimpel von unserem Gastlande Nepal und das Schweizerfähnchen. In einer Orgie des Fotografierens werden an die 100 Aufnahmen gemacht. Unbeschreiblich ist die Rundsicht. Der eindrücklichste Ausschnitt ist der Nordausblick in die unendlichen, braunen, weiten Hügelflächen des Märchenlandes Tibet. Soweit das Auge reicht, nichts als braune, vegetationslose Hügelzüge, deren höchste Kuppen Schnee tragen. Von Ost nach West zieht der Schicksalsfluss Bengalens, der Brahmaputra, als breiter Silberfaden die Grenze zwischen Tibet und den Gletscherbergen des Hochhimalaya. Ganz weit im Westen steht unverkennbar die stolze Pyramide des Dhaulagiri über seinen Trabanten (ca. 500 km entfernt). Die anderen grossen Berge der Welt, Cho Oyu, Gaurisankar, Makalu, Kangchenjunga, alle stehen sie in der Runde, alle sind deutlich niedriger als der Everest.*»

Top of the World:
festgehalten von Dölf Reist. Im Hintergrund der Makalu (8485 m), der Welt fünfthöchster Gipfel (oben).
Von Gunten und Reist (ohne Mütze) zurück im Südsattel, flankiert von Müller und Leuthold (unten).

4.12 «Die Besteigung des Lhotse ist bedeutsamer»

Abschied vom Khumbu und Rückkehr in die Zivilisation

Die Bergsteiger kehren ins Basislager zurück und treten den Rückmarsch an; in den Sherpadörfern werden die Gipfelerfolge gefeiert. Erleichterung, etwas Wehmut und Vorfreude auf die Heimkehr bestimmen die Gefühle. Ein dreister Diebstahl und ein Zwist um Bärte bringen noch einmal etwas Unruhe in die Gruppe.

——— Von Hans Rudolf Keusen

Am 28. Mai kehren die Bergsteiger mit den Sherpas ins Basislager zurück und machen sich an die Vorbereitungen für den Rückmarsch. Die Verhältnisse haben sich verändert, der Schnee ist geschmolzen, überall fliessen Bäche. Zum letzten Mal hören sie die regelmässig nachts um 21 Uhr von der Nuptseflanke niederdonnernde Eislawine.

Über Radio BBC kommen die ersten Gratulationen. Eggler freut es wohl sehr, dass Hunt die Bedeutung der Lhotse-Erstbesteigung besonders würdigte; er schreibt am 29. Mai in sein Tagebuch: «*Schon früh schickt Dawa 13 Sherpas zum Lager II hinauf, um die restl. Lasten zu holen. John Hunt hat unserer Expedition über BBC im Frühdienst gratuliert. Ebenfalls Hillary und Tenzing gratulieren. Nach Hunt ist die Besteigung des Lhotse bedeutsamer als die Wiederbesteigung des Everest.*»

Luchsinger gibt seiner Gemütsstimmung in den Notizen vom 28. Mai Ausdruck: «*Es fällt uns leicht, die Rückmarschvorbereitungen zu treffen; wir benötigen nur noch 80 Kulis. Alles Material kommt herunter, wir*

Lager II im Western Cwm mit dem Gipfel des Lhotse hinten. Er ist der erste 8000er, den Schweizer erreichten. Mehr noch: Auch die zweite Besteigung gelang einem Schweizer: am 8. Mai 1977 durch Hans von Känel, zusammen mit Hermann Warth und Sirdar Urkien.

können es nicht verantworten, die Leute noch mehr im Eisbruch zu belassen. Glücklich sind wir, als abends der ganze Stab samt Gehilfen in der Basis ist. Kein Unfall, alles gesund! Auch wenn anfänglich Ausfälle wegen Krankheit da waren, so stand über der Expedition ein ganz besonderer Stern. Gesundheit, Frohmut u. Erfolg kennzeichnen unsere Unternehmung.» Und am 29. Mai: *«Es sind schliesslich rund 30 Kulis ins Basislager angerückt. Mit diesen machen wir den ersten Transp. bis Lobuje. Während rund 2 Mt. war unsere Basis besetzt. Es war eine schöne Zeit. Heute gilt es vom Khumbu Abschied zu nehmen u. damit trennen wir uns auch vom Hochgebirge, von der Gebirgswelt, von der ich seit Jahrzehnten geträumt habe. Mein Wunsch ist nicht nur in Erfüllung gegangen, er gehört der Vergangenheit an, die vom schönen Erfolg gekrönt ist.»*

Feiern in Namche Bazar und Thyangboche

In Namche Bazar und Thyangboche wird die Rückkehr der Sherpas und Bergsteiger überschwänglich gefeiert. Luchsinger und Reiss beschreiben die Empfänge und Feste in ihren Aufzeichnungen; so Luchsinger in seinen Notizen vom 2. Juni: *«Langsam setzt sich die Kol. in Bewegung. Die Stimmung ist gut. In Thyangboche machen wir Halt, der Hunger zwingt uns dazu. In einem Hause macht man sich die Ehre, uns mit Schälkartoffeln, Tschang, Arak u. Tea zu bewirten. Aber auch der Head-Lama will sich diese Gelegenheit nicht entgehen lassen, seine Frau bewirtet uns, während er leicht lächelnd die Gebetsmühle dreht. – In Thyangboche ist Grossempfang in der Gomba. Im Klosterhof führen die Sherpa Tänze bis nach Mitternacht auf.»* Am 3. Juni notiert er weiter: *«Eine denkwürdige Strecke habe ich heute zu begehen: Thyangboche – Namche. Ja, hier habe ich richtig gelitten. Heute ist es anders. Im Nebel suchen wir unseren Weg. In Namche ist der Frühling längstens eingezogen, die ausgedehnten Kartoffeläcker liegen in saftigem Grün. Bei den Indern werden wir herzlich empfangen. Diese Parties gefallen mir besser, es wird weniger getrunken u. die Qualität ist gut. – Abends werden wir von Einladungen verschont. Wir sitzen gemütlich im Messezelt beisammen u. stellen mit Befremdung fest, dass die Stiftung sich bis heute nicht bemerkbar gemacht hat!»* Gleichentags schreibt Reiss in sein Tagebuch: *«Durch ein Fenster in den Monsun- und Nebelwolken schauen wir ein letztes Mal auf unsere beiden grossen Berge. Dann ziehen wir weiter nach Namche Bazar. Hier werden wir auf der Funk- und Poststation zu einem Tee eingeladen.»*

Am 5. Juni wird Luchsinger in seinen Notizen etwas wehmütig: «*Scheiden tut weh! Auch wir müssen dieses Tal einmal verlassen. Nach einigen Abschiedstrunken sind wir so weit. So wie wir einst einzogen, so verlassen wir heute Namche, fröhlich, zufrieden u. gesund. Bei angenehmem Wetter ziehen wir talauswärts. Ein grosser Teil der Kol. ist nicht mehr nüchtern. – Heute gabs keine Zw. Vpf. Tuchel u. ich haben einen Hungerast. In einem neuen Hause erhalten wir Omeletten. Die Zivilisation u. die Art der Ernährung dringt durch die Exped. auch bei der ländl. Bevölkerung durch.*» Reiss schreibt am gleichen Tag: «*Nach einer ausgiebigen Tschang Trinkerei der Kulis und Sherpas verlassen wir das berühmte Namche Bazar. Hart wird der Abschied für Fritz Müller, der allein hier zurückbleibt. Wir bestimmen für die angetrunkene Gesellschaft einen Lagerplatz zwischen Monjo und Gath.*» Fritz Müller, der Glaziologe, hat seine Kameraden bis Namche Bazar begleitet. Hier verabschiedet er sich von ihnen, um in den nächsten fünf Monaten im Khumbu seine Messungen und Beobachtungen weiterzuführen. Ein Teil der in den Lagern zurückgelassenen Lebensmittel wurden geholt und für Fritz im Basislager deponiert.

Rhododendren, Schmetterlinge, Blutegel, Nebel und Regen

Der Rückmarsch ist anstrengend. Mehrere hohe Pässe müssen überwunden werden. Zudem ist das Wetter oft regnerisch, trüb und neblig. Die Tagebucheinträge schildern die Strapazen, die ständige Nässe und gleichzeitig die Schönheit der Landschaft. Hansruedi von Gunten notiert am 8. Juni: «*Date-Alp Tanga. Sehr langer steiler Aufstieg von 700 m, Abstieg von 650 m und Wiederaufstieg von 1200 m. Unser Trainingszustand ist nicht mehr der gute von vor der Besteigung. Wir fühlen uns müde. Offenbar kann man so hohe Berge doch nicht besteigen, ohne geschwächt zu werden.*» Luchsinger ist unbeschwerter, wie er in den Notizen vom 9. Juni vermerkt: «*Während der verflossenen Nacht hat es ausgiebig geregnet. Es war gut, dass die Kulis ein Obdach gefunden haben. Der Morgen ist schön, um 08.00 setzt sich die Kol. in Bewegung. Leider kommt bald der Nebel u. nimmt uns jede Sicht. Mühelos überschreiten wir den berüchtigten Pass (ca. 4300 m), der 1952 zwei Todesopfer forderte. Der Abstieg nach Ringmo ist sehr angenehm, er führt über Alpweiden, durch ganze Rhododendren-Gärten u. mächtige Wälder. Während des ganzen Marsches hat es heute nie geregnet. Ich bin mit Dölf vorausgegangen u. habe die ganze Strecke unbeschwert zurücklegen können.*» Luchsinger weiter, am 10. Juni: «*Leicht prasselt der Regen auf das Zeltdach. Während des ganzen Tages hat es geregnet. Prächtig war der Aufstieg ab Ringmo. Die 500 m Höhendifferenz hinterliessen uns keinen besonderen Eindruck. Es ist schon so, das allgemeine Konditions-Training auf unseren Märschen ist sehr gut. Der Weg nach JUNBESI erinnert an einsame Täler in der Schweiz. – Heute war Posteingang. Auf der ganzen Linie sind freudige Nachrichten eingegangen. Es herrscht freudige Stimmung im Lager.*»

Das wechselhafte Wetter mit viel Sonne am Morgen und Regen und Nebel am Nachmittag ist immer wieder Thema in den Tagebucheinträgen von Reiss und Luchsinger; so schreibt Reiss am 11. Juni: «*Ein prächtiger Sonnenmorgen führt uns zum nächsten 3600 Meter hohen Pass und bei Nebel und Gewitter zum schönen Gehöft der Alp Setta.*» Und Luchsinger am gleichen und darauffolgenden Tag: «*Pana-Sahib* [Tuchel] *kann heute sein Wiegenfest feiern, er hat dazu einen wunderbaren Tag ausgesucht. Der Himmel ist blau, wie an Tagen des Anmarsches. Die Kulis haben wieder einmal Startschwierigkeiten, die Kol. setzt sich erst 08.45 in Bewegung. Zuerst sind 600 m an Höhe zu gewinnen, bis der Kulminationspunkt erreicht ist. Bei unserer Ankunft schleicht bereits Nebel über den Sattel. Der Abstieg ist landschaftlich schön. Die Sicht ist allerdings weniger berauschend.* [...] *Während der Nacht regnets in Strömen. Wir befinden uns mitten im Blutegel-Gebiet, scheusslich diese Viecher, die überall eindringen!*» Und am 12. Juni: «*Steil geht's die Terrassen zum Talboden hinunter. Mit dem gestrigen Stück sind es 1800 m Abstieg. Unten beginnt die üppige Vegetation; auf 2000 m ü. M. gedeihen Mais, Kartoffeln, Korn, Reis. Die Luft ist schwer von Feuchtigkeit. Wir überschreiten die erste Hängebrücke. Die Täler werden offener; die Steinhäuser sehen gepflegt aus; hier dominiert die Streusiedlung. Schön aber heiss ist der Aufstieg nach Chyangma. Die Blutegel haben hier ihre Heimat; auch Schlangen sind keine Seltenheit. Hier ist das letzte Sherpa-Dorf.*»

Reiss geniesst die schöne Natur und leidet gleichzeitig unter Furunkeln im Gesicht, er nimmt Penicillin, wie er am 12. Juni im Tagebuch festhält: «*Nach grossem Abstieg gelangen wir zum Bergbach hinab, wo wir wieder einmal gründlich baden. Ein tiefes Tal mit Blumen, Schmetterlingen und Eidechsen leitet hinüber in den Aufstieg in das grüne Talbecken vom Chyangma. Am Abend und in der Nacht regnet es heftig. – In der Nacht war es heiss. Ein Furunkel hat sich bei mir am falschen Ort hin platziert. Über eine idyllische Kettenbrücke leitet ein Auf- und Abstieg zu den beiden Bergwassern ohne Brücken. Dann wieder ein sehr hoher Aufstieg über die Krete nach Jaksha. Nochmals erfolgt ein heftiges Abendgewitter.*» Am 16. Juni schreibt er: «*Wieder geht*

Schirm statt Pickel: wasserreiche Rückkehr aus den hohen Bergen ins warme Tiefland. Oben rechts Ernst Reiss, unten Jürg Marmet.

es dem Talhang entlang auf den schmalen Mäuerchen der Reisfelderterrassen u. in steilem Abbruch über den Chantaka Khola mit seiner hohen Kettenbrücke. Im oben liegenden Fichtenwald frühstücken wir. Langgezogene Bergkämme mit Dörfern lenken in einen Seitenhang und über die Senke von Manga Deorali hinab zum neuen Lagerplatz. Im Regen stellen wir die Zelte und ich nehme die Penizillinspritzen.»

Der dreiste Diebstahl

Am 6. Juni bemerkt Eggler, dass seine Bürokiste mit Dokumenten, Geld, Pass und Fotomaterial fehlt: *«In den Bürokisten fehlen die Blechschachteln mit den Filmen und meine schwarze Mappe mit Portefeuille, Geld und Pass etc. Der Kuli Nima Dorje aus Monjo hat die Kiste einer Frau übergeben, die ist verschwunden. Spät nachts setzte ich eine Belohnung von 500 Rs aus, für die Beibringung der Filme etc.»* Die Belohnung funktioniert, der Dieb wird gefasst, ein Teil der Sachen gefunden – auch die für uns heute so wichtige Expeditionspost wird gerettet! So schreibt Eggler am 7. Juni erleichtert in sein Tagebuch: *«Wir bleiben in Tate, bis der Diebstahl erledigt ist. Schon früh wird gemeldet, die Filme seien gefunden. Gegen 9 Uhr bringt eine Ehefrau ein Tuch voll Filme und ein buntes Durcheinander, alles ist aufgerissen, herumliegende Filmstreifen sind aus der Spule herausgezogen. Etwa um 10 Uhr kommen auch Urkia und seine Gruppe. Sie bringen die Blechschachtel und meine schwarze Mappe, die sie im House Nima Dorje gefunden haben, resp. die ihnen dieser am Morgen früh übergeben hat, sowie ein Plastiksack voll Akten, die Nima unterwegs unter einem Stein versteckt hatte. Nima Dorje soll mit den Sherpas bis nach Namche gekommen und sich dann geflüchtet haben. Es fehlen 4 belichtete Filme sowie etwa 7 schwarz-weiss und gegen 14 Farbfilme, diese alle unbelichtet. Vor dem Mittagessen gehen Dölf und HR mit 5 Sherpas auf die Suche nach den fehlenden Filmen. Am Abend wird uns noch ein Film gebracht.»*

Wie Luchsinger und Reiss den Vorfall erleben, beschreiben sie in ihren Einträgen, so etwa Luchsinger in seinen Notizen vom 6. Juni: *«Unangenehme Überraschung: Die Foto-Schachtel samt Inhalt ist entwendet worden! Diebstahl, Grossalarm! Wer hat an Filmen Interesse? Ist es eine Organisation? Ist es Pasang? Es gibt verschiedene Möglichkeiten. 2 Sherpas u. 2 Kuli steigen in der Nacht nach Tate ab, um den Träger der Büro-Kiste, in der die Filme waren, zu überraschen.»* Am 7. Juni notiert er weiter: *«Die Stimmung in unserem Lager hat sich gebessert: 3 Mannen u. eine Frau bringen*

Beim Diebstahl der Expeditionspost gingen ein paar seiner Filme verloren: *«Vor allem werde ich den Verlust des Filmes, den ich vom Südcol bis auf den Everestgipfel gemacht habe, noch lange nicht verschmerzen können»*, schrieb Dölf Reist am 29. Juni in einem Brief an Stiftungspräsident Gurtner (oben). Picknick unter Bäumen beim Marsch nach Kathmandu; links Ernst Reiss mit der roten Zipfelmütze, die er auch auf dem Lhotsegipfel trug (unten).

exponierte Filme! Aufgelesen neben dem Weg. Wir atmen auf: die meisten Filme sind unbeschädigt! Den Rest des Verlustgutes finden unsere Leute in der Wohnung des Trägers. Der Dieb hatte es gar nicht auf die Filme abgesehen, sondern auf die Spulen! Tuchels Mappe samt Pass u. Fhr.-Ausweis können ebenfalls ausfindig gemacht werden. Die angesetzten 500 Rs müssen an die 8 Mann verteilt werden.»

Auch Reiss erwähnt das Geschehnis am 6. Juni im Tagebuch: «*Früh brechen wir auf nach Tate, aber der Regen erwischt uns bald. Am Abend gibt es eine grosse Aufregung, denn Dokumente und alle Filme wurden uns aus der Bürokiste gestohlen. Tuchel setzt eine nächtliche Suchaktion ein.*» Am Tag darauf kann er ergänzen: «*Die Suchaktion in der Nacht war erfolgreich. Wie dumm wären wir dagestanden, ohne ein einziges Bild über 7000 Meter. Die mit Sparablanc eingewickelten Filme nahmen zum Glück im Regen keinen Schaden.*»

Die Diskussion zwischen Eggler und den *«Bartklüblern»*

Eine kleine, von aussen gesehen unbedeutende Geschichte strapaziert noch einmal die Gemeinschaft der Schweizer. Dabei geht es um mehrmonatige Bärte. Am 12. März – während des Anmarschs, auf einem schönen Lagerplatz mit Blick auf Everest und Lhotse in der Ferne – machten Ernst Reiss, Hansruedi von Gunten und Ernst Schmied ab, ihre Bärte bis zur Rückkehr in die Schweiz wachsen zu lassen.

Luchsinger seinerseits schnitt den Bart bereits am 11. Juni beim Ankommen in zivilisiertere Gegenden ab: «*Ich entscheide mich, den Bart abzuschneiden, er ist über 3 Monate alt geworden.*» Dann, am 16. Juni, verlangt Eggler auch von den anderen ein etwas zivilisierteres Auftreten, wie Luchsinger in seinen Notizen vom 16. Juni erzählt: «*Gestern Abend hat sich noch eine lebhafte Diskussion entwickelt, die leider ein trübes Licht hinterliess. Tuchel hat über das Verhalten in der Zivilisation orientiert. Die Expedition hat grossen Erfolg gehabt, wir dürfen stolz sein. Er verlangt von uns aber Bescheidenheit u. dazu gehört auch das Auftreten. Wir müssen deshalb nicht auftreten mit dem Bart. Die ‹Bartklübler› können sich damit gar nicht abfinden, ihre Einstellung ist primitiv u. kindisch.*» Am 18. Juni fährt er fort: «*Was ich am 15.6. an Ere prophezeite, ist wahr geworden, das Lager der Sahibs ist gespalten. Die Bärtigen gehen ihre eigenen Wege, obwohl der Club durch das Ausscheiden Aschis aufgehoben wurde.*»

Es ist auf den ersten Blick erstaunlich, welche Auswirkungen diese eigentlich so harmlose Geschichte auf die Bergsteiger hatte. Aber sie waren lange zusammen gewesen, in engen Zelten, häufig müde, bei schlechten Wetterverhältnissen – verständlich, wenn man sich da auch einmal auf die Nerven ging. Die Bartgeschichte ist vielleicht nur das sichtbare und späte Ausbrechen aufgestauter zwischenmenschlicher Spannungen: Man hatte einfach ein wenig genug voneinander ... Und was schreibt Luchsinger in der Reinschrift seines Tagebuchs zu dieser Geschichte? Nichts! Wie bereits bei früheren Nebengeräuschen verschweigt er in der Reinfassung der Notizen auch diesen Konflikt.

Bei dieser Teepause trugen die Teilnehmer noch Bärte. Rechts vorne Schmied, hinten in der Mitte Eggler.

Weisse Betten, Badewannen, europäisches Essen

Am 20. Juni steht die Trägerkolonne kurz vor Kathmandu. Es gilt noch einen letzten Pass zu überqueren. In «Gipfel über den Wolken» schreibt Eggler: «Am 20. Juni eilten wir Sahibs mit den Presseleuten bei strömendem Regen der Trägerkolonne voraus, um Katmandu zu erreichen. Dann zogen wir in Katmandu ein. Die Träger verbrachten die Nacht noch einmal in Banepa und wurden am folgenden Morgen durch Cars abgeholt. Herzlich war der Empfang, den uns unsere dort tätigen Landsleute sowie Amerikaner, Engländer und Inder, insbesondere aber auch die einheimische Bevölkerung und ihre Regierung bereiteten.»

Luchsinger und Reiss schreiben einiges über die letzten Tage des Rückmarschs und ihrer Ankunft in der Zivilisation mit den lange entbehrten Annehmlichkeiten; so Luchsinger in den Notizen vom 20. Juni: «*03.30 Tagwache. Schon lange bin ich nicht mehr so früh aufgestanden. Um 04.30 können wir wegmarschieren. Es regnet. Ich komme mir vor wie auf der Schlussetappe der Tour de Suisse. Jeder verspürt Stalldrang. In PANEPAN können wir den Stationswagen von Mr. Streit (Photo-Reporter) besteigen, obwohl er wegen den Str.-Verhältnissen etwas Hemmung hat. Nach einer Viertelstunde müssen wir aussteigen. Die Strasse gleicht einem Morast-Haufen. Mit Ziegelsteinen verbessern wir die Fahrbahn; der Wagen kommt durch. Mister Boris vom Royal Hotel in Katmandu schickt uns zwei Jeeps u. einen Lunch entgegen. Seit langem trinken wir die erste Flasche Bier. Um 14 Uhr fahren wir in Katmandu ein. Wie kommen wir uns vor: Badewanne, wenn auch uraltes Modell, Speisesaal, Tischtuch, Diener, etc. Ja, so nach 4 Monaten schätzt man den Komfort wieder!*»

Am 21. Juni notiert er weiter: «*In einem Bett geschlafen! Vormittags gibt Pana-Sahib eine Presseorientierung. Er geht in seinen Ausführungen zu weit, aber die Journalisten verstehen es allzu gut, die ‹Würmer› aus der Nase zu holen. Um 13.15 kommen die Kulis u. Sherpas per Lastwagen an. Die Kulis machen grosse Augen, wie sie den Hotelkomfort sehen, der grösste Teil ist zum ersten Mal hier. Frau Siegenthaler, bei der wir die Kleider abholen, hat für uns gewaschen u. geglättet. Alles ist in bester Ordnung. Tuchel verliest einige Telegr., die z. T. seit 30.5. bei der Regierung lagen!*» Reiss schreibt am gleichen Tag ins Tagebuch: «*Wir liegen in weissen Betten, stürzen uns nur so über das europäische Essen und hören Musik. Am Morgen muss Tuchel einen Pressempfang geben. Nachmittags sind wir in der Schule von Father Moran eingeladen.*»

In seinem allerletzten Tagebucheintrag vom 8. Juli lobt Reiss den Empfang zurück in der Schweiz: *«Der Tag der Heimkehr, wohl das Schönste zum Abschluss dieser gut gelungenen kameradschaftlichen Exped. Unternehmung. Nie hätten wir einen so begeisterten Empfang erwartet. Der Schweizerischen Stiftung f. Alpine Forschung, besonders der Grosszügigkeit von Präs. Herrn Karl Weber, werden wir stets unseren grössten Dank schulden.»* Dazu auch nochmals Eggler in «Gipfel über den Wolken»: «Wenige Tage später brachte uns ein abwechslungsreicher Flug über Indien, Istanbul und Athen, wo wir überall freundliche Aufnahme fanden, nach Kloten. Der Willkomm der Heimat, hier und an anderen Orten, berührte uns alle zutiefst. Wir waren ja nicht ausgezogen, um irgendeine löbliche oder wertvolle Tat zu vollbringen, sondern bloss, um ein fremdes Land, die Gebirge des Himalaya, kennenzulernen.»

«Die Expedition stand unter einem guten Stern»

Am 24. Juli 1956 schliesst Fritz Luchsinger die Reinschrift seines Tagebuchs mit einer Rückschau auf die Expedition. Die Krankheiten, obschon für ihn selbst lebensbedrohlich, sind Vergangenheit. Die grossen Gipfelerfolge der Expedition überstrahlen alle Unbill. Die Nebengeräusche sind verblasst und keine Erwähnung mehr wert:

«Schluss-Betrachtungen:
Die Expedition stand unter einem guten Stern. Auch wenn der Anmarsch nicht gerade ermutigend war (meine Krankheit u. diejenige von Wolfgang Diehl), so haben im entscheidenden Moment – u. dieser Moment dauerte 5 Wochen – doch alle Teilnehmer ihre Möglichkeiten leisten können. – Wenn mich Leute fragen, weshalb wir die wirklich unvorhergesehenen Erfolge ernten konnten, so komme ich zu folgendem Schluss:

Die Bergsteigergruppe war physisch-psychisch wirklich stark.

Demzufolge waren auch die Seilschaften den grossen Anforderungen in jeder Hinsicht gewachsen.

Das Team-Work war ausgezeichnet.

Der Leiter genoss das Vertrauen aller.

Die uns zur Verfügung gestellte Ausrüstung (inkl. O_2) war vorzüglich u. allen Anforderungen gewachsen. Einzig die WICO-Daunen-Artikel liessen in Bezug auf Qualität zu wünschen übrig.

Die Wetter-, Schnee- u. Eisverhältnisse waren im Allgemeinen gut, auch wenn hie u. da ein Sturm überstanden werden musste. Alle Wetterumschläge hielten sich im Rahmen des Erträglichen.

Die Sherpas haben im allgem. gut gearbeitet. Man darf aber von diesen sogenannten ‹erfahrenen Hochgebirgsträgern› nicht allzu viel erwarten, denn sie sind verwöhnt nur teilweise in grossen Höhen verwendbar, resp. einsatzfähig alpinistisch ist der grösste Teil gar nicht ausgebildet (können sich nicht richtig anseilen)

Es war ein Glück, dass der Sirdar Pasang DAWA LAMA krank wurde u. dass an seiner Stelle DAWA Tensing stand, denn Pasang kennt die Anforderungen einer grossen Expedition nicht ist ein ganz bequemer ‹Herr› (gelinde ausgedrückt) nimmt seine Aufgabe als Sirdar entweder nicht ernst oder kennt sie überhaupt nicht hat auch durch sein Verhalten bewiesen, dass seine Person im Vordergrund steht u. nicht die Interessen der Expedition!

Wir alle sind gesund und voller Begeisterung von dieser Expedition zurückgekehrt. Glücklich deshalb, weil wir ein langersehntes Ziel erreicht haben u. die grossen Bemühungen u. jahrelangen Bestrebungen der Schweiz. Stiftung für Alpine Forschungen mit dem verdienten Erfolg gekrönt wurden.»

Lassen wir auch noch Albert Eggler in «Gipfel über den Wolken» zu Wort kommen. Er schreibt am Schluss: «Dankbar gedenke ich dann aller, die vor uns einen Weg auf diese Höhen gesucht und auf deren Erfahrungen wir uns stützen konnten. Dankbar erinnere ich mich aber auch jener, die unser Unternehmen durch Rat und Tat erst möglich gemacht haben. Dann denke ich auch wieder an unser Bangen um die schwer erkrankten Kameraden und an den vorzeitigen Monsuneinfall, die schliesslich doch nur zu unserer Stärkung beigetragen haben.

Wenn ich nun abwäge, was mir wohl den grössten Eindruck gemacht hat, so finde ich keine eindeutige Antwort. Ist es der Anstieg, das Geschehen in der Höhe oder gar die weite Rundsicht von der Höhe des Himalaya? Oder ist es der Geist, der meine Kameraden hielt und ihnen zur Überwindung aller Hindernisse den Weg gewiesen wie die Kraft gegeben hat? Ich weiss es nicht. Ich weiss nur, dass unsere an frohen und schwierigen Stunden so reiche Expedition von einem guten Stern begleitet war und zu einem Erlebnis geworden ist, das jeden von uns, je nach seiner Veranlagung, hat reifen lassen.»

Kleider machen Leute: Reist, Reiss, Eggler und Luchsinger bei einem Empfang in Kathmandu (oben); Grimm, Reiss, Eggler und Luchsinger auf einem Flughafen unten). Der Leiter nahm die Rekpa und Ki getauften Tibet-Terrier zurück in die Schweiz.

4.13
«Diese Untersuchungen versprechen sehr interessant zu werden»

Fritz Müller: der Wissenschaftler der Expedition

Zur 1956er-Expedition gehörte auch der Geograf und Glaziologe Fritz Müller. Er begleitete das Team als Wissenschaftler und blieb nach dessen Rückkehr nach Hause weitere fünf Monate allein im Khumbu, um seine Untersuchungen weiterzuführen. Wir haben kein Tagebuch, aber hervorragende Fotos von ihm. Eine Würdigung.

——— Von Christine Kopp

Nach seiner Ausbildung zum Primarlehrer schlug der am 16. April 1926 im Kanton Zürich geborene Fritz Müller Studien an der Uni Zürich ein. Ausgehend von der Geografie, verlagerte sich sein Interesse zunehmend auf die Glaziologie. Als Teilnehmer von Expeditionen war er 1952 und 1953 in Nordgrönland, dann untersuchte er Pingos, also durch Eiswachstum entstandene Hügel in Permafrostgebieten, in Ostgrönland und 1954 und 1955 im Norden Kanadas; 1959 promovierte er in Zürich zu diesem Thema.

Der Glaziologe Fritz Müller bei Vermessungsarbeiten.

Bereits drei Jahre zuvor, als junger Wissenschaftler, erhielt Müller die Gelegenheit, die Schweizer Everest-Expedition 1956 zu begleiten. Dank einer Verlängerung seiner Aufenthaltsbewilligung blieb er nach der Heimkehr der Bergsteiger weitere fünf Monate allein im Khumbu, mit einer Handvoll ausgewählter Sherpa-Gehilfen, und führte seine umfangreichen Forschungen fort. Davor begleitete er das Team auf dessen Rückmarsch bis nach Namche, von wo aus er einen interessanten Brief an die Stiftung für Alpine Forschung schrieb – eines der wenigen schriftlichen Dokumente, die wir von ihm aus dieser Zeit haben. Es gibt über seine Tätigkeit, aber auch seine Sorgen Aufschluss: «*Zurzeit begleite ich meine siegreichen Bergkameraden einige Tagesmärsche talwärts, nicht, dass ich darauf erpicht wäre, an ihrem Triumphzug teilzuhaben. Es ist mir vielmehr ein Bedürfnis, einige Tage im Grünen zu verbringen, bevor das grosse Alleinsein im ‹Monsunheim› beginnt. Das Wetter des heutigen Tages, Regen, feiner Regen aus gespenstischem Grau, gibt mir einen Vorgeschmack, was meiner wartet. Da es künftig wohl für längere Zeit keine Gelegenheit mehr gibt, Ihnen einen Bericht über meine bisherige Tätigkeit zukommen zu lassen, will ich dieses Wetter dazu nutzen. Vorerst möchte ich darauf hinweisen, dass ich in dieser ersten Phase ‹meiner› Expedition den Bergsteigern für ihre zum Teil selbstlose Hilfe sehr zu Dank verpflichtet bin. Obwohl sie in der Besteigungsphase alle ihre Energien dem Berg zuzuwenden hatten, blieben sie mir gegenüber stets hilfreich.*»

«Mit den bisherigen Resultaten darf ich sehr zufrieden sein»

«Mein Ziel lässt sich nicht in einem enthusiastischen Sturmangriff erobern, es verlangt vielmehr Ausdauer und Beharrlichkeit. Dass aber gerade für diese Anforderungen das Wissen um gute Rückendeckung von grosser Hilfe ist, brauche ich wohl nicht speziell zu betonen. Ich würde mich jedoch sehr freuen, wenn ich von der Stiftung vernehmen dürfte, dass sie bereit ist, mir zu helfen, die nun erst richtig auftauchenden Schwierigkeiten moralischer und materieller Art zu überbrücken. Ich darf ruhig eingestehen, dass die mir gestellte Aufgabe für einen Einzelnen viel zu gross ist. Die Schwierigkeit liegt darin, dass sie nicht einfach beliebig beschränkt werden kann. So bin ich z. B. rein durch die Natur der Untersuchungen zu einer gewissen Vielfältigkeit gezwungen. Um die Morphologie der Glazialtäler dieser Gegend zu verstehen, muss ich mich vorerst intensiv mit den heutigen Gletschern des

Eine grossartige Aufnahme von Müllers geheimem Ausflug über den Nangpa La ins chinesische Tibet (oben). Beim Zusammenfluss der Gletscher Khangri Shar, Khangri Nup und Khumbu; Blick auf Everest (ganz hinten) und Nuptse (unten).

Hochhimalayas befassen. Hierzu sind langfristige und zeitraubende Messungen nötig. Zur Interpretation der glaziologischen Resultate sind Beobachtungen und Messungen über das Wetter – spez. Niederschläge und Temperaturen – unerlässlich, denn es existieren in ganz grossem Umkreis keine meteorologischen Beobachtungsstationen. Vorläufig ist es mir leider noch nicht gelungen, Sherpas so weit einzuüben, die Wetterstation selbständig zu führen, obwohl ich nur die Grundelemente des Khumbu-Wetters zu erfassen bemüht bin, d.h. mit anderen Worten, dass ich meine Basis noch nicht auf mehr als maximal einige Stunden verlassen darf, ohne meiner Aufgabe untreu zu werden. Dadurch ergibt sich aber eine fast unverantwortliche räumliche Beschränkung. Gehetzt durch solche Schwierigkeiten, ist es verständlich, dass mir zurzeit Fragen auftauchen wie: Wird eine entsprechende Ausarbeitung dieser Untersuchungen nach meiner Rückkehr möglich sein? Ich weiss, dass der Nationalfonds für solche Ausarbeitungen nur sehr beschränkt Mittel zur Verfügung stellen kann. Sollten aber die nun angesetzten Feldarbeiten im vorgesehenen Rahmen ausgeführt werden können, so ist mit einer Ausarbeitungszeit von einem Jahr zu rechnen. Die Drucklegung einer solchen Arbeit ist mit Fr. 5–8000.– zu veranschlagen. Wie gedenkt die Stiftung die finanzielle Seite dieses zweiten Teils meiner Arbeit zu lösen? Als ich diese Frage zum ersten Mal aufwarf, wurde darauf hingewiesen, dass sich die Mittel für die Ausarbeitung des glazialmorphologischen Teiles aus der kommerziellen Ausbeutung der Kartierung schöpfen liessen. Diese Quelle ist inzwischen ausgefallen. Sie wollen daher bitte entschuldigen, dass ich diese Frage erneut aufwerfe.»

Dann äussert er sich zur bereits ausgeführten Arbeit: «*Mit den bisherigen Resultaten darf ich sehr zufrieden sein. Die Bergsteigerequipe hat mir in grosszügiger Weise Gelegenheit gegeben, im ‹Western Cwm› einige ganz einmalige Messungen durchzuführen, sowohl über die Bewegungen des Gletschers wie auch über die dortigen Schnee- und Firnverhältnisse. Sehr grosse Freude machen mir die Vergleichswerte zur Basislager-Wetterstation. Einige der Bergsteiger, vor allem aber der nepalesische Verbindungsoffizier, haben mir in selbstloser Weise Beobachtungen durchgeführt, die sehr wertvoll sind. Nach dem Abschluss der Arbeiten im Cwm werde ich mich nun vorwiegend dem unteren Teil des Khumbugletschers und dessen Moränen zuwenden. Seit Anfang der Expedition habe ich am Khumbugletscher 3 Bewegungsprofile unter Kontrolle. Am Seelager habe ich eine Experimentierstation für Frostphänomene im Allgemeinen und für Periglazialerscheinungen im Speziellen eingerichtet. Diese Untersuchungen versprechen sehr interessant zu werden. Im Zusammenhang mit diesen Untersuchungen sah ich mich denn auch gezwungen, beim Weggang der*

Ständiges Messen an unterschiedlichen Orten. Im Basislager (vorangehende Doppelseite), am Gletschersee, wo Fritz Müller wie immer von Sherpas unterstützt wird. *«Am Seelager habe ich eine Experimentierstation für Frostphänomene im Allgemeinen und für Periglazialerscheinungen im Speziellen eingerichtet. Diese Untersuchungen versprechen sehr interessant zu werden.»*

Bergsteiger-Expedition mein Basislager nach ‹Geraschep› = Seelager zu verlegen (incl. Wetterstation). In nächster Zukunft werde ich auf dieser Höhe des Khumbugletschers mit Hilfe meiner 4 Sherpas einen Kreisstollen erstellen und für den Rest der Zeit periodisch untersuchen. Es lassen sich hier einige Fundamentalfragen der Glaziologie unter ganz neuen Voraussetzungen angehen. Ich freue mich sehr auf diese Arbeit. Für die Gelegenheit, in diesem hohen Masse frei und unabhängig wissenschaftlich arbeiten zu dürfen, bin ich Ihnen, sehr geehrte Herren der Stiftung, sehr zu Dank verpflichtet und werde Ihnen gerne aus dem ‹Monsunheim› gelegentlich detaillierteren Bericht über den Fortgang der Arbeit zukommen lassen.»

Eine Bemerkung wert ist, dass Müller während seiner Khumbuzeit einen Abstecher über den Pass Nangpa La ins verbotene, damals für Ausländer geschlossene Tibet machte und davor oder danach im Kloster Thyangboche eine Begegnung mit einem bedeutenden Lama hatte. Von diesem Treffen, vermutlich anlässlich des buddhistischen Mani-Rimdu-Festes im November, gibt es Aufnahmen. Beim Lama müsste es sich um Ngawang Tenzing Zangbu handeln: Der aus einer Sherpa-Familie von Namche stammende 21-Jährige war ebenfalls in jener Zeit, nach der Erklärung zur Reinkarnation und der Ausbildung in Tibet zum Mönch, in Thyangboche eingetroffen; er sollte dann das Kloster bis zu seinem Tod 2020 als ‹Thyangboche Rinpoche›, also als geistiges Oberhaupt, führen.

Vom *«Monsunheim»* nach Zürich und in die Arktis

Nach der Expedition ins Khumbu arbeitete Müller zwei Jahre lang an der Versuchsanstalt für Wasserbau der ETH Zürich, bevor er 1959 mit der Leitung des Forschungsprojekts der McGill University auf der damals völlig unberührten Axel-Heiberg-Insel im Norden Kanadas betraut wurde. «Axel» wurde für Müller zur zweiten Heimat, gleich wie Kanada selbst, wo er an der McGill University in Montreal Associate Professor wurde. 1970 kehrte er, nach der Wahl zum Professor für Geografie mit Schwerpunkt Glaziologie an der ETH Zürich, mit seiner Frau Barbara und seinen beiden Töchtern in die Schweiz zurück. Er blieb Honorarprofessor der McGill University und begann eine weitere Forschung in der kanadischen Arktis. Danach war er eingebunden in die Erstellung eines weltweiten Gletscherinventars, in dessen Rahmen er 1973 das Schweizer Gletscherinventar veröffentlichte. 1976 wurde er zum Vorsitzenden des Permanent Service on Fluctuations of Glaciers und des Temporary Technical Secretariat gewählt, zweier Organisationen, die die Vorläufer des World Glacier Monitoring Service waren.

Müllers Beruf entsprach sicherlich seiner Berufung, und Weggefährten beschrieben ihn als überaus begeisternden und offenen Menschen – sein gewinnender Charakter kam zweifelsohne auch der Schweizer Everest-Expedition zugute, wo er wohl hie und da eine ausgleichende Rolle einnehmen konnte. Selbstlos unterstützte er zudem, wie Hansruedi von Gunten in seinem Tagebuch erwähnte, den Arzt Edi Leuthold im Kloster Thyangboche bei der Pflege des kranken Fritz Luchsinger. Als junger Lehrer hatte Müller behinderte Schüler unterrichtet, und mit der ihm eigenen Menschlichkeit und Einfühlsamkeit bildete er während seines achtmonatigen Aufenthalts am Khumbugletscher einen Sherpa, der kaum lesen konnte, zum zuverlässigen Messgehilfen aus.

Fritz Müller verhalf ‹seinem› Institut an der ETH Zürich zu Grösse und Bekanntheit. Damit wuchsen aber auch seine Verpflichtungen – Arktisprojekte, Sitzungen, Gletscherinventare, Vorlesungen, Betreuung von Diplomanden und Doktoranden, die administrative Leitung des Instituts, die Zeit für seine Familie … 1979 begann er zudem mit einer Studie im Umfeld des Rhonegletschers. Dort, auf dem Gletscher, starb er am 26. Juli im Alter von nur 54 Jahren an einem Herzversagen. Sein Name lebt nicht nur in seinen Forschungen weiter, sondern auch in der ‹Müller-Eiskappe›, einem nach ihm benannten Plateaugletscher im Westen der Axel-Heiberg-Insel. Und nicht zuletzt im dokumentarischen Kurzfilm seiner Enkelin Celeste Koon von 2019: Das Thema von «Love Letters from Everest» sind die Liebesbriefe, die sich Koons Grosseltern Barbara Battle und Fritz Müller während seiner Zeit im Khumbu 1956 geschrieben hatten.

5

Festhalten – den Pickel und auf dem Papier

Die Bedeutung von Berg-Tagebüchern aus historischer Sicht

Bergsteigen hat, wie andere menschliche Tätigkeiten auch, mit Schreiben zu tun. Für sich selbst, für die anderen. Wer nur bezeugen wollte, dass der Gipfel bestiegen, die Route gemacht sei, könnte ja zuoberst bloss einen Steinmann errichten, unterwegs ein paar Haken schlagen. Und ein beweiskräftiges Foto schiessen. Aber mit schriftlichen Zeugnissen, verfasst am Berg oder dann im Tal, tut sich ein neuer Horizont auf.

——— Von Daniel Anker

Ein Tagebucheintrag, der Geschichte schrieb: «*At 12.50 saw M. + I. on ridge nearing base of final pyramide.*» Es war der 8. Juni 1924, George Mallory und Andrew ‹Sandy› Irvine waren im Lager VI auf 8140 Metern aufgebrochen, um den höchsten Gipfel der Welt (8848 m) zu besteigen – das Ziel der dritten britischen Expedition auf der Nordseite des Everest. Mit dabei der Geologe Noel Odell, der die beiden Alpinisten um 12.50 Uhr mit dem Fernrohr zum letzten Mal sah und das in seinem Tagebuch in den ersten sechs Tagen danach notierte. In späteren Berichten, zuerst für den Expeditionsleiter Edward Norton, dann im «Alpine Journal» und schliesslich im Expeditionsbuch «The Fight for Everest», präzisierte Odell die letzte Sichtung von Mallory und Irvine.

Auflisten: Albert Eggler mit Notizbuch, in dem er Herkunft und Lasten der Sherpas verzeichnete.

Die bis heute ungeklärte Frage stellte Odell im Beitrag «The Last Climb» im «Alpine Journal» von 1924: «Has Mt. Everest been climbed?» Artikel, Bücher und Filme sowie Expeditionen beschäftigen sich seither damit. 1999 wurde die Leiche von Mallory auf 8150 Metern unterhalb des Nordostgrats gefunden, 2024 ein Schuh von Irvine am Fuss des Berges. Wenn die Fotokamera mit belichtetem und in der Kälte konserviertem Film gefunden würde, wüsste man vielleicht mehr. Oder versteckt sich ein Pickel der zwei Gipfelstürmer zuoberst? Man weiss es nicht. Aber dank der verschiedenen schriftlichen Äusserungen weiss man mehr, als wenn nichts geschrieben worden wäre.

Von Mallory haben wir noch zwei letzte Nachrichten, die er am 7. Juni 1924 einem der vier Träger mitgab, die ihn und Irvine bis ins Lager VI begleitet hatten und dann abgestiegen waren. An den Expeditionsfotografen John Noel schrieb er:

«Dear Noel

We'll probably start early to-morrow (8th) in order to have clear weather. It won't be too early to start looking out for us either crossing the rock band under the pyramid or going up skyline at 8.0 P.M.

Yours ever,

G. Mallory»

Natürlich meinte Mallory A.M., also acht Uhr vormittags – auf über 8000 Metern kann es schon passieren, dass man sich verschreibt. Das passierte auf seine Art ebenfalls dem Lhotse-Erstbesteiger Ernst Reiss. In seiner Sternzeichen-Agenda, die er zum Notizbuch der «Schweiz. Everest-Lhotse Expedition 1956» (so die Überschrift oben links am Sonntag, 22. Januar) umfunktioniert hatte, kam es zu einer Datumskollision. Auf der Doppelseite vom Sonntag, 8. April, bis Samstag, 14. April, notierte er, was am 1. und 2. April passierte. Er merkte es, korrigierte entsprechend auf zwei Seiten die beiden Daten mit dem Hinweis «*Achtung Datum*». Für mich ein Beweis, dass die «Kalender-Aufzeichnungen» (so der Begriff von Reiss) wirklich vor Ort, im oder vor dem Zelt, gemacht wurden. Sie gehören zur zweiten Kategorie schriftlicher Äusserungen, die Alpinisten im Zusammenhang mit ihrem Tun hinterlassen.

Notieren: Ernst Reiss im Zelt – ob er in der rechten Hand einen Stift hält? (oben). Doppelseite aus seinen «Kalender-Aufzeichnungen», wo er *«Achtung Datum»* oben links hingesetzt hat (unten).

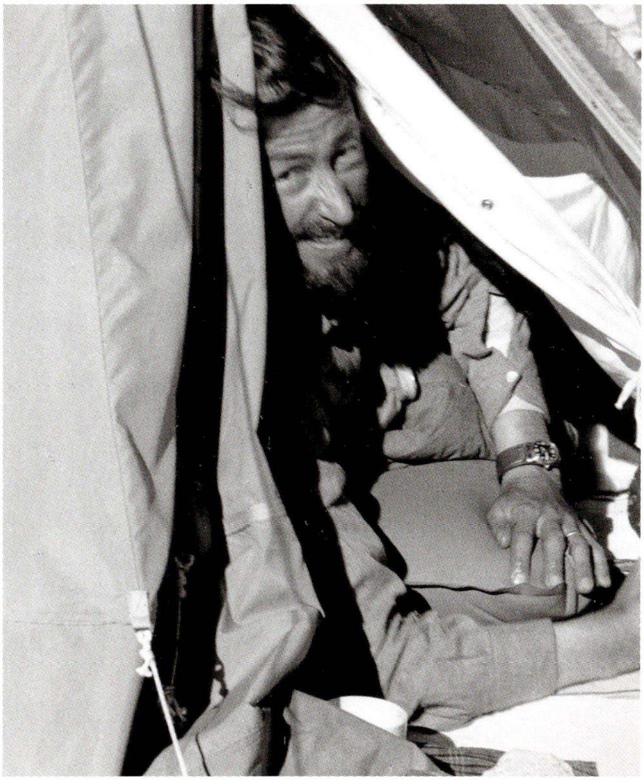

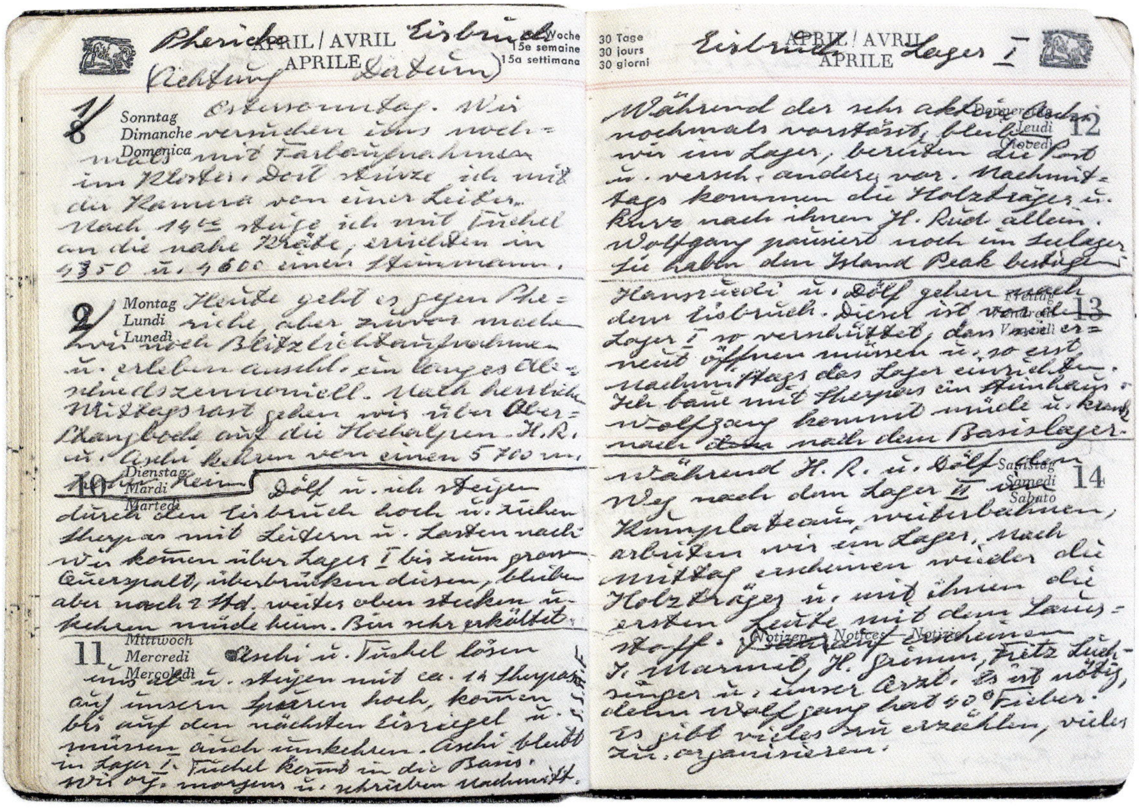

Schriftliche Spuren, öffentlich und privat

Diese Zeugnisse lassen sich in drei Kategorien unterteilen:

1. Vor der Tour/Expedition: Ankündigung via Presse, Internet und Social Media sowie im Hüttenbuch.

2. Während der Tour/Expedition: Notiz auf einem Zettel, der einer Person mitgegeben wird oder in ein Gefäss gelegt wird (wie die Notiz der verunglückten Eigernordwand-Helden Sedelmayr und Mehringer in einer Zigarettenschachtel), Routen- und Wandbuch, Gipfelbuch bzw. Gipfelflasche (in die leer getrunkene Weinflasche wurden Visitenkarten oder Zettel mit Infos gesteckt), Touren- und Tagebuch (letzteres vor allem auf Expeditionen), Infos (oder auch mehr) auf Internet und Social Media.

3. Nach der Tour/Expedition: Hütten- und Hotelbuch, Führerbuch, eigener Bericht, fremder Bericht bzw. Artikel in der (Fach-)Presse, Buch, Infos bzw. Berichte auf Internet und Social Media. Und natürlich auch wieder Touren- bzw. Tagebuch. Das zuletzt genannte Medium ist privater Natur – eigentlich. Aber wenn die Touren- bzw. Tagebücher aufbewahrt werden, sei es auf privater Basis oder in einer öffentlichen Institution, können sie gelesen und veröffentlicht werden, nur Teile davon oder auch ganz.

Zu den erwähnten schriftlichen Zeugnissen vor, während und nach bergsteigerischem Tun kommt noch die Korrespondenz der Teilnehmenden und der im Hintergrund Agierenden – weniger bei Tagestouren als auf Expeditionen. Die Expeditionspost, die oft kaum bekannt wird und im Glücksfall in einem Archiv landet. Wie bei der Schweizer Lhotse- und Everest-Expedition 1956: Expeditionspost und Tagebücher wurden für dieses Buch sozusagen aus dem Rucksack geholt.

Mehr und weniger schreiben oder auch fast nichts

In seinem später geschriebenen Tagebuch hält Ernst ‹Ere› Reiss unter dem Datum 18. Mai 1956 seinen alpinistisch grössten Augenblick fest: «*Uns selber und die Rucksäcke sichern wir am eingerammten Pickel. Aus gut einem Meter Entfernung knipsen wir unsere Gipfelaufnahmen.*» Das sind zwei Sätze mit 19 Wörtern; insgesamt braucht Reiss für die Schilderung der Erstbesteigung des Lhotse 478 Wörter. Anders sein Eintrag vom 18. Mai im Notizbuch: gerade mal 96 Wörter für das Festhalten der Lhotse-Tour.

Fixieren: Leiter Eggler mit Verbindungsoffizier Pradhan zu Beginn der Expedition, denn Eggler ist noch glattrasiert (oben). Leuthold und Marmet im Zelt; jetzt wäre doch Zeit für ein paar Zeilen im Tagebuch … (unten).

Genau umgekehrt machte es Seilpartner Fritz Luchsinger. Die Erstbesteigung des vierthöchsten Berges der Welt beschrieb er in der ersten Fassung des Tagebuchs, von uns Notizbuch genannt, mit 506 Wörtern. In der zweiten Fassung, der Reinschrift, blieben 252 Wörter. Zum Glück sind von beiden Lhotse-Erstbesteigern beide Tagebücher erhalten geblieben. Das Notizbuch von Luchsinger ist allerdings aufschlussreicher, was das Zusammenleben unter den Schweizern und mit den Einheimischen angeht. Dazu seine lebensgefährliche Blinddarmentzündung – und sein mutiger, wenn nicht frecher, Vorschlag zu einer anderen Zusammensetzung der Gipfelseilschaften am Everest, als der Expeditionsleiter festgeschrieben hatte. Ausgerechnet Luchsinger und Aschi Schmied sollten eine Seilschaft bilden; doch Eggler konnte ja nicht Kenntnis von Luchsingers Eintrag im Notizbuch vom 10. Mai gehabt haben:

«Eine gute Nacht liegt hinter mir, mit O_2 habe ich selten gut geschlafen. Welch ein Gefühl auf 8000 m: unter mir ein Teil der Erde. Es ist ein Tief- u. Weitblick, wie ich ihn noch nie erlebt habe.

Kalt ist es im Zelt, das Thermometer zeigt –20 Grad an. Jede Bewegung ist langsam u. schwerfällig. Gemächlich machen wir uns marschbereit, es ist bereits 10.30! Das Wetter hat sich verschlechtert, Nebel steigt auf, es beginnt zu schneien. An einen ‹Ausflug› ist nicht zu denken, also aufräumen u. absteigen. Es liegen bereits 30 cm Neuschnee. Meinen Pickelhammer, den Aschi gestern in 2 Teile geschlagen hat, vermisse ich sehr. Doucement steigen wir ab, denn einen ‹Rutscher› mit dem ca. 25 kg schweren Rucksack möchte ich nicht riskieren. Das Seilgeländer im Couloir, das Ere heute spannte, leistet uns gute Dienste. Die Stimmung im Lager V ist nicht gut. Von den 6 Sherpas sind einzig Imma Tensing u. Lobsang brauchbar. Von unten haben wir nur geringe Nachrichten, Pasang wird abtransportiert, nimmt aber die besten Sherpas mit. Wenig Lebensmittel u. noch weniger Brennstoff machen uns den Entschluss leicht: Abstieg!

Ere, Hans, Aschi u. ich steigen mit 6 Sherpas zum Lager III ab. Die Wand ist neblig, die Route ist verschneit!»

Starker Text, stimmungsvoll und präzise, und dann dieses fast poetische *«doucement»*. Es fehlt in der Version aus dem Tagebuch: *«Ich habe gut geschlafen. Im Zelt ist es kalt geworden: –20 Grad Celsius. Der Morgen ist noch schön, doch bald wird der Wind stärker. An eine Rekognoszierung gegen den Lhotse ist nicht zu denken, umso mehr, da Aschi gestern meine Eisaxt demoliert hat. So steigen wir bei Nebel u. 30 cm Neuschnee zum Lager V ab. Die 6 Sherpas in jenem Lager sind mit Ausnahme Juna Tenzing u. Lobsang höhenkrank. Die Einsatzfähigkeit der Sherpas ist katastrophal!»*

Aufsetzen: Reist und von Gunten im Zelt auf dem Südsattel; Wasser kochen ist wichtiger als zum Stift greifen (oben).
Arzt Edi Leuthold beim Arbeiten im Steinhaus der Sahibs im Basislager (unten).

Schade, dass das Tagebuch von Ernst ‹Aschi› Schmied nicht vorliegt. Und dasjenige von Marmet, seinem Seilpartner bei der Zweitbesteigung des Everest, fehlt auch. Indirekt hat es sich jedoch teilweise erhalten. Denn im Text «Chomolungma, der Erde höchster Berg», der im November 1958 in der Hauszeitung der Sandoz abgedruckt ist, wo Marmet arbeitete, lesen wir: «Die nun folgenden Abschnitte sind den letzten zwei Tagen unserer Besteigung des Mount Everest gewidmet. Sie sind meinem Tagebuch entnommen, so wie sie noch auf Eis und Schnee entstanden sind.» Und so sind wir via Tagebuch bei den entscheidenden Schritten dabei: *«Um zwei Uhr nachmittags stehen wir oben an einem Steilabfall der Nordflanke, und nur noch fünf Meter trennen uns vom höchsten Punkt. Ich lasse Ernst Schmied nachkommen, und dann gehen wir die letzten Schritte gemeinsam.»* Dann lässt das Tagebuch seinen Verfasser – und uns – im Stich. Marmet in der Sandoz-Zeitung: «In meinem Tagebuch steht über den Aufenthalt auf dem Gipfel nicht viel geschrieben.» Umso ausführlicher ist er beschrieben in den auf einer Schreibmaschine getippten Berichten von Marmet, die während der Expedition entstanden sind.

Nicht nur das Tagebuch musste à jour gehalten werden. Es galt auch, Berichte zu erfassen, für die Presse und für die Stiftung. Ernst Reiss notierte im Tagebuch am 28. März: *«Der Tag vergeht im Standlager. Es gibt viel zu schreiben, denn heute ist Postabgang. Ich beende den Artikel: ‹Wiedersehen mit der Heimat der Sherpas›.»* Und am 30. Mai schreibt er am Schluss seines Tagebucheintrags: *«Ich bin froh, meinen Lhotse Bericht beendigt zu haben.»*

Der Läufer, der Post brachte und mitnahm, taucht in den vorliegenden Tagebüchern immer wieder auf. Zum Beispiel bei Fritz Luchsinger am 11. April im Basislager: *«Abends herrscht Hochbetrieb in der ‹Schreibstube›, denn morgen ist Postabgang.»* Bereits am 11. März hatte er notiert: *«Nachm. werden die Schreibarbeiten erledigt. Ja, auch während einer Expedition können sich diese Arbeiten anhäufen, ein freier Nachm. schätzen wir alle, obwohl dadurch die Ziele nicht näher wirken.»* Oder von Gunten am 22. April: *«Wir verbringen den heutigen Tag mit Schreiben, denn bald wird der Postläufer abgehen. Es ist herrlich warm, fast zu warm.»* Und am 10. Mai fragte sich der frisch verlobte Hansruedi: *«Wieder ist ein Postläufer fällig und so verbringe ich den Tag mit dem Schreiben von Briefen. Ob dieser Postläufer uns endlich Post für uns bringen wird? Schon seit über einem Monat sind die meisten von uns nun ohne Nachrichten von den Angehörigen und uns scheint, dass irgendetwas nicht klappen könne. Doch siehe da! Die 4 Sherpas, die Pasang begleiteten, kehren zurück und bringen auch den Postläufer mit sich! 73 (dreiundsiebzig!)*

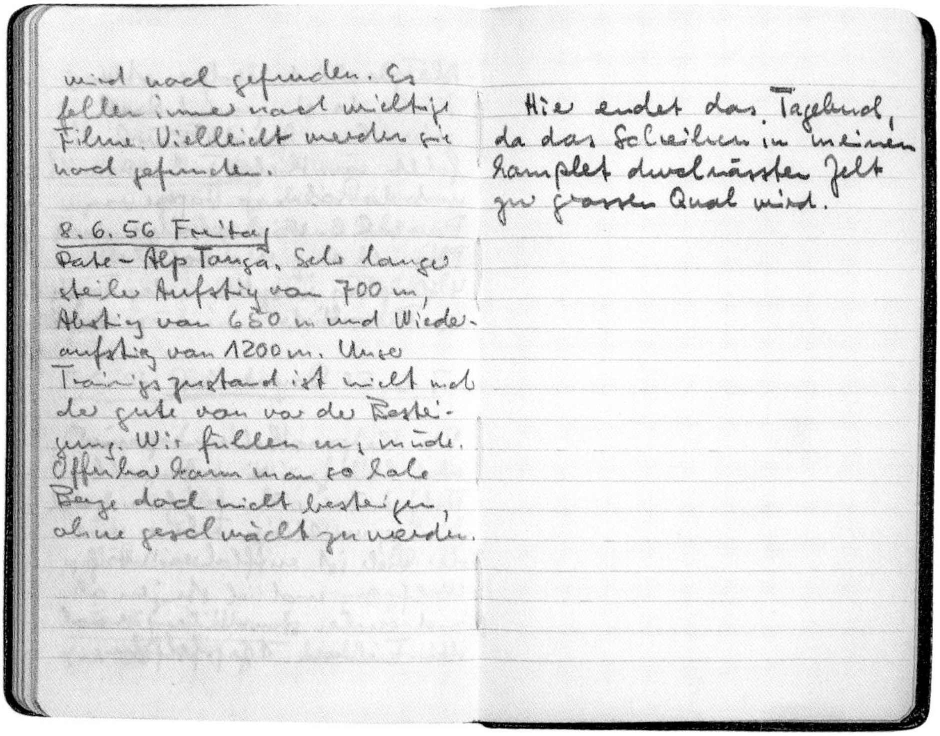

Zuklappen: die letzte Doppelseite im Tagebuch von Hansruedi von Gunten.

Briefe bringt er uns, darunter allein 10 für mich. Nun herrscht beste Stimmung für den Gipfelangriff.»

Keine Erwähnung finden in den Tagebüchern jedoch die daheimgebliebenen Frauen der Schweizer Bergsteiger. Erst 1996, in einem Interview mit Daniel Anker zum vierzigjährigen Jubiläum der erfolgreichen Schweizer Expedition auf Lhotse und Everest, liess sich Reiss entlocken, dass seine Frau, Mutter eines zweijährigen Sohnes, eine Halbtagesstelle als Verkäuferin angenommen hatte, da die Teilnehmer noch «die letzten Batzen zusammenkratzen mussten».

Vierzig Jahre früher, am 8. Juni 1956, schrieb Hansruedi von Gunten mit Bleistift auf die linke Seite seines Tagebuchs: *«Date-Alp Tanga. Sehr langer steiler Aufstieg von 700 m, Abstieg von 650 m und Wiederaufstieg von 1200 m. Unser Trainingszustand ist nicht mehr der gute von vor der Besteigung. Wir fühlen uns müde. Offenbar kann man so hohe Berge doch nicht besteigen, ohne geschwächt zu werden.»* Und auf der rechten Seite oben notierte der Drittbesteiger des Everest mit Tinte:

«Hier endet das Tagebuch, da das Schreiben in meinem komplett durchnässten Zelt zur grossen Qual wird.»

6 Anhang

Eckdaten der Schweizer Everest- und Lhotse-Expedition 1956

Datum	Ort	Höhe		Bemerkungen
29.01.	Bern		Aufbruch der ersten Gruppe	Diehl, Luchsinger, Reist, Reiss, von Gunten, Schmied brechen per Bahn von Bern nach Genua auf.
30.01.	Genua		Einschiffen auf der «Asia»	Mit gesamter Ausrüstung, inkl. Spreng-, aber ohne Sauerstoff.
31.01.	Neapel			
04.02.	Port Said		Zwischenhalt	Die Teilnehmer auf der «Asia» erreichen Ägypten und gehen an Land für Ausflüge nach Kairo und ins Nil-Delta, bevor das Schiff wieder Kurs durch das Rote Meer aufnimmt.
12.02.	Karachi		Zwischenhalt	
13.02.	Bombay		Zollkontrolle, Aufenthalt Bombay	Auslösen des Sprengstoffs nimmt mehrere Tage in Anspruch (14.–18.02.).
18.–19.02.	Bombay–Delhi		Bahnfahrt	Diehl, von Gunten, Schmied: Abstecher nach Delhi, wo sie am 19.02. ankommen und Visa für Nepal für die Sechsergruppe organisieren.

Datum	Ort	Höhe		Bemerkungen
20.02.	Zürich Kloten		Abflug Eggler, Müller	Eggler und Müller brechen per Flugzeug von Zürich auf: 21.02. Kairo; 22.02. Kairo–Bombay; 23.02. Bombay–Delhi; 23.–26.02. Delhi, div. Treffen (Schweiz. Gesandtschaft, All India Radio für Wetterprognose, nepalesische Botschaft für Visen, Agence France Presse usw.).
21.–24.02.	Lucknow		Bahnfahrt	Luchsinger, Reist, Reiss.
24.02.	Lucknow		Treffen	Die zwei Gruppen Diehl, von Gunten, Schmied und Luchsinger, Reiss, Reist treffen in Lucknow zusammen; nun übernehmen Diehl, von Gunten, Schmied den Materialtransport per Bahn nach Jaynagar.
24.–25.02.	Lucknow–Agra		Bahnfahrt	Luchsinger, Reist, Reiss.
26.02.–02.03.	Agra–Delhi		Bahnfahrt	Luchsinger, Reist, Reiss besichtigen Taj Mahal, dann mit Zug nach Delhi, wo sie am Abend mit Eggler und Müller zusammentreffen; Festlegung der Weiterreise; am 27.02. Geldwechsel, Einkäufe; am 28.02. Weiterreise; Luchsinger, Reist, Reiss nach Benares, 29.02. Ankunft Benares; 01.03. Weiterreise nach Patna, 02.03. Ankunft nachts in Patna.
26.02.–03.03.	Jaynagar		Bahnfahrt	Diehl, von Gunten, Schmied treffen abends in Jaynagar ein; Nacht in Wartesaal der Station; 27.02.–03.03. Jaynagar.

Datum	Ort	Höhe		Bemerkungen
27.02.	Delhi–Kathmandu		Flug Eggler, Müller	Eggler und Müller fliegen über Patna nach Kathmandu, wo sie Lhotse-Bewilligung und Verlängerung des Aufenthalts von Müller organisieren; 29.02. Empfang beim Ministerpräsidenten Acharya; 01.03. Einholen Visen für die Wiedereinreise nach Indien von Eggler und Müller.
29.02.	Zürich Kloten		Flug Leuthold	Leuthold bricht per Flugzeug aus der Schweiz auf.
02.03.	Patna		Bahn (Luchsinger, Reist, Reiss) Benares–Patna, Flug (Eggler, Müller) Kathmandu–Patna	Zusammentreffen Luchsinger, Reiss, Reist mit Eggler und Müller, die per Flugzeug von Kathmandu kommen.
03.03.	Jaynagar			Luchsinger, Reist, Reiss und Eggler, Müller treffen per Bahn von Patna in Jaynagar ein, wo sie nachts mit Diehl, von Gunten, Schmied zusammentreffen; Umladen des Gepäcks auf 22 Ochsenkarren.
04.03.	Jaynagar–Chisopani		Aufbruch Transport mit Ochsenkarren	Nach drei Tagen am 06.03. Ankunft in Chisopani, wo die Bergsteiger auf 300 Träger aus dem Solu Khumbu und 50 aus Darjeeling treffen; 06.03. Nachmittag und 07.03. Zusammenstellen der Trägerlasten.

Datum	Ort	Höhe		Bemerkungen
05.03.	Zürich Kloten		Aufbruch Marmet, Grimm per Flugzeug	Marmet und Grimm fliegen von Kloten über Kairo (zwei Tage Aufenthalt, 08.03. Kairo–Bahrein–Delhi) nach Indien; sie sind für den Sauerstoff verantwortlich (dieser kommt am 14.03. per Schiff in Bombay an); 09.03. Papierkrieg Delhi, dann Taj Mahal, Benares, Bombay; von Bombay viertägige Zugfahrt nach Jaynagar, am 25.03. spätnachmittags Aufbruch mit Ochsenkarren von Jaynagar.
07.03.	Chisopani		Treffen mit Müller und Leuthold	Leuthold und Müller treffen auf die Gruppe, bringen Post, Telegramm der SSAF von Weber und Feuz.
08.03.	Chisopani		Aufbruch Trägerkolonne	Vom Expeditionsteam sind alle dabei ausser Marmet und Grimm (rücken später mit Sauerstoff nach).
11.03.	Sun Kosi		Anmarsch	
13.03.	Okhaldunga		Anmarsch	Hinter Thare Blick auf Everest und Lhotse.
16.03.	Phaplu		Anmarsch	
18.03.	Dudh Kosi–Jubing		Anmarsch	
21.03.	Namche Bazar		Anmarsch	
23.03.	Thyang-boche		Anmarsch	
24.03.–01.04.	Thyang-boche		Krankheitsfall Luchsinger	Diagnose Blinddarm-entzündung Luchsinger.
25.03.	Pheriche		Akklimatisation	
28.03.	Sepahi	5400 m	Besteigung	Von Gunten und Diehl.
29.03.	Lak Phuti	5415 m	Besteigung	Reiss, Schmied, Reist.
30.03.	Pangboche Peak	5410 m	Besteigung	Eggler und Diehl.

Datum	Ort	Höhe		Bemerkungen
02.04.	Nanga Zong (Pahainzo Tuppa)	5551 m	Zweitbesteigung	Von Gunten und Schmied.
04.04.	Moraine Peak	5442 m	Besteigung	Müller, Reist, Reiss.
06.04.	Island Peak (Imja Tse)	6189 m	Erstbesteigung	Von Gunten, Lobsang und Gyaltsen.
06.04.	Basislager	5450 m		Ankunft Eggler, Reiss, Reist, Schmied mit 9 Sherpas und 21 Kulis im Basislager; am gleichen Tag treffen Marmet und Grimm in Thyangboche auf den Arzt Leuthold und den Patienten Luchsinger.
07.04.	Basislager – 5850 m	5850 m		Reiss und Schmied steigen im Khumbu-Eisbruch bis auf 5850 m.
08.04.	Basislager-Verschiebung – Basis – 5850 m	5850 m		Reist und Eggler bessern Weg im Eisbruch bis auf 5850 m aus; Schmied, Reiss verlegen Basislager an Fuss des Khumbutse.
09.04.	Basislager – 6000 m	6000 m		Schmied bessert Route in Eisbruch aus, gelangt bis zu Querspalte auf 6000 m; Eggler erhält Post, u. a. auch Brief von Gurtner, der ihm Vertragsverletzungen vorwirft.
10.04.	Basislager – 6000 m	6000 m		Reiss, Reist mit 12 Trägern im Eisbruch bis auf 6000 m; der Hund, der sie begleitet, geht mit ihnen bis zur obersten Quelle.
12.–13.04.	Basislager			Ankunft von Gunten (12.04.) und Diehl (13.04., krank, Lungenentzündung) im Basislager; am 13.04. von Gunten und Reist ins Lager II auf 6150 m.

Datum	Ort	Höhe		Bemerkungen
14.04.	Basislager			Leuthold und Luchsinger (davor krank) kommen in Basis an, dann auch Marmet und Grimm mit Sauerstoff (der Gruppe gefolgt, Ochsenkarren Jaynagar–Chisopani, dann in nur 12 Tagen Chisopani–Namche) – zum ersten Mal seit Ende Januar, seit zweieinhalb Monaten, Abreise 1. Gruppe Bern, alle zusammen!
13.04.	Lager I	5850 m		
16.04.	Lager II	6150 m		Schmied und Reiss erkunden die Route weiter, Reiss bis auf 6700 m.
20.04.	Lager III	6500 m		Grimm erholt sich und steigt bis Lager I auf (am 21.04. treffen ihn Müller und Leuthold dort schwitzend und splitternackt an …); Sprengungen im Eisbruch erfolgreich, weitere sollen folgen; Reist, von Gunten steigen auf 7000 m auf und übernachten in Lager II.
24.04.	Nuptse Trikhang	5860 m	Erstbesteigung	Eggler, Reiss, Phutar.
27.04.	Lager IV	7100 m		
05.05.	Lager V	7600 m		
09.05.	Lager VI	7950 m		
16.05.	Genfersporn	8000 m		
18.05.	Lhotse	8516 m	Erstbesteigung durch Reiss und Luchsinger	
22.05.	Lager VIa Südsattel	7900 m		
22.05.	Lager VII	8400 m		
23.05.	Everest	8848 m	Zweitbesteigung durch Marmet und Schmied	

Datum	Ort	Höhe		Bemerkungen
24.05.	Everest	8848 m	Drittbesteigung durch Reist und von Gunten	
24.05.	Südsattel	7900 m		Nach Rückkehr von Reist und von Gunten beschliesst Leiter Eggler den Abbruch der Expedition und damit den Verzicht auf weitere Besteigungen.
28.05.	Basislager	5450 m		Alle gesund und vollzählig im Basislager zurück (Eggler bereits 25.05., Luchsinger, Grimm 26.05., 27.05. alle anderen, ausser von Gunten und Schmied, die am 28.05. nachmittags eintreffen.
31.05.	Abmarsch Basislager		Rückmarsch	
02.06.	Thyang-boche		Rückmarsch	
03.06.	Namche Bazar		Rückmarsch	
20.06.	Kathmandu		Rückmarsch	
08.07.	Zürich Kloten		Rückflug Expeditions-teilnehmer	Alle ausser Müller Rückflug von Nepal über Indien–Istanbul und Athen nach Zürich Kloten.
Mitte Dez. 1956	Zürich Kloten		Rückflug Müller	Nach weiteren fünf Monaten Forschung im Khumbu kehrt auch der Wissen-schaftler heim.

Expeditionspost der Schweizer Everest- und Lhotse-Expedition 1956

Autor	Dokument	Zeit	Seite (Nr.)	Gegenstand	Bemerkungen
Stiftung SSAF	Telegramm	ca. 05.03.1956	186	Vorwürfe an Eggler wegen Lhotse-verhandlungen	
	Brief	30.05.1956	202	Brief Feuz an Grimm und Marmet	Dankesbrief
	Brief	27.03.1956	205	Brief Feuz an Grimm	Antwort auf Brief Grimm vom 09.03.1956
Karl Weber	Brief	07.05.1956	122	Versöhnung wegen Missverständnis Lhotse	Brief an Eggler
Albert Eggler	Brief	01.03.1956	198f.	Einholen Bewilligungen Everest und Lhotse, sowie Verlängerung Aufenthalt Müller	Brief an SSAF
	Brief	06.03.1956	191	Anmarsch, Pasang	Brief an SSAF
	Brief	07.03.1956	186	Lhotse oder Everest?	Brief an SSAF
	Bericht	13.03.1956	184	Anmarsch 08.03. bis 13.03.1956	Brief an SSAF
	Bericht	28.03.1956	177f.	Rapport 14.03 bis 28.03.1956. Anmarsch, Krankheit Luchsinger	Brief an SSAF
	Brief	10.04.1956	163ff.	Rapport 29.03. bis 09.04.1956	Brief an SSAF

Autor	Dokument	Zeit	Seite (Nr.)	Gegenstand	Bemerkungen
Albert Eggler	Brief	12.04.1956	150	Welcher Berg prioritär? Lhotse oder Everest	Brief an Feuz
	Brief	15.04.1956	143f.	Begründung zum Einholen Bewilligung Lhotse	Brief an Karl Weber
	Brief	22.04.1956	129ff.	Geländebeschreibung für Notlandung Flugzeug	Brief an Stiftung mit Skizzen
	Brief	22.04.1956	125	Bericht über Training und Akklimatisation	Brief an Gurtner
	Brief	22.04.1956	135	CHF 25 000 für Lhotseverhandlung	
	Brief	10.05.1956	51–54	Bericht aus dem Basislager, Kommunikationsprobleme, Krankheit Luchsinger	Brief an SSAF
	Brief	09.05.1956	120	Krankheit und Ausfall Pasang, Agreement	Brief an SSAF
	Richtlinien	11.05.1956	39ff.	Richtlinien für den Vorstoss auf den Everest	Material, Seilschaften
	Brief	12.05.1956	36	Kommunikationsprobleme	Brief an Gurtner
	Lager	16.05.1956	25	Skizze Lager	Kartenskizze
	Lagerausbau	16.05.1956	26	Plan Hochlagerausbau	Seilschaften für Gipfelvorstoss
	Brief	11.05.1956	57	Strategie Vorstoss zum Everest	Brief an Gurtner
	Bericht	26.05.1956	100ff.	Bericht zu den Gipfelerfolgen Lhotse, Everest	Brief an SSAF
	Bericht	11./12. 06.1956	80ff.	Lhotse und Everest	Bericht zu den Besteigungen, Begründung zum Abbruch der Expedition
	Brief	12.06.1956	79f.	Geldknappheit auf dem Rückmarsch	Brief an SSAF

Autor	Dokument	Zeit	Seite (Nr.)	Gegenstand	Bemerkungen
Albert Eggler	Report	25.06.1956	61f.	Kurzbericht zur Expedition	Report to the government of Nepal
	Brief	25.06.1956	69–71	Liste für Einladungen Empfang	Brief an SSAF
Ernst Reiss	Brief	27.02.1956	337	Dankesbrief und Bericht: «Sie sind eines der wertvollen Kettenglieder im Team der unsichtbar spinnenden Hände.»	Brief an Fräulein Spichiger aus Delhi
	Brief	13.03.1956	329	Lieferschein für die Berichte Reiss	Brief aus Okhaldunga an Gurtner
	Brief	27.03.1956	328	Krankheit Luchsinger	Brief aus Thyangboche an Gurtner
	Brief	11.04.1956	326f.	Reiss spricht Problem Lhotse an	Brief an SSAF
	Bericht		330ff.	36 Stunden mit dem indischen Ochsenkarren	Bericht an SSAF
	Bericht		334ff.	Auf der grossen Treppe von Benares	Bericht an SSAF
	Bericht		338ff.	Intermezzo zwischen zwei Basen	Anmarsch, Eisbruch, Bergung Schlafsack
	Bericht		345ff.	Wiedersehen mit der Heimat der Sherpas	Anmarsch
	Brief	04.06.1956	308f.	Spricht Missverständnisse an	Brief aus Namche Bazar an SSAF
	Bericht		310-316	Die Besteigung des Lhotse 8501 m	Bericht
	Bericht		283-297	Lhotse 1956	Bericht
	Brief	03.07.1956	302f.	Dankesbrief	Brief an Feuz aus Delhi
Dölf Reist	Brief	29.06.1956	349ff.	Verlust von Filmen	Brief an Gurtner aus Delhi

Autor	Dokument	Zeit	Seite (Nr.)	Gegenstand	Bemerkungen
Fritz Luchsinger	Bericht		239–243	Expedition Suisse Everest (Bericht 29.01. bis 24.02.1956)	Bericht zur Expedition 29.01. bis 24.02.1956, Adressat unbekannt
	Brief	21.02.1956	244	Kurzbrief aus Bombay	Brief an SSAF
Hansruedi von Gunten	Bericht		366ff.	Die Besteigung des Lhotse	Bericht für Berner Tagblatt
	Bericht		369ff.	Die Besteigung des Mt. Everest	Bericht für Berner Tagblatt
Jürg Marmet	Brief	24.03.1956	272f.	Transport	Brief aus Lucknow an Feuz
	Bericht 2		267-273	Ernährung, Sauerstoff	
	Bericht 3	13.05. Lager V	262–266	Aufstieg Lhotseflanke	
	Bericht 4	18.05.–23.05.1956	252–260	Beobachtung Lhotse Begehung und Erlebnis Everest	
Edi Leuthold	Brief	28.03.1956	235	Bericht zum Krankheitsfall	Brief an Eltern und Bruder aus Thyangboche, Kopie an Gurtner
	Bericht	09.04.1956	231–234	Ärztlicher Bericht zum Krankheitsfall Luchsinger	Bericht an SSAF
Fritz Müller	Bericht	04.06.1956	280ff.	Bericht über glaziologische Untersuchungen	Bericht an die Stiftung
Ernst Schmid	Bericht		355ff.	Der Weg zum Gipfel der Welt	
Wolfgang Diehl	Bericht	03.05.1956	18f.	Bericht zur Periode 24.4.–03.05.1956	Expeditionspost an SSAF
	Brief	26.06.1956	11	Einladungen für Empfang	Brief aus Kolkataan an Stiftung
Hans Grimm	Brief	09.03.1956	213	Zur Angelegenheit Everest/Lhotse-Kommandowechsel (Palastrevolution)	Brief an Feuz
	Brief	19.03.1956	208	Es sei alles in Ordnung	Brief an Feuz

Literatur

Diehl, Wolfgang: Aus den unteren Lagen. In: Akademischer Alpenclub Bern, 51. Jahresbericht, 1955/56.

Dittert, René: Der Kampf um den Südsattel (7880 m). In: Berge der Welt, Band 8; Everest 1952. Der authentische Bericht. Büchergilde Gutenberg, Zürich 1953.

Eggler, Albert: Gipfel über den Wolken. Lhotse und Everest. Hallwag, Bern 1956. The Everest-Lhotse adventure. The story of the Swiss expedition of 1956. Allen & Unwin, London 1957.

Eggler, Albert: Zu Lhotse und Everest. Vorstellung und Wirklichkeit. In: Akademischer Alpenclub Bern, 51. Jahresbericht, 1955/56.

Eggler, Albert: Everest und Lhotse. In: Berge der Welt, Band 11. Büchergilde Gutenberg, Zürich 1956/57.

Grimm, Hans: Schweizerische Mount-Everest-Expedition 1956. In: Die Alpen, SAC, 1957.

Gunten, Hansruedi von: Die letzten Tage am Everest. In: Akademischer Alpenclub Bern, 51. Jahresbericht, 1955/56.

Gurtner, Othmar: Everest. Ein Bildbericht der Schweizerischen Stiftung für alpine Forschungen. Nymphenburger Verlagshaus, München 1953. Französische Ausgabe bei Édition Jeheber, Genève 1953; italienische bei Garzanti, Milano 1953.

Keusen, Hans Rudolf: Der Mount Everest – Alpinismus im Wandel der Zeit. In: Schweizerische Stiftung für Alpine Forschung 1939–2014. SSAF, Zürich 2014.

Kielkowski, Jan: Mount Everest Massif. Monograph, guide, chronicle. 1993.

Marmet, Jürg: Chomolungma, der Erde höchster Berg. In: Unser Weg und Werk. Hauszeitung der Sandoz AG. XII. Jahrgang, Nr. 3., November 1958.

Nickel, Andreas: Himalaya – Norman Dyhrenfurth. Expeditionen und Filme 1952–1971. AS Verlag, Zürich 2007.

Oelz, Oswald: Everest – Lhotse. Schweizer am Everest 1952 und 1956. Herausgegeben von der Schweizerischen Stiftung für Alpine Forschung. AS Verlag, Zürich 2006.

Reiss, Ernst: Lhotse 1956. In: Berge der Welt, Band 11. Büchergilde Gutenberg, Zürich 1956/57.

Reiss, Ernst: Mein Weg als Bergsteiger. Huber, Frauenfeld 1959.

Reiss, Ernst: Mein Weg als Bergsteiger. Erstbesteiger des Lhotse. Herausgegeben und Einführung von Emil Zopfi. AS Verlag, Zürich 2013.

Reist, Dölf: Zu den höchsten Gipfeln der Welt. Mondo-Verlag, Lausanne 1978.

Schmied, Ernst: Everest 1956. In: Berge der Welt, Band 11. Büchergilde Gutenberg, Zürich 1956/57.

Wyss, Jörg: Mt. Everest und Lhotse. Die Erlebnisse der schweizerischen Himalayaexpedition 1956. Schweizerisches Jugendschriftenwerk Nr. 642, Zürich 1958.

Bildnachweis

ALPS Alpines Museum der Schweiz, Bern:
Fotoarchiv SSAF/Dölf Reist: 45, 53 (o), 67 (o, u), 73 (o, u), 77 (o, ul), 79, 93, 103 (o), 125 (ol), 126/127, 141, 145 (o, u), 146/147, 151 (o, u), 165 (l), 169, 171, 181, 191 (o), 215, 243 (o), 254/255, 261, 267 (o).
Fotoarchiv SSAF/Jürg Marmet: Cover (o), 10/11, 14/15, 17, 20/21, 27 (or, ul, ur), 29 (or, u), 63, 68/69, 77 (ur), 83 (o), 85, 109, 113, 119, 125 (u), 129, 135, 137 (o), 155, 157, 159 (o, u), 161, 162/163, 167, 173, 175, 180, 204, 205, 217 (o, u), 219 (u), 223, 226, 227, 229 (l, r), 233, 237, 241 (u), 243 (o), 251, 257, 265 (u).
Nachlässe SSAF/Eggler, Reiss und Reist: Cover (m, u), 6/7, 23, 33–35, 37 (o), 43, 92, 143 (o), 153 (u), 194/195, 249 (u), 263 (u), 269.

ETH Zürich:
Bildarchiv SSAF, ETH Bibliothek: 25 (alle), 27 (ol), 29 (ol), 49, 53 (u), 70 (o, u), 71, 75, 83 (u), 87, 99, 103 (u), 107, 115 (alle), 121 (o, u), 123 (o, u), 125 (or), 131 (l, r), 133 (l, r), 137 (u), 139, 143 (u), 153 (ol, or), 165 (r), 191 (ul, ur), 193, 197, 198/199, 201 (alle), 211, 219 (o), 235 (o, u), 241 (ol, or), 245 (o), 249 (o), 253 (o, u), 263 (o), 265 (o), 267 (u).
Archiv SSAF: 37 (u), 89, 91, 95, 177–179, 185, 186 (u).

Archiv Urs von Gunten, Stäfa: 88, 212/213.

Karten: Sacha Wettstein, Bern; **Urs Bolz,** Zürich: 46/47, 56/57, 64, 111, 188.

Biografien der Autorinnen und Autoren

Christine Kopp (*1967) wuchs in Bern auf. Von klein auf gilt ihre Passion dem Bergsteigen in all seinen Ausprägungen. Seit 1991 arbeitet sie als Übersetzerin und Autorin im Bereich Berge. Sie hat zahlreiche Bücher übersetzt und verfasst, arbeitete für Filmprojekte, Zeitschriften, Zeitungen und Firmen. Sie wohnt nahe dem Comersee.

Françoise Funk-Salamí (*1971) ist diplomierte Erdwissenschaftlerin ETH mit Fachrichtung Glaziologie. Seit 25 Jahren arbeitet sie als freie Fotografin und Autorin. Ihr Fokus liegt in den Bereichen Landschaft, Dokumentation und Fine Art. Sie lebt in Zürich und in ihrer Walliser Heimat.

Hans Rudolf Keusen (*1941) wuchs in Bern auf und promovierte ebenda in Geologie. Er ist Bergsteiger und arbeitete in der Schweiz und weltweit (Grönland, Himalaya) als Geologe in den Fachgebieten Ressourcen, Bauen im Hochgebirge, Permafrost und Naturgefahren. Er ist Stiftungsrat der Schweizerischen Stiftung für Alpine Forschung. Er lebt in Bern.

Daniel Anker (*1954), arbeitet als Reisejournalist und Bergpublizist. Im AS Verlag gibt er Bergmonografien über grosse Gipfel der Schweiz heraus. Regelmässiger Mitarbeiter von «Die Alpen» des SAC. Seit 2009 findet sich Ankers Buch der Woche auf www.bergliteratur.ch. Er lebt in Bern.

Dank

Unser Dank geht vorab an die Schweizerische Stiftung für Alpine Forschung für die Finanzierung des Buchprojektes. Weiter danken wir Verena Bächler für die Transkripte aller Tagebücher: eine riesige Arbeit und wichtigste Grundlage für das Buch! Sacha Wettstein, ein Kenner des Khumbu, hat die Zeichnungen realisiert. Etienne Gross begleitete die Autoren bei der Redaktion und hat den Schlusstext kritisch durchgelesen.

Weiter danken wir Nora Mathys, die uns die umfangreichen Dokumente zur Expedition 1956 im Archiv des Alpinen Museums der Schweiz (ALPS) zugänglich gemacht hat.

Angehörige der Bergsteiger – Urs von Gunten, Danielle Casadei Marmet, Catherine Eggler, Claudina Reiss, Barbara Schmied und Celeste Koon (Nichte von Fritz Müller in Kanada) – halfen uns bei der Suche nach Unterlagen; auch ihnen gehört unser grosser Dank.

Last but not least danken wir dem AS Verlag für die Betreuung und schöne Gestaltung des Buchs.

Folgende Doppelseite: Ausschnitt aus der Everestkarte 1:50 000.
Swiss Foundation for Alpine Research/Boston Museum of Science 1991.

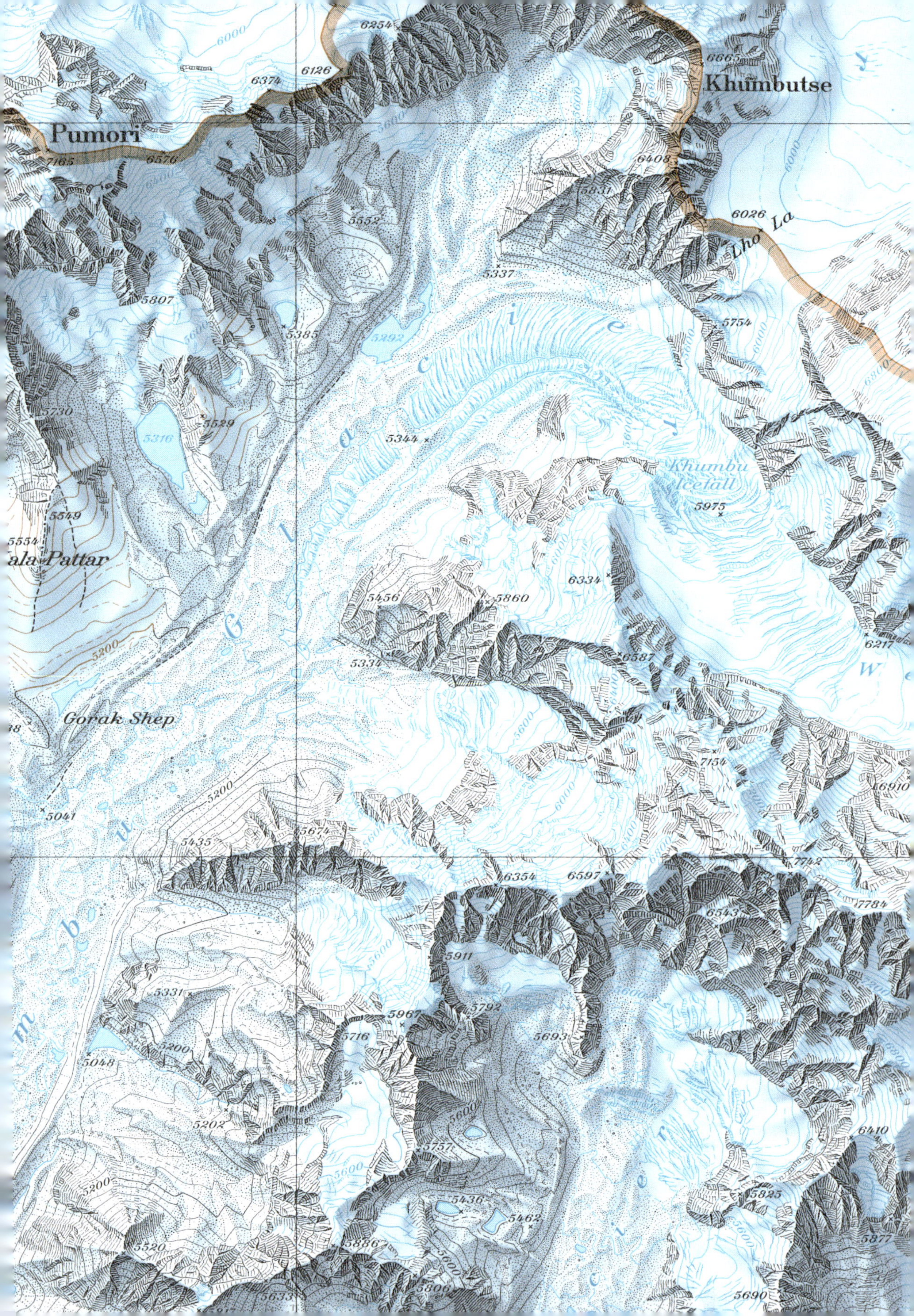
Pumori
Khumbutse
Lho La
Khumbu
Icefall
ala Pattar
Gorak Shep
6254
6126
6374
6665
7165
6376
6408
6026
5631
5552
5337
5807
5385
5292
5754
5730
5529
5316
5344
5975
5549
5554
6334
5456
5860
6217
5334
6587
5200
7154
6910
5041
5435
5674
6354
6597
7742
7784
6543
5911
5331
5967
5792
5716
5693
5048
5202
5757
6410
5436
5462
5825
5520
5886
5877
5633
5506
5690